„Mike Walsh hat einen erstaunlich tiefen Einblick in die Veränderungen gewonnen, die unserer Welt bevorstehen – weil er seit Jahren mit Technologieführern weltweit im Gespräch ist. Jetzt hat er ein beeindruckendes Buch geschrieben, das uns an den gewonnenen Einsichten teilhaben lässt. Dieses Buch wird Ihr Denken verändern. Es steckt voller überzeugender Beispiele und Zitate. Es ist eine Zeitreise in die Zukunft und lässt Ihre Branche und Ihre Karriere in einem völlig neuen Licht erscheinen."

Melissa Schilling, Autorin von *Quirky* und *Strategic Management of Technological Innovation*

„Algorithmisch führen von Mike Walsh ist ein intelligenter Ausblick auf die Führungsrolle im digitalen Zeitalter und das Buch erscheint zum richtigen Zeitpunkt. Während das 20. Jahrhundert von Wirtschaftsführern beherrscht wurde, die Menschen angeleitet haben, wird das 21. Jahrhundert jenen gehören, die etwas von den Beziehungen zwischen Mensch und Technik verstehen, wie sie an modernen Arbeitsplätzen die Regel sind. Walsh zeigt nicht nur Chancen auf, sondern auch mögliche Fallstricke. Am Ende stehen moderne Wirtschaftsführer cleverer da und sind besser auf das vorbereitet, was auf uns zukommt: Algorithmen und Big Data."

Adam Alter, Ahtor der New-York-Times-Bestseller *Unwiderstehlich* und *Drunk Tank Pink*

„Ich habe viele Tausend Seiten über die Auswirkungen von Algorithmen und Automatisierung auf unser Leben gelesen und Mike Walshs *Algorithmisch führen* ist herausragend. Es ist ehrlich in seiner Komplexität, praktisch in seinen Schlussfolgerungen und profund in seiner Analyse der zukünftigen Arbeitswelt. Ein lesenswertes Buch für alle, die sich Gedanken über die Zusammenarbeit von cleveren Menschen mit schlauen Maschinen machen."

David Epstein, Autor der New-York-Times-Bestseller *The Sports Gene* und *Range*

Mike Walsh

FÜHREN IM ZEITALTER DES ALGORITHMUS

Wie man *smart* bleibt, wenn die Maschinen smarter sind als man selbst

Aus dem Amerikanischen übersetzt von
Ute Mareik

Verlag Franz Vahlen München

Mike Walsh ist CEO von Tomorrow, einem globalen Beratungsunternehmen für die Gestaltung von Unternehmen für das 21. Jahrhundert. Er berät Führungskräfte, wie sie in der aktuellen Ära des disruptiven technologischen Wandels erfolgreich sein können.

Die Originalausgabe erschien 2019 unter dem Titel „The Algorithmic Leader. How to be smart when machines are smarter than you" bei Page Two Books.

Copryright © 2019 by Mike Walsh

ISBN Print: 978 3 8006 6166 4
ISBN ePDF: 978 3 8006 6167 1
ISBN ePub: 978 3 8006 6168 8

© 2020 Verlag Franz Vahlen GmbH, Wilhelmstraße 9,
80801 München
Satz: Fotosatz Buck,
Zweikirchener Str. 7, 84036 Kumhausen
Druck und Bindung: Beltz Grafische Betriebe GmbH
Am Fliegerhorst 8, 99947 Bad Langensalza
Umschlaggestaltung: Ralph Zimmermann, Bureau Parapluie
Bildnachweis: © yellowsdesign – depositphotos.com

CO2
neutral

vahlen.de/nachhaltig

Gedruckt auf säurefreiem, alterungsbeständigem Papier
(hergestellt aus chlorfrei gebleichtem Zellstoff)

„Wenn wir wollen, dass alles so bleibt, wie es ist,
muss sich alles ändern."

Giuseppi Tomasi die Lampedusa,
Il Gattopardo

Meinem Vater Brian Walsh gewidmet,
dem größten Leader, den ich kenne

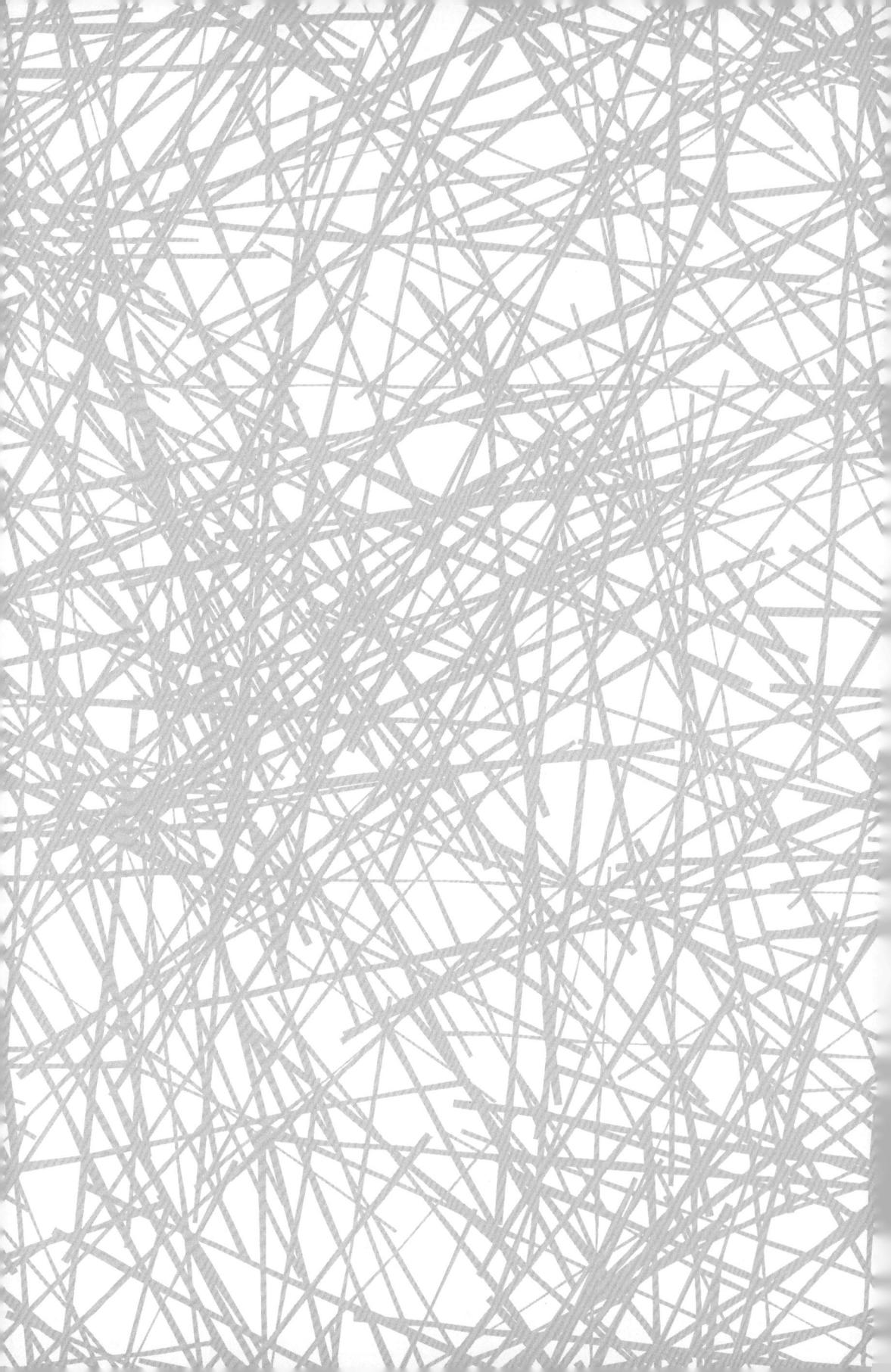

Inhaltsverzeichnis

TEIL 3 VERÄNDERN SIE DIE WELT

Einleitung

Willkommen im algorithmischen Zeitalter

*Ein Rhizom hat keinen Anfang und kein Ende; es ist immer
in der Mitte, zwischen den Dingen, ein Dazwischenseiendes,
ein Intermezzo.*

GILLES DELEUZE UND FÉLIX GUATTARI

United Airlines: Unerfreuliche Erfahrungen am „freundlichen Himmel"

Die Situation am Gate war wie immer: Besorgte Eltern standen mit ihren kleinen Kindern ganz vorn in der Schlange, die Arme voller Taschen und Spielzeug. Dahinter tippte eine Gruppe Erste-Klasse-Passagiere ungeduldig auf ihre Handys ein, während diejenigen mit Bordkarten für Zone 5 ängstlich ihr Gepäck bewachten und sich fragten, ob man sie wohl kontrollieren würde.

Vermutlich machte sich kaum jemand von den Passagieren, die an jenem bewölkten Spätsonntagnachmittag im April ihre Reise antraten, Gedanken über die automatischen Systeme, die aktiv waren, während sie mit der Bordkarte in der Hand die Sicherheitskontrolle passierten – auf dem Weg zu Flug Nr. 3411 der Gesellschaft United Airlines, der um 16:40 Chicago in Richtung Louisville verlassen sollte.

Ungefähr 30 Minuten vor dem Abflug verkündete die Stimme eines Mitarbeiters über dem rhythmischen Biepen, mit dem die Bordkarten der Passagiere eingelesen wurden, der Flug sei überbucht. Freiwillige würden gebeten, ihre Plätze aufzugeben. Sie wurden für Angestellte der Fluglinie benötigt, die dringend nach Louisville mussten. Als Dankeschön stellte man einen 400-Dollar-Gutschein und eine Übernachtung im Hotel in Chicago in Aussicht. Weil der nächste Flug erst in über 24 Stunden ging, nahm niemand das Angebot an.

Mittlerweile waren die meisten Passagiere an Bord. Da sich noch immer keine Freiwilligen gemeldet hatten, wurde die Durchsage dort wiederholt. Diesmal wurde ein Gutschein über 800 Dollar angeboten. Niemand reagierte darauf. Schließlich betrat ein nervöser Manager von United Airlines das Flugzeug und erklärte den Passagieren, man würde jetzt mehrere Personen nach dem Zufallsprinzip auswählen. Sie müssten dann das Flugzeug verlassen.

Natürlich war an diesem Prozess nichts wirklich *zufällig*. Die Passagiere wurden vom Computersystem der Fluggesellschaft ausgewählt, und zwar mithilfe komplizierter Berechnungen aufgrund vorliegender Daten. Vier Passagiere traf das angebliche Los, drei von ihnen fanden sich wohl oder übel mit ihrem Schicksal ab und verließen das Flugzeug mit dem Gepäck in der Hand. Der vierte Passagier weigerte sich.

Um 17:21 stellte ein anderer Passagier, Tyler Bridges, ein Video auf Twitter, das rasend schnell Verbreitung fand. Der Inhalt wirkte schockierend und unerklärlich: Ein Passagier, dem das Blut über das Gesicht lief, rannte den Mittelgang des Flugzeugs hinunter und rief: „Ich muss nach Hause! Ich muss nach Hause!" Und dann: „Bringen Sie mich doch um. Bringen Sie mich doch einfach um."

Kurz darauf tauchten in den sozialen Medien weitere Videos auf. In dem einen hatte es den Anschein, als würden Polizeibeamte Passagiere aus dem Flugzeug hinausbegleiten. In einem anderen wurde ein Mann von einem Beamten des Chicago Department of Aviation vom Sitz gerissen und aus dem Flugzeug gezerrt, während weitere Passagiere lautstark protestierten. Später stellte sich heraus, dass es sich dabei um den vierten Passagier handelte, der seinen Sitzplatz nicht aufgeben wollte. Sein Name lautete David Dao und er war in Louisville, Kentucky, zu Hause.

Der 69-jährige Dao, ein US-Bürger, stammte ursprünglich aus Vietnam. Dort besuchte er in den 1970er-Jahren die medizinische Hochschule, ehe er nach dem Fall von Saigon in die USA ging. Als Lungenspezialist wollte er im Flugzeug bleiben, weil er am nächsten Morgen Patienten zu versorgen hatte.

Trotz seiner Proteste wurde Dao von einem Sicherheitsteam so gewaltsam aus dem Flugzeug entfernt, dass er mehrere Verletzungen erlitt, darunter eine Gehirnerschütterung und eine gebrochene Nase. Außerdem verlor er zwei Schneidezähne. Nachdem man ihn aus dem Flugzeug geholt hatte, nahm eine United-Airlines-Crew die frei gewordenen Plätze ein. Mit fast zwei Stunden Verspätung konnte Flug 3411 endlich abheben. Doch das war erst der Anfang der Geschichte.

Später am Abend nahm das Online-Interesse an den Ereignissen zu. Immer mehr Menschen teilten und betrachteten die Aufnahmen von Daos gewaltsamem Abtransport. Bei United Airlines sah man sich gezwungen, eine Erklärung abzugeben:

Flug 3411 von Chicago nach Louisville war überbucht. Unsere Mitarbeiter baten mehrere Fluggäste, das Flugzeug freiwillig zu verlassen. Ein Fluggast lehnte das jedoch ab und wir informierten die Ordnungskräfte. Wir entschuldigen uns für die Überbuchung. Nähere Angaben zu dem Fluggast, der aus dem Flugzeug entfernt wurde, erhalten Sie bei den Behörden.

Überbuchungen sind eines der Übel, mit denen moderne Flugreisende gelernt haben zu leben. Die Fluglinien gehen davon aus, dass es immer eine gewisse Anzahl an Fluggästen gibt, die nicht erscheinen. Daher verkaufen sie mehr Tickets, als Plätze zur Verfügung stehen, und gehen davon aus, dass überzählige Passagiere mit flexibler Zeitplanung überredet werden können, auf einen alternativen Flug umzubuchen, sollten wider Erwarten doch einmal alle da sein. In diesem Fall wollte jedoch niemand seinen Sitzplatz aufgeben. Und weil die Crew für Louisville an Bord gehen musste, bedeutete das: Leute mit einem Ticket, die bereits ihre Plätze eingenommen hatten, mussten das Flugzeug verlassen.

Vielleicht denken Sie, hier gehe es einfach um schlechten Kundenservice. Der Ruf von United Airlines in dieser Hinsicht ist schließlich einschlägig. Im Netz zirkulieren diverse Storys über zerbrochene Gitarren, verloren gegangenes Gepäck und sogar verstorbene Haustiere.

Aber wäre es nicht möglich, dass die Probleme mit Flug 3411 gar nicht die Schuld der Mitarbeiter waren, sondern ein Versagen auf ganz anderer Ebene? United Airlines war eine Firma mit klaren Regeln und strengen Betriebsabläufen. Die Durchführung aller Anweisungen war abhängig von Daten und Algorithmen. Nur den wenigsten Mitarbeitern der Fluglinie war es gestattet, von den algorithmisch festgelegten Vorgaben abzuweichen. Die Angestellten hatten sich an Regeln zu halten und durften die Vorschriften keinesfalls umgehen.

Dabei bestimmte eine ganze Abfolge von Algorithmen die Ereignisse jenes verhängnisvollen Tages. Ein Algorithmus zur Einsatzplanung legte fest, dass Besatzungen 30 Minuten vor Abflug an Bord gehen sollen, auch wenn bereits Passagiere an Bord sind. Ein Algorithmus zum Gewinnmanagement, der auf optimalen Profit ausgelegt war und den

Überbuchungsanteil kontrollierte, hatte die maximale Entschädigung für Reisende, die ihren Flug nicht antreten konnten, auf 800 Dollar festgelegt. Schließlich war ein Algorithmus zur Fluggastbewertung darauf ausgelegt, die Passagiere auf den teuersten Plätzen nicht zu verärgern und möglichst Reisende mit Billigtickets auszuwählen, weil sie vermutlich am wenigsten Schwierigkeiten machen würden, wenn man ihnen „einen neuen Platz anbieten" musste.

„Einen neuen Platz anbieten" war der Ausdruck, den Oscar Munoz, CEO von United Airlines, zunächst verwendete, um den gewaltsamen Abtransport von Dao aus dem Flugzeug zu beschreiben. „Was passiert ist, verstört uns alle sehr", soll Munoz gesagt haben. „Es tut mir leid, dass wir diesen Kunden einen neuen Platz anbieten mussten."

Munoz stand seit rund anderthalb Jahren an der Spitze von United Airlines, als es zu der Krise am besagten Sonntag kam. Er war charismatisch, humorvoll und bei den Angestellten beliebt. Ihr CEO kam aus bescheidenen Verhältnissen und war in Südkalifornien aufgewachsen. Dort hatte sein mexikanischer Vater als Meatcutter Arbeit gefunden. Munoz machte bei Firmen wie PepsiCo und Coca-Cola Karriere; den Durchbruch als Führungskraft brachte der Job als COO bei der Bahngesellschaft CSX. Es gelang Munoz, die Firma in profitable Bereiche zu steuern und durch straffe Führung die wirtschaftliche Leistungsfähigkeit zu erhöhen. Am Ende hatte sich der Börsenwert von CSX in den zwölf Jahren, die Munoz dort leitend tätig war, vervierfacht.

Als Munoz der Job als CEO von United Airlines angeboten wurde, ging es der Fluggesellschaft nicht gut. Sie hatte einen Bestechungsskandal hinter sich, an dem öffentliche Bedienstete beteiligt waren, außerdem litt sie unter den Nachwehen des Zusammenschlusses mit Continental Airlines (das war 2010). Im Jahr 2015 zog United Airlines mit Southwest Airlines gleich, was die schlechteste Ankunftsrate bei Flügen anging. Die Stimmung war schlecht, die Mitarbeiter waren wenig engagiert und die beiden Hedgefonds, die den Großteil der Aktien hielten, verlangten, es müsse sich etwas ändern.

Munoz hatte die Gefahren, die von einer demotivierten Mitarbeiterschaft und fehlender innerbetrieblicher Disziplin ausgehen, bei CSX aus erster Hand kennengelernt. Er machte sich sofort daran, das Vertrauen der Mitarbeiter zurückzugewinnen und strengere Kontrollen einzuführen. Eine Woche nachdem er die Position übernommen hatte, sandte er eine E-Mail an die Vielflieger unter den Kunden der Airline, und versprach: „Wir werden es besser machen." Die ersten Reaktionen von Analysten, der Branche und selbst den Gewerkschaften waren positiv.

30 Tage später hatte Munoz einen schlimmen Herzinfarkt, der ihn fast umbrachte. Eine Transplantation rettete ihm das Leben. Seine Genesung wurde bei United Airlines zur Metapher für die erhoffte Erneuerung der Firma. Munoz war einer der angesehensten Firmenchefs im ganzen Land und für United Airlines sah es gut aus.

Dann beschloss David Dao, er wolle seinen Sitzplatz nicht aufgeben.

Natürlich bestand Munoz' erste Reaktion darin, seine Mitarbeiter zu verteidigen. Schließlich hatten sie sich an das gehalten, was in den Ausführungsbestimmungen der Firma stand. Kurz nach dem Zwischenfall schickte er allen ein Memo, in dem er ihre Entscheidung unterstützte und Dao als „Quertreiber und Störenfried" bezeichnete. Erst als sich weltweit Entrüstung breitmachte, änderte er seine Meinung.

Und Entrüstung gab es tatsächlich. Es dauerte keinen Monat und Munoz hatte erheblich an Ansehen eingebüßt. Er war gezwungen, sich wiederholt zu entschuldigen, vor dem Kongress auszusagen, sich außergerichtlich mit Dao zu einigen und auf seine geplante Ernennung zum Vorsitzenden der Fluggesellschaft zu verzichten. Und der Titel „Kommunikator des Jahres", der ihm erst vor Monaten von der Zeitschrift *PR Week* verliehen worden war, erinnerte bestenfalls noch daran, wie schnell sich die Dinge ändern können.

Was hatte Munoz falsch gemacht? Eigentlich war er in jeder Hinsicht der ideale Firmenchef: prinzipientreu, fair und von seinen Angestellten bewundert. Selbst seine Fokussierung auf die innerbetriebliche Disziplin zulasten der Kundenfreundlichkeit war nicht unvernünftig in einer Branche mit geringen Gewinnspannen und massiver Konkurrenz. Um zu verstehen, warum Munoz' Ansatz falsch war, muss man das Problem aus einem anderen Blickwinkel betrachten.

Munoz war der ideale Geschäftsführer in einer Zeit von Wartungsintervallen, Quartalshaushalten, Kostensenkungen, Sollvorgaben im Verkauf und Steigerungen der Gewinnspanne. Diese Dinge mögen wichtig sein, aber sie reichen zum Überleben nicht mehr aus. Sie sind Teil einer analogen Welt aus Menschen, Firmenvermögen und Dingen.

Damals ging alles noch ruhiger und vorhersehbarer zu. Man konnte in Produkte und Plattformen investieren und die Entwicklungskosten über einen langen Zeitraum abschreiben. Planungsabteilungen legten detaillierte Haushaltspläne vor, die den Managern erlaubten, die Verkäufe Quartal für Quartal, Monat für Monat, Woche für Woche, Produkt für Produkt zu analysieren.

Das bedeutet nicht, dass der Job des Geschäftsführers unbedingt einfacher war. In einem entwickelten Industriezweig sind die Kämpfe um Marktanteile besonders heftig. In einer solchen darwinistischen Umgebung setzen sich ganz bestimmte Anführer durch: aggressiv, rücksichtslos und siegessicher. Doch die Fähigkeiten, die in einer solchen Zeit entwickelt werden, sind nicht unbedingt diejenigen, die einem in einer neuen Welt mit anderen Spielregeln nützen. Munoz geriet in Schwierigkeiten, als er nicht erkannte, dass der wahre Grund für Erfolg oder Scheitern bei einer Fluggesellschaft wie United Airlines nicht das ist, was sie tut. Es sind die Algorithmen.

United Airlines hatte kein Problem mit dem Kundendienst, die Firma hatte ein Problem mit ihren Algorithmen.

Nicht nur in Technologiefirmen spielen Algorithmen eine wichtige Rolle. Heute ist jede Firma eine algorithmische Firma, ob sie es weiß oder nicht. Was ist ein Auto heute anderes als eine Software-Plattform auf Rädern? Als die Chefs von Volkswagen ihre Ingenieure nicht davon abhielten, eine Software zu entwickeln, mit deren Hilfe ihre Dieselfahrzeuge die US-amerikanischen Tests bestehen konnten, erklärten die Aufsichtsbehörden die gesamte Firma zu einem kriminellen Unternehmen.

Wir entkommen den Algorithmen nicht. Informationen über die Welt erreichen uns in Form von Daten. Unsere Entscheidungen und Versuche, die Welt zu verändern, drücken sich in Form von Daten aus. Algorithmen sind keine reinen Abstraktionen. Sie sind eine Brücke zwischen den Berechnungen und den Herausforderungen in der realen Welt. Wir benutzen sie als Werkzeug, um in einer immer komplizierteren Welt Probleme zu lösen.

Algorithmen bestimmen, wie Produkte und Dienstleistungen gestaltet und geliefert werden. Das hat erhebliche Auswirkungen darauf, wie wir arbeiten, Probleme lösen und Menschen führen. Wer mit Algorithmen umzugehen weiß, verfügt über ein mächtiges Instrument zur Lösung von Problemen. In gewisser Weise sind Algorithmen sozusagen die Verkörperung der Logik – wenn sie gut definiert sind. Sie erlauben uns, aus unserem Wissen, unseren Erfahrungen und unseren Einsichten über die Welt Plattformen zu konstruieren, die dann in unserem Sinne automatisch handeln. Manche sind deterministisch, während andere vielleicht eine gewisse Beliebigkeit enthalten, die ihre Effizienz bei der Berechnung von Problemlösungen erhöht.

Der Zwischenfall an Bord von Flug 3411 hätte sich bei fast jeder Fluggesellschaft zutragen können, die mit ähnlichen algorithmischen Modellen arbeitet, oder in anderen Branchen – vom Bankwesen über den Einzelhandel und die Logistik bis zum Versicherungswesen. Tatsächlich werden Sie feststellen, dass es die Algorithmen sind, die hinter vielen Skandalen und strategischen Herausforderungen stecken, und das bei etlichen Firmen. Der mangelhafte Umgang mit Kundeninformationen und die schlechte Sicherheit der Algorithmen führten bei Experian, Equifax und Target zu massiven Datenpannen. Mark Zuckerberg von Facebook sah sich einer hitzigen Befragung auf dem Capitol Hill ausgesetzt, weil die Firma wiederholt Kundendaten missbraucht und in unverantwortlicher Weise Dritten erlaubt hatte, ihre Algorithmen zu manipulieren. Und im Februar 2018 einigte sich Uber mit Waymo, einem Ableger von Google, auf eine Entschädigung in Höhe von 245 Millionen Dollar, nachdem ein Ingenieur, der zu Uber gewechselt war, firmeninterne Algorithmen, Daten und Forschungsergebnisse für die Produktion von selbstfahrenden Autos mitgebracht hatte.

Wir werden die Algorithmen nicht mehr los. Das Geheimnis besteht darin, Firmen und Organisationen, die sie einsetzen und von ihnen abhängig sind, richtig zu führen. An diesem Punkt ist Munoz gescheitert. Aber wie konnte es dazu kommen, dass Algorithmen so wichtig für unser aller Zukunft sind? Und wie kann jemand, der in der analogen Welt ausgebildet wurde, zu einem algorithmischen Führer werden?

Eine Geschichte von zwei Führern

Es gibt nicht nur einen Weg zum Erfolg. Genauso wenig gibt es *den* Archetypus des großen algorithmischen Führers. Dieses Buch zielt darauf ab, die persönlichen Qualitäten, kognitiven Voraussetzungen und strategischen Vorgehensweisen einer kleinen, aber wachsenden Gruppe von Wirtschaftsführern zu erkunden, die in dieser neuen Umgebung Erfolg haben. Im Kern geht es darum, die eigene Einstellung zum algorithmischen Zeitalter finden. Als Ausgangspunkt soll diese einfache Definition dienen:

Ein algorithmischer Führer ist einer, der sich in seinen Entscheidungen, seinem Führungsstil und seiner kreativen Leistung an die komplexen Strukturen des Maschinenzeitalters angepasst hat.

Um in dieser Zeit ein erfolgreiche Führer zu sein, muss man anders vorgehen, andere Fähigkeiten besitzen und anders denken. Doch vielleicht beschäftigt Sie ja eine sehr viel existenziellere Frage, nämlich: *Ist nicht bereits die Vorstellung von einem Wirtschaftsführer im algorithmischen Zeitalter ein überholtes Konzept?*

Wenn in der Zukunft Firmen nicht nur aus Menschen, sondern auch aus algorithmischen Plattformen bestehen, die Entscheidungen treffen, Prozesse beobachten und Ressourcen verwalten, was genau ist dann die Führungsaufgabe? Kann man ein Führer sein, wenn man nicht alle wichtigen Entscheidungen trifft? Kann man ein Führer sein ohne einen beeindruckenden Titel und eine Gruppe von Untergebenen? Kann man überhaupt ein Führer sein, wenn einem niemand folgt?

Wir erzählen einander gern Geschichten über Führungspersönlichkeiten. Egal ob es sich um klassische Sagen oder Hollywood-Filme handelt, um Biografien erfolgreicher Geschäftsleute oder Geschichten aus der Zeitung – Führungspersönlichkeiten sind Menschen mit besonderen Fähigkeiten, die in heldenhafter Weise Veränderungen bewirken, ihre Leute gegen feindliche Übergriffe verteidigen und sie sicher ins gelobte Land des Wohlstands führen.

Das Problem ist, in einer algorithmischen Welt verschwimmen die traditionellen Unterschiede – zwischen Mitbewerbern und Partnern, lokal und global, Chefs und Untergebenen, Rand und Mitte, Kunde und Produkt, Mensch und Maschine. Daten und Algorithmen verbinden uns auf komplexe, dynamische Weise und führen die hübsch übersichtlichen Modelle von Organisationen, Branchen und Gesellschaften des 20. Jahrhunderts ad absurdum.

Der analoge Führer setzte sich durch, indem er die Höhen einer Hierarchie erklomm; der algorithmische Führer muss in einem vernetzten Gesamtzusammenhang agieren, der mehr einem organischen Ökosystem ähnelt.

Wer von Ihnen Unternehmer oder Freiberufler ist, hat einen Vorteil: Sie wissen bereits, dass man in einer kleinen Organisation verschiedene Rollen spielen muss. Sie haben bereits die Kunst entwickelt, Lieferanten und Technologien einzubinden, um ein komplexes Produkt oder eine komplexe Dienstleistung auf den Markt zu bringen, Ihrer (geringen) Größe zum Trotz. In einer kleinen Firma bestimmt sich Ihr Wert als Führungsperson nicht durch Ihre Position auf einer Organisationstafel oder den Titel auf Ihrer Visitenkarte, sondern durch das Netz Ihrer Verbindungen und Beziehungen.

Führungspersönlichkeiten in großen Organisationen müssen die gleiche Lektion lernen, wenn es darum geht, reale Werte zu schaffen. Wissen und Sachkenntnis existieren in einer Organisation des 21. Jahrhunderts überall, nicht nur da, wo sie laut Firmentelefonbuch hingehören. Einsichten und Erkenntnisse sind ihrem Wesen nach demokratisch. Die nächste großartige Idee, die Ihre Firma revolutioniert, kann in Ihren Serverprotokollen verborgen sein, in den Feldnotizen eines Wartungsingenieurs, oder sie liegt im Produkt selbst, beispielsweise in den Echtzeitdaten eines Flugzeugtriebwerks, das in 35 000 Fuß Höhe seinen Dienst tut.

Ihre wahre Leistungsfähigkeit als Führungskraft liegt nicht in der Anzahl der Leute, die Ihnen unterstellt sind, sondern darin, wie erfolgreich

Sie darin sind, Menschen, Partner und Plattformen zu vernetzen. Den größten Wertzuwachs erreichen Sie, wenn Sie das Netzwerk innerhalb Ihrer Organisation stärken, nicht wenn Sie sich den Weg an die Spitze der Firmenpyramide bahnen.

Der Führer im Rhizom

In den 1970er-Jahren stellten die französischen Philosophen Gilles Deleuze und Félix Guattari bestehende philosophische Vorstellungen vom Aufbau des Wissens infrage, indem sie argumentierten, der traditionelle westliche Vergleich des Wissens mit einem Baum sei zu restriktiv, nämlich auf vertikale und lineare Verbindungen beschränkt. Ihnen war aufgefallen, dass das Baum-Modell das westliche Denken in einer Vielzahl von Disziplinen beherrschte, etwa in der Linguistik, der Psychoanalyse, der Logik, der Biologie oder den Gesellschaftswissenschaften. Im Kern bedeutet das Baum-Modell, dass wir Wissen als hierarchisches System betrachten, das sich von den Wurzeln aufwärts entwickelt, genau wie ein Baum.

Deleuze und Guattari hielten dieses Modell zur Beschreibung der Welt für untauglich, um die Vielfalt der menschlichen Gesellschaften und Kulturen zu beschreiben. Ihrer Ansicht nach gab es in der natürlichen Welt eine geeignetere Metapher: das Rhizom.

Ein Rhizom ist die verknäuelte Wurzelmasse von Pflanzen wie Bambus, Lotus oder Ingwer. Rhizome sind Stiele, die unter der Erde verlaufen und an Knotenpunkten neue Wurzeln in die Erde treiben – oder auch Stiele zum Erdboden emporschicken. Ein Rhizom ist ein kompliziertes Netz, das nicht nur der Reproduktion dient, sondern auch der Speicherung von Nährstoffen und Energie für die vielen neuen Pflanzen, die daraus entspringen. Wenn Sie je versucht haben, in Ihrem Garten mit einer invasiven Pflanze wie Efeu oder Giersch fertigzuwerden, haben Sie Erfahrungen mit der unbändigen Kraft des Rhizoms gemacht. Selbst ein kleines Stück, das in der Erde zurückbleibt, nachdem Sie das Unkraut vermeintlich ausgerottet hatten, reicht aus, damit eine neue Pflanze entsteht.

Ein Baum hat lediglich einen Stamm und damit einen Zugang. Ein Rhizom hat Seitentriebe und zahlreiche Wurzeln, die von dem unterirdisch verzweigten Spross ausgehen, folglich also zahlreiche Zugänge. Es ist allseits verbunden, hat weder Anfang noch Ende. Daher, so argumentieren Deleuze und Guattari, kann uns das Bild des Rhizoms verdeutlichen, dass Kultur und Geschichte eine komplexe Angelegenheit sind, mit vielfachen Einflüssen, ohne klar umrissenen Ursprung.

Und das Rhizom ist ein nützliches Bild, wenn es darum geht, die Rolle des Führers im algorithmischen Zeitalter zu verstehen.

Während der analoge Führer ein starrer Baum war – getragen von einem Wurzelsystem aus Verwaltungsvorgängen und mit Untergebenen, die gewissermaßen seine Zweige waren –, ist der algorithmische Führer tatsächlich etwas ganz anderes. Wie ein Rhizom müssen algorithmische Wirtschaftsführer ohne klar definierte Hierarchien oder Strukturen auskommen. Man muss ein „Verbinder" sein, kein Controller. Man ist fester Bestandteil eines Wurzelsystems, das keine Mitte und keinen Randbereich hat und das auf einen vertraut: Man muss es nähren und erweitern. Genauso wenig wie ein einzelner Bambustrieb die Verantwortung für das große Ganze hat, sind Sie allein verantwortlich für das Schicksal Ihres Teams oder Ihrer Organisation. Das bedeutet jedoch nicht, dass Sie nicht einflussreich oder mächtig sein könnten – sogar allgegenwärtig oder unverwüstlich wie ein Unkraut.

Das Rhizom erinnert uns daran, dass wir unsere traditionellen Vorstellungen von Struktur, Hierarchie und Ordnung infrage stellen müssen, wenn wir in einem Zeitalter leben, in dem maschinelle Intelligenz in der Lage ist, ständig neue, aussagekräftige Verbindungen zwischen Daten herzustellen.

Ein algorithmischer Führer muss mehr können, als die ein oder andere Anekdote über künstliche Intelligenz und Massendaten zu erzählen. Er muss lernen, das eigene Ego hintanzustellen; mit voller Absicht die Firmenstrukturen einzureißen, die der Aufrechterhaltung des eigenen Status dienen; sich von der Idee zu verabschieden, dass er selbst alle Entscheidungen trifft; den Teams die Freiheit zu geben, sich selbst zu organisieren; sich nicht immer Sorgen zu machen, ob er richtig liegt; offen zu sein für weniger klar definierte Formen von Partnerschaft und Zusammenarbeit und sich auf eine neue, ungewisse Zukunft einzulassen.

Während ich in den letzten Jahren den Aufstieg von Netflix beobachtet habe, der Fernsehgewohnheiten weltweit verändert hat, musste ich oft daran denken, wie wohl Medienmoguln der alten Schule wie Rupert Murdoch, John Malone oder Ted Turner diese Firma geführt hätten. Warum war Reed Hastings, der CEO von Netflix, so effektiv? Wie war es ihm möglich, ein so schnelles globales Wachstum zu erreichen und gleichzeitig schwierige Umstellungen vorzunehmen, etwa als die Firma sich vom Versand von DVDs per Post auf das Breitband-Streaming verlegte? Ist Netflix erfolgreich, weil es auf Algorithmen basiert oder weil an der Spitze der Firma algorithmische Führer stehen?

Einen interessanten Einblick in die Antwort auf diese Frage gab mir die Begegnung mit Andy Harries, dem CEO und Mitbegründer von Left

Bank Pictures. Harries ist einer der weltbesten Filmproduzenten, zu seinen Streifen zählen *Cold Feet, Prime Suspect, Wallander, Outlander* und *The Queen*, für den Helen Mirren einen Oscar als beste Hauptdarstellerin erhielt.

Harries wollte eine Fernsehserie über die britische Königsfamilie machen, die auf den Themen aus *The Queen* beruhen sollte. Er setzte sich mit den führenden US-amerikanischen Fernsehsendern zusammen, denen die Idee zusagte, die sich aber nicht entschließen konnten, wirklich einzusteigen. Schließlich beschloss Harries, sich mit Reed Hastings und Ted Sarandos von Netflix zu treffen.

Das war wirklich ein seltsames Treffen, meinte Harries, als er mir in seinem Londoner Büro eine Tasse Kaffee reichte. Unmittelbar nachdem er den Konferenzraum betreten hatte und noch bevor er seine Pläne überhaupt darlegen konnte, sagten sie ihm schon, sie seien bereit mitzumachen. Und nicht nur mit einer Pilotfolge, sondern mit einer kompletten Staffel.

Im Unterschied zu den anderen Sendern hatte das Team bei Netflix bereits die Publikumsdaten analysiert und mithilfe von Algorithmen den zu erwartenden Erfolg der Serie prognostiziert. Sie kannten ihr Publikum und wussten, welche Sendungen ankamen. Außerdem glaubten sie, die geplante Ausstrahlung in Großbritannien würde ein großer Erfolg. Und sie behielten recht. Mittlerweile geht *The Crown* in die dritte Staffel und die Serie wurde bereits zweimal für einen Emmy in der Kategorie herausragende Dramaserie nominiert.

Algorithmische Führer erkennt man daran, wie sie Entscheidungen fällen und Probleme lösen. Die Art und Weise, wie Reed Hastings und sein Team über Inhalte denken und über den Bezug geplanter Inhalte zum Publikum und zu ihrer Plattform – selbst darüber, wie die geplanten Inhalte präsentiert und freigegeben werden sollten –, unterscheidet sich radikal von der Art und Weise, wie Führungspersönlichkeiten in Medienkonzernen üblicherweise auftreten.

Sie *müssen* die Welt doch mit anderen Augen sehen, wenn Sie zu jedem gegebenen Zeitpunkt genau wissen, was alle Ihre Kunden weltweit machen oder machen wollen. Wie könnten Sie nicht bestrebt sein, sich maschinelles Lernen, Algorithmen und Automatisierung zunutze zu machen, um diese Wünsche und Bedürfnisse in individuell abgestimmter Weise zu erfüllen?

Geschäftsführer wie Hastings haben die Welt nicht immer aus diesem Blickwinkel gesehen. Die meisten von uns, die heute an der Spitze einer Firma stehen, haben als analoge Führer begonnen. Wir müssen eine bewusste Entscheidung treffen, uns anzupassen und weiterzuentwickeln und zu erkennen, dass die Verfügbarkeit von Daten und Algorithmen unsere Sicht der Dinge verändern *sollte*.

Das Ende der Arbeit?

In diesem Buch geht es darum, wie Algorithmen, KI und Automatisierung die Arbeitswelt verändern, auch Ihren Job als Chef. Dabei gibt es Leute, die schwarzsehen und glauben, das Maschinenzeitalter werde die Arbeit überhaupt abschaffen. Widmen wir uns jetzt dieser Fragestellung.

Als ich die Highschool hinter mir hatte, beschloss ich, zwei Fächer zu studieren: Rechnungswesen und Recht. Aber nachdem ich in den Sommerferien zwei Monate damit zugebracht hatte, in einem Keller die Unterlagen für eine Versicherungsprüfung durchzusehen, wusste ich: Das Rechnungswesen war nichts für mich. Blieb die Rechtswissenschaft.

Rechtsanwaltskanzleien sind konservative Umgebungen: schwere Möbel, Holzvertäfelungen, Porträts der Gründer an den Wänden und viele in Leder gebundene Bücher in den Regalen. Am ersten Tag nach meinem Abschluss zog ich einen nagelneuen Anzug an, der furchtbar unbequem war und nicht gut saß, und versuchte ein cooles Gesicht zu machen, als ich zu den anderen Neulingen im Konferenzraum stieß. Als man mich dem geschäftsführenden Gesellschafter vorstellte, betrachtete der mich grimmig. Vor ihm türmte sich ein Berg Akten: Papierstapel, die sich wellten, zusammengehalten von gewaltigen Büroklammern, Unmengen beigefarbener Mappen aus Manilakarton.

„Ah, der Neue …" Er lächelte mit dem Charme eines Raubtiers, das keine natürlichen Feinde mehr hat. „Sehen Sie diese Dokumente?" Er zeigte auf den Stapel. „Die müssen bis morgen früh auf Rechtschreibung durchgesehen werden."

„Rechtschreibung?", krächzte ich und betrachtete voll Entsetzen den Berg auf seinem Tisch. Warum hatte ich fünf Jahre lang studiert?

„Ja", antwortete er. „Die Anwälte hier im Büro taugen nichts. Ihre Akten sind voller Fehler. Das ist jetzt Ihr Job, die zu finden."

„Haben Sie dafür keine Software?", fragte ich angesichts der Perspektive, die nächsten Jahre mit endloser Hilfsarbeit zu verbringen.

„Doch, da haben Sie eigentlich recht." Er seufzte und entließ mich mit einer Handbewegung. „Genau das ist Ihr Job."

Natürlich blieb ich nicht lange. Als ich den praktischen Teil der Ausbildung aufgab und damit die Juristerei insgesamt, dachte ich: „Wie wird die Zukunft dieser Anwälte aussehen, wenn sie nicht einmal mit elementarer Technik umgehen können?" Vermutlich nahm ich an, die meisten von ihnen würden durch Computerprogramme ersetzt werden. Immerhin hatte es den Anschein, als könne ein Großteil ihrer Arbeit durch bessere Dokumentvorlagen, leistungsstärkere Systeme und Programme zur Dokumentenauswertung übernommen werden.

Heute ist mir meine Naivität peinlich. Aber das war vor 20 Jahren. Die technische Entwicklung hat den Anwaltsberuf nicht ersetzt – heute gibt es mehr Anwälte als je zuvor (schrecklicher Gedanke!). Wie konnte ich die Lage so falsch einschätzen?

Ich glaube, ich machte damals den gleichen Fehler, den viele Leute heute begehen. Menschen, die behaupten, Roboter würden unsere gesamte Arbeit übernehmen, gehen davon aus, dass es eine einfache Beziehung zwischen Automatisierung und Beschäftigung gibt. Sie denken, nur weil man Teile eines Jobs automatisieren kann, wird eines Tages der ganze Job wegfallen. Aber manchmal führt die technische Entwicklung dazu, dass Aufgaben sich *verändern*, ohne insgesamt wegzufallen. Wie wir später näher untersuchen werden, bedeutete die Einführung des Geldautomaten nicht das Ende des Bankkaufmanns. Die Zahl der Mitarbeiter hat sich sogar erhöht, weil es billiger wurde, Filialen einzurichten. Tatsächlich wirkte sich die Automatisierung dahingehend aus, dass Bankberater heute kaum noch Geld zählen; stattdessen bauen sie Beziehungen zu Kunden auf.

Zurück zum Rechtswesen. Seit einiger Zeit setzt sich die eDiscovery-Software immer mehr durch. Sie erledigt viel von dem, was ein junger Anwalt in einem Gerichtsverfahren übernehmen würde: Dokumente durchlesen, Listen erstellen, Material organisieren. Es ist viel billiger, mit eDiscovery zu arbeiten, als für die gleiche Arbeit einen Menschen zu beschäftigen. Die Richter ließen die Software immer häufiger zu und so entstand mehr Arbeit für die Anwälte. Mit anderen Worten: Einen Teil der anwaltlichen Arbeit zu automatisieren führte zu einer vermehrten Inanspruchnahme anwaltlicher Dienstleistungen und in der Folge zur vermehrten Nachfrage nach Anwälten.

Während also Algorithmen nicht unbedingt Menschen ersetzen, vergrößern sie möglicherweise die Verantwortung, die auf uns lastet. Denken Sie zurück an die Erfahrung von Oscar Munoz und seine unselige Reaktion auf Flug 3411: Algorithmen können Führungsqualitäten nicht ersetzen. Wir brauchen immer noch echte Menschen, die interpretieren, was die Maschinen uns sagen; die entscheiden, ob bestimmte Schlussfolgerungen richtig und vertretbar sind; und die wissen, wie man die Fähigkeiten der Maschinen, die schlauer sind als wir, am besten einsetzt.

Anders als ein Mensch wird ein Algorithmus immer zu dem gleichen Schluss gelangen, egal ob es Montag oder Freitag ist, kalt oder heiß und unabhängig davon, wie viele ähnliche Fälle ihm bereits vorgelegt wurden. Das macht Algorithmen jedoch nicht zu unparteiischen Entscheidern. Ganz im Gegenteil.

Algorithmen lernen durch Daten, die von und über Menschen gesammelt werden. Wir entscheiden, wo die Daten herkommen, welche Erfolgskriterien Anwendung finden oder wie die Wahrheit aussehen soll. Dabei bringen wir alle unsere persönlichen Ansichten und Vorurteile mit ein. Letztlich sind die Algorithmen also Ausdruck unserer Persönlichkeit und unserer Welt. Vielleicht wird es so sein, dass wir in Zukunft weniger Entscheidungen treffen müssen, aber Wirtschaftsführer werden mehr Zeit damit verbringen, jene Algorithmen zu entwickeln, zu verfeinern und zu validieren, die künftig an ihre Stelle treten.

Jeder kann ein algorithmischer Führer sein, selbst Menschen, die nicht in großen Organisationen wie Amazon, Google oder Facebook arbeiten. Das liegt daran, dass Algorithmen jede Firma von Grund auf verändern, ob sie nun klein oder groß ist, ein Traditionsbetrieb oder ein Technologieriese.

Egal ob Sie eine große Firma leiten, die in China Autoteile herstellt, oder ob Sie an der Spitze einer Reinigung in Brooklyn stehen – Ihr Erfolg hängt nicht nur davon ab, wie gut Sie mit Ihren Mitarbeitern, Kunden oder Zulieferern umgehen. Viel mehr hängt Ihre Zukunft davon ab, wie gut Sie sich die Daten und Informationen zunutze machen, die durch Ihre Aktivitäten entstehen. Das ist möglicherweise wichtiger als die Frage, wie gut Sie die typischen Hebel Ihrer Geschäftstätigkeit bedienen.

Stellen wir uns zwei Szenarien vor: ein großes und ein kleines. Wenn Sie ein Hersteller von Automobilteilen sind, hinterlässt Ihre Fabrik einen digitalen Fußabdruck. Die Leistung Ihrer Maschinen, die Konfiguration ihrer Fertigungsstraßen, das Design Ihres Workflows und der Arbeitsabläufe – alle diese Dinge lassen sich in Form von Daten ausdrücken, die durch Algorithmen gelesen, verwaltet und optimiert werden können. Diese Daten können sogar kopiert und transplantiert werden und so an einem ganz anderen Ort als Muster dienen. Das bedeutet, eine digitale Einrichtung, die in Shenzhen, China, entwickelt wurde, kann in Warschau, Polen, nachgebaut werden. Mit anderen Worten: Der wichtigste Teil Ihrer Fabrik sind die Daten über Ihre Fabrik.

Ganz ähnlich verhält es sich, wenn Sie eine kleine Reinigung haben. Auch dann hinterlassen viele Dinge einen digitalen Fußabdruck: Ihr Kundenkontakt, die Buchhaltung, Ihr Verbrauch an Energie und Chemikalien, die Stundentafeln Ihrer Teilzeitmitarbeiter. All das kann in naher Zukunft gegen eine monatliche Gebühr optimiert werden, von Software in der Cloud, mithilfe von lernenden Maschinen und KI. Sie arbeiten immer noch in einem Laden zum Anfassen, aber viele Ihrer Entscheidungen, Ihre Interaktion mit den Kunden und zahllose Alltagsaktivitäten werden von digitalem Input bestimmt.

Die Zukunft aller Firmen wird, ohne Rücksicht auf ihre Größe, von Algorithmen bestimmt sein. Das beginnt schon heute. Denken Sie einmal darüber nach. Welche Prozesse, die auf Algorithmen beruhen, laufen zurzeit in Ihrer Firma ab? (Wissen Ihre Kunden, Ihre Partner oder Angestellten überhaupt von den automatisierten Systemen, die ihr Leben, ihre Entscheidungen und ihre Erfahrungen bestimmen?)

Nicht jede Firma wird über die nötigen Mittel verfügen, ein eigenes Team für das maschinelle Lernen zu bilden, eigene Algorithmen zu entwickeln oder die ganze Branche umzukrempeln. Aber das ist auch nicht nötig, um als effektiver Wirtschaftsführer die Herausforderungen des 21. Jahrhunderts zu meistern. Zunächst einmal sollten Sie sich klarmachen, dass Sie nicht tatsächlich in einem Kampf ums Überleben gegen die Maschinen antreten. Jedenfalls noch nicht.

Wir haben die schlechte Angewohnheit, gegen die Zukunft anzukämpfen. Ob es sich um John Henry handelt, der sich auf den Wettstreit mit einer dampfgetriebenen Bohrmaschine einließ, um den Schachweltmeister Garri Kasparow, der gegen Deep Blue von IBM antrat, oder um Lee Sedol, den besten Go-Spieler der Welt, gegen Googles AlphaGo. Wir lieben es, uns mit unseren eigenen Erfindungen zu messen. Aber wenn ein Mensch gegen eine Maschine verliert, sind die wahren Gewinner dann nicht die Menschen, die diese Maschine gebaut haben? Für einen Wirtschaftsführer geht es in Wahrheit nicht darum, wie schlau die Maschinen sein können, sondern vielmehr um die Frage: *Was bedeutet eigentlich schlau – oder besser clever –, wenn es um uns Menschen geht?*

Um im algorithmischen Zeitalter zu überleben, müssen Sie nicht *schlauer* sein als die Maschinen, Sie müssen einfach clever sein.

Clever sein bedeutet, dass Sie wissen, wie man es richtig macht; wie man unnötige Schritte vermeidet; wie man weder Zeit noch Ressourcen verschwendet; wie man offen bleibt für Neues. Es geht nicht darum, irgendwelchen Trends blind zu folgen. Es geht darum, zu wissen, wie man sich die neuesten Erkenntnisse zunutze macht und sie effektiv auf praktische Probleme anwendet. Clever sein ist heute etwas anderes als vor 50 – oder fünf – Jahren.

Wenn Sie clever sein wollen, obwohl die Maschinen schlauer sind als Sie, müssen Sie zu etwas Neuem werden.

Wie Sie dieses Buch lesen sollten

Dieses Buch beruht auf zehn Prinzipien, die ich in drei Phasen einer Transformation eingeteilt habe. Am Anfang geht es um Ihre persönliche Einstellung, dann um die Menschen, mit denen Sie zusammenarbeiten, und schließlich um Ihr Umfeld:

Teil 1 Ändern Sie Ihre Einstellung
Teil 2 (Ver)ändern Sie Ihre Arbeit
Teil 3 Verändern Sie die Welt

Eine Warnung sei mir erlaubt: Die Prinzipien in diesem Buch sind in ihrer Gesamtheit weder erschöpfend noch endgültig. Sie sollen als Anhaltspunkte für eigene Erfahrungen dienen. Ausgewählt habe ich sie nach zahlreichen Gesprächen mit visionären Wirtschaftsführern und globalen Erneuerern, nach einem Jahrzehnt der Beratertätigkeit und der genauen Untersuchung verschiedenster Szenarien, in denen algorithmische Führer üblicherweise anders denken und handeln als Führer der analogen Ära. Natürlich können Sie das Inhaltsverzeichnis als einen ungefähren Leitfaden betrachten. Tatsächlich möchte ich Ihnen jedoch weniger eine Checkliste anbieten als einen praktikablen Gesamtrahmen, um Probleme und Entscheidungen neu zu betrachten und einzuordnen.

Die zehn Prinzipien sind:

1 Denken Sie zurück aus der Zukunft
2 Streben Sie nach Verzehnfachung, nicht nach 10 Prozent
3 Denken Sie berechnend
4 Begrüßen Sie Unwägbarkeiten
5 Machen Sie Ihre Firmenkultur zum Betriebssystem
6 Arbeiten Sie nicht, gestalten Sie Arbeit
7 Automatisieren und Aufwerten
8 Wenn die Antwort X ist, fragen Sie Y
9 Im Zweifel fragen Sie einen Menschen
10 Arbeiten Sie zielorientiert, nicht profitorientiert

Lesen Sie dieses Buch von Anfang bis Ende oder springen Sie darin herum und konzentrieren Sie sich auf die Prinzipien, die Sie am meisten interessieren. In der realen Welt müssen Ideen Wirtschaftsführern bei den schwierigen Entscheidungen helfen, die sie treffen müssen, wenn sie Ressourcen zuweisen oder sich auf eine neue Herausforderung einlassen.

Versuchen Sie also beim Lesen, die Prinzipien auf aktuelle Probleme und Möglichkeiten anzuwenden.

Am Ende jedes Kapitels finden Sie eine kurze Zusammenfassung und eine Frage, die Sie dazu auffordern soll, sich im Kern den Veränderungen zu stellen, die in Ihrer Organisation nötig sind. Es ist allzu leicht, über grundsätzliche Veränderungen zu lesen, ohne sich mit der erschreckenden Möglichkeit auseinanderzusetzen, dass das, was sich eigentlich verändern muss, nicht Ihre Firma oder Ihre Branche ist – sondern Sie.

Teil 1:

ÄNDERN SIE IHRE EINSTELLUNG

1

DENKEN SIE VON DER ZUKUNFT AUS RÜCKWÄRTS

„Ich glaube von mir, dass ich eine einzigartige Kombination von Qualitäten besitze, die exakt darauf ausgelegt sind, mich vor allen Dingen zur Entdeckerin verborgener Realitäten in der Natur zu machen."

ADA LOVELACE

Beginnen Sie mit den Algorithmen

Stellen Sie sich vor, wie das Leben in zehn Jahren aussehen könnte.

Vielleicht haben Sie ganze Flotten selbstfahrender Autos vor Augen, Drohnen, die Pakete liefern, komplett automatisierte Fabriken und dünnere, schickere und schnellere Geräte. All das ist realistisch, stellt jedoch keine dramatische Veränderung gegenüber unserem Alltagsleben heute dar. Unsere technische Hardware wird sich im kommenden Jahrzehnt nicht unbedingt radikal verändern, aber gibt es eine Sache, die das bestimmt tun wird: unsere Erfahrungen.

Alle unsere Erfahrungen, wie wir die Dinge tun – kommunizieren, einkaufen, Liebe oder Arbeit finden, bezahlt werden, verreisen – werden sich vermutlich unter dem Einfluss von Algorithmen verändern. In der Zukunft werden wir mithilfe von KI und neuen Rechenverfahren immer besser in der Lage sein, Daten zu erheben. Die algorithmischen Plattformen, die unsere Welt prägen, werden sich exponentiell verbessern. Und genau in diesem Bereich – und nicht im Bereich veränderter Betriebsabläufe – werden vermutlich die größten Wertzuwächse entstehen.

Lassen Sie uns zunächst einen verbreiteten Irrglauben ausräumen: Algorithmen sind keine von Rechnern generierte Beschwörungsformel, um Maschinen zum Leben zu erwecken. Vielmehr ähneln sie einem Backrezept: Sie beschreiben einen Prozess Schritt für Schritt (Zutaten mischen), um ein Problem zu lösen (Sie brauchen einen Kuchen für den Geburtstag Ihres Sohnes).

Die Idee des Algorithmus ist um mehrere Tausend Jahre älter als der moderne Computer. Sie lässt sich zu den Gelehrten der Antike zurückverfolgen, die ebenfalls Algorithmen verwendeten, um schwierige Probleme zu lösen.

Stellen Sie sich beispielsweise vor, Sie haben einen angenehm schattigen, rechteckigen Hof hinter Ihrem Haus, den Sie mit quadratischen Steinplatten auslegen wollen. Ihr Lieferant fragt Sie, welche Plattengröße er bestellen soll, und jetzt haben Sie ein Problem. Welches ist das größte Format, das Sie wählen können, um die gesamte Fläche von 38 × 16 Fuß gleichmäßig auszulegen?

Der griechische Mathematiker Euklid verfügte über ein Verfahren, um dieses Dilemma zu lösen. Ihren Hof zu pflastern ist ein mathematisches Problem, das sich mithilfe des größten gemeinsamen Teilers zweier Zahlen lösen lässt – das heißt mit der größten Zahl, die beide Zahlen ohne Rest teilt. Das euklidische Verfahren, um diese Berechnung durchzuführen, von ihm erstmals in seinen *Elementen* (um 300 v.Chr.) beschrieben, ist einer der ältesten Algorithmen, die wir heute noch verwenden.

Der euklidische Algorithmus, wie er auch genannt wird, besteht aus einer Reihe von Schritten, bei denen jeweils das Ergebnis des einen Schrittes in den nächsten eingegeben wird. Treten wir also in den Hof unserer Vorstellung und schauen wir uns um!

Gehen wir davon aus, dass Ihr Hof mit zwei Quadraten in den Maßen 16 × 16 Fuß gepflastert wird Dann bleibt ein Rest von 6 x 16 Fuß. Um die Größe der Platten zu ermitteln, mit denen alles einheitlich gepflastert werden kann, müssen wir diesen Rest aufteilen.

Glücklicherweise kann man aus der kleineren Fläche zwei Quadrate von der Größe 6 × 6 ausgliedern. Wieder bleibt ein kleinerer Rest übrig. Diesen Rest können Sie sich einmal mehr als Rechteck vorstellen, dieses Mal mit einer Fläche von 4 x 6 Fuß. Davon teilen wir ein Quadrat in der Größe 4 × 4 ab. Am Ende bleibt ein winziges Rechteck von 2 x 4 Fuß übrig. Dieses Rechteck in zwei wunderschöne Sandsteinplatten zu zerteilen, sollte kein Problem sein. Jetzt haben wir die Lösung für den gesamten Hof. Mathematisch betrachtet ist der größte gemeinsame Teiler von 16 und 38 die Zahl 2. Pragmatisch gesehen können Sie Ihrem Gartengestalter jetzt die genaue Größe der Platten mitteilen, mit denen Ihr Hof einfach perfekt wird. Er muss Platten der Größe 2 x 2 kaufen. Mit keinem anderen, größeren Format wäre es möglich, den Hof ohne Lücken oder Überschneidungen zu pflastern.

Die einzelnen Schritte des euklidischen Algorithmus lassen sich wie folgt auflisten:

$$38 : 16 = 2 \text{ Rest } 6$$
$$16 : 6 = 2 \text{ Rest } 4$$
$$6 : 4 = 1 \text{ Rest } 2$$
$$4 : 2 = 2 \text{ Rest } 0$$

Bei jedem Schritt nehmen wir den vorangegangenen Divisor und teilen ihn durch den früheren Rest, bis wir zur Null gelangen. Die Zahl, die da steht, ist der größte gemeinsame Teiler GGT.

Natürlich gibt es andere algorithmische Möglichkeiten, zu dieser Antwort zu gelangen. Beispielsweise könnten wir die Primfaktoren beider Zahlen auflisten und dann die gemeinsamen Faktoren auswählen:

$$38 = 2 \text{ x } 19$$
$$16 = 2 \text{ x } 2 \text{ x } 2 \text{ x } 2$$

Auch in diesem Fall ist der GGT 2.

Keine Angst, das ist das letzte mathematische Beispiel in diesem Buch. Ich möchte nur einen einfachen Punkt illustrieren: Algorithmen haben Eingabewerte und Ausgabewerte. Jeder Schritt führte zu einem Ergebnis, das wiederum in den nächsten Schritt eingegeben wird.

Wenn wir dieses Grundprinzip in einen größeren Zusammenhang übertragen, erlauben uns Algorithmen, komplexe Problemstellungen in der realen Welt zu bearbeiten. Denken Sie beispielsweise an ein klassisches Problem der Informatik, das Problem des Handlungsreisenden. Es geht folgendermaßen: Ein Handelsvertreter, der Nachschlagewerke verkauft, muss verschiedene Orte auf seiner Liste aufsuchen. Welcher kürzestmögliche Rundweg führt ihn an jeden Ort, ohne dass er eine Strecke zweimal zurücklegen muss? Die Antwort zu finden ist schwieriger, als Sie denken, und dabei ein Problem, mit dem Logistikfirmen Tag für Tag zu tun haben, wenn sie ihre Pakete so effizient wie möglich ausliefern wollen. UPS beispielsweise verwendet ein Programm zur Routenoptimierung, das ORION (On-Road Integrated Optimization and Navigation) heißt, damit Ihre Pakete pünktlich ankommen.

Wir sind von Algorithmen umgeben. Wenn Sie an einem Automaten Bargeld abheben, online etwas kaufen und es nach Hause schicken lassen, wenn Sie Ihr Handy mithilfe der Gesichtserkennung entsperren, sich die Fotos Ihrer Freunde auf Instagram anschauen, durch eine personalisierte Playlist Ihres Musikdienstes blättern oder bei Netflix ein Video aus der Empfehlungsliste wählen, arbeiten im Hintergrund Algorithmen, um Ihre Wünsche vorwegzunehmen oder darauf zu reagieren.

Verstehen, warum Maschinen so schlau werden

Algorithmen gibt es, wie gesagt, seit Tausenden von Jahren, aber heute leben wir im algorithmischen Zeitalter, weil die Fortschritte beim maschinellen Lernen so enorm sind.

Maschinelles Lernen bedeutet, dass Computer selbstständig lernen – aus Datensätzen, die millionenfachen Input und Output enthalten, der ihnen ermöglicht „weiterzukommen". Anstatt also auf Dauer einer unveränderlichen Grundanweisung zu folgen, etwa dem Rezept Ihrer Großmutter für Nudelsoße (das Sie niemals verändern würden), passen Systeme, die auf Algorithmen für maschinelles Lernen beruhen, ihre Aufgabenstellungen ständig an. Überspitzt könnte man sagen, Maschinen können heute ihre Arbeitsanweisungen selbst schreiben.

Wann hat sich das verändert? Für manche liegt der Wendepunkt im Dezember 2012, als das Team von der Universität Toronto mit seinem

SuperVision-Algorithmus den Wettbewerb ImageNet Large-Scale Visual Recognition Challenge gewann. Der ImageNet-Wettbewerb findet seit 2010 alljährlich statt und ist ein Softwarewettbewerb, bei dem die teilnehmenden Gruppen Softwareprogramme entwickeln sollen, die Objekte und Szenen auf Bildern korrekt klassifizieren und erkennen. Die Gewinner Geoffrey Hinton, Alex Krizhevsky und Ilya Sutskever entwickelten ein neuronales Netzwerk, das sie AlexNet nannten. Es beruhte auf einem sogenannten Deep Convolutional Neural Network, einem künstlichen neuronalen Netz, das von biologischen Prozessen inspiriert ist.

Einige Daten, um ihren Sieg besser einordnen zu können: 2010 hatten die Gewinner eine Fehlerrate von 28,2 Prozent. Das SuperVision-Team gewann 2012 mit einer Fehlerrate von 16,4 Prozent. Die Nächstbesten erreichten 26,2 Prozent. Seither hat sich die Fähigkeit von Maschinen, Bilder zuverlässig zu erkennen, dramatisch verbessert. 2017 hatte das siegreiche Team aus China nur noch eine Fehlerrate von 2,25 Prozent. Das liegt vermutlich deutlich über dem, was Sie, ein hochgradig intelligentes menschliches Wesen, jemals erreichen würden.

Ähnlich wie das menschliche Gehirn bestand das Convolutional Neural Network von AlexNet aus kleinen Ansammlungen von Neuronen in mehreren Schichten, die jeweils einen Teil des Bildes untersuchten und wichtige Merkmale extrahierten. Die Ergebnisse aller neuronalen Gruppen in einer Schicht wurden übereinandergelegt, um einen Eindruck des Gesamtbildes zu erhalten. Das Gleiche wiederholte sich eine Schicht tiefer und so weiter. So konnte der Algorithmus verstehen, was abgebildet war.

AlexNet veranschaulicht den Unterschied zwischen tiefem Lernen und allgemeinem Maschinenlernen. Beim traditionellen Maschinenlernen werden die Algorithmen so programmiert, dass sie nach bestimmten Merkmalssätzen suchen. Beim tiefen Lernen kann das neuronale Netzwerk selbst Merkmale definieren, indem es die Daten aus der Eingabeschicht analysiert.

Heute sind Convolutional Neural Networks überall im Einsatz und erledigen verschiedenste Aufgaben: Fotos automatisch beschriften, Videoaufzeichnungen analysieren, selbstfahrende Autos bauen und steuern und Aufgaben in der Forschung übernehmen. Aber diese Entwicklung ist noch jung, weil große, billige Rechenkapazitäten noch nicht lange zu haben sind. Erst sie machen tief lernende Algorithmen zu einem brauchbaren Hilfsmittel. AlexNet war ein wirklich schlauer Algorithmus. Mit größerer Rechnerleistung kann er noch schlauer werden.

Im Business Design werden Computer seit ungefähr 50 Jahren eingesetzt. Wenn sie schlau waren, lag es daran, dass wir sie so programmiert hatten. Die Fähigkeit der Maschinen, selbstständig schnell und viel zu lernen, unterscheidet das algorithmische Zeitalter so sehr von früheren Zeiten, obwohl Computer damals ebenfalls eine zentrale Rolle spielten – bei der Informationsverarbeitung und der Automatisierung. Doch erst jetzt, durch die künstliche Intelligenz, stehen wir vor der Realität, dass Computer *schlauer sein können als wir.*

Begriffe wie „schlau" oder „intelligent" sind irreführend, wenn man sie nicht klar definiert. In seinem Buch *Leben 3.0* betrachtet der Physiker und Kosmologe Max Tegmark Intelligenz als die Fähigkeit, komplexe Ziele zu erreichen. Dabei umfassen „komplexe Ziele" in seinem Verständnis möglichst viele Aspekte wie Verstehen, Selbstwahrnehmung oder Problemlösungskompetenz. Für Tegmark besteht das höchste Ziel der KI-Forschung darin, eine allgemeine künstliche Intelligenz (AGI = Artificial General Intelligence) zu konstruieren, die praktisch in der Lage ist, jedes denkbare Ziel zu erreichen, also auch zu lernen.

Dabei gibt es noch eine andere Art der KI, die Sie sich als begrenzte KI vorstellen können. Tegmark weist darauf hin, dass Deep Blue, der Schachcomputer von IBM, nur in der Lage war, die sehr begrenzte Aufgabe des Schachspielens zu bewältigen. In anderen Zusammenhängen wäre er nicht erfolgreich gewesen, selbst nicht bei anderen Spielen. Man könnte sagen, Deep Blue war schlau, was das Schachspielen anging, aber bei „Drei gewinnt" hätte er Schwierigkeiten gehabt, einen Vierjährigen zu schlagen.

Daniel Hulme, der Gründer von Satalia, dem wir weiter hinten im Buch noch begegnen werden, meint, eine Maschine, die eine echte KI sein will, müsse „zielgerichtetes, anpassungsfähiges Verhalten" zeigen. „Zielgerichtet" meint, dass ein Algorithmus eingesetzt wird, um ein bestimmtes Ziel zu erreichen, beispielsweise ein Bild zu klassifizieren oder eine Fahrtroute zu optimieren. Das entscheidende Wort ist jedoch „anpassungsfähig". Aus Hulmes Sicht ist ein System erst dann eine künstliche Intelligenz, wenn es sich selbstständig anpasst, aus Fehlern lernt und die eigene Modellvorstellung verbessert. Solange ist sie nur ein Automat.

Diese Fähigkeit, sich anzupassen, zu lernen und in einem bestimmten Umfeld eine gewisse Perfektion zu erreichen, ist der Grund, warum Maschinen *in bestimmten Bereichen* schlauer werden als wir. In vielen Bereichen haben Maschinen uns bereits überflügelt, nicht nur wenn es darum geht, Spiele wie Schach oder Go zu spielen, sondern auch bei der Erkennung von Hautkrebs, der Identifizierung von Planeten oder der Gesichtserkennung in einer Menschenmasse. Ein eng umrissenes Ziel plus die Fähigkeit, zu lernen, erlauben den heutigen algorithmischen Plattformen, sehr schnell bestimmte Aufgaben zu meistern, etwa Muster wiederzuerkennen, zu navigieren, zu optimieren oder zu personalisieren.

In den allernächsten Jahren werden wir erleben, dass die Lernfähigkeit der Maschinen exponentiell weiter wächst. Es war schon erstaunlich, dass AlphaGo den weltbesten Go-Spieler Lee Sedol schlagen konnte. Noch erstaunlicher war jedoch das, was die Maschine danach vollbrachte, als AlphaGo Zero. Die „Zero" (Null) im Namen verweist darauf, wie diese neue KI funktionierte: ohne menschliches Vorwissen. AlphaGo Zero verfügte lediglich über alle Regeln des Spiels und hatte keinerlei Zugriff auf menschliche Übungserfahrungen. Die Maschine spielte immer wieder neue Partien, bis der Computer schließlich eine Strategie entwickelte, die so gut war, dass er seine frühere Verkörperung, die ihrerseits den Champion besiegt hatte, 100 zu null schlagen konnte.

Was AlphaGo Zero darüber hinaus wirklich interessant macht, ist seine Fähigkeit – anders als beim IBM-Schachcomputer Deep Blue –, die eigenen Lernstrategien auf andere Spiele anzuwenden. DeepMind, die Google-Tochter, die AlphaGo entwickelt hat, berichtete jüngst, man habe die Software so weit generalisiert, dass sie andere Spiele erlernen könne. Innerhalb von 24 Stunden, nachdem man AlphaGo Zero auf ein Spiel wie Schach oder Shogi (ein japanisches Spiel, das dem Schach ähnelt) losgelassen hatte, war die KI in der Lage, „übermenschliche Fähigkeiten" zu entwickeln und überzeugend ein Weltmeisterprogramm zu schlagen. Dem CEO von DeepMind Demis Hassabis zufolge macht es Sinn, einen Algorithmus zu entwickeln, der ohne menschliches Vorwissen lernt, weil er so einfacher auf die verschiedensten Probleme in der realen Welt angewendet werden kann: „Uns ging es bei AlphaGo weniger darum, das Spiel Go zu gewinnen, als darum, in der Entwicklung lernender Algorithmen für alle möglichen Zwecke einen Schritt weiter zu kommen."

Der entscheidende Punkt ist und bleibt jedoch: Während Maschinen immer besser darin werden, Einsichten aus Daten zu gewinnen, Muster zu erkennen oder sogar an unserer Stelle Entscheidungen zu fällen, haben nur Menschen die einzigartige Fähigkeit, sich innovative Wege auszudenken, wie man mithilfe der KI Erfahrungen ermöglichen, Organisationen verändern und die Welt neu erfinden kann.

Die Lernfähigkeit der heutigen Maschinen zu verstehen ist ein erster Schritt, um sich die intelligenten Plattformen vorzustellen, die wir in Zukunft vielleicht bauen werden. Vorauszusagen, was der Einsatz immer schlauerer Algorithmen bewirkt, ist schwieriger als die Entwicklung schnellerer oder billigerer Hardware. Wir haben eine intuitive Vorstellung davon, was ein leistungsfähiger Computer oder eine Kamera mit höherer Auflösung zustande bringen. Aber was wird es bedeuten, wenn immer klügere Algorithmen unsere Bedürfnisse verstehen und unsere Wünsche vorwegnehmen? Welche Branchen wird ein dramatisch verbesserter Spracherkennungsalgorithmus (einer für alle Sprachen weltweit) auf den Kopf stellen? Welche neuen Produkte und Dienstleistungen werden möglich sein, wenn eine Maschine menschliche Gefühle präzise einschätzen kann?

Am besten kann man sich eine von KI geprägte Zukunft vorstellen, indem man nicht auf die Maschinen und ihre aktuellen Fähigkeiten schaut, sondern über die möglichen Interaktionen zwischen Algorithmen, menschlichem Verhalten und Identität nachdenkt. Wenn Sie verstehen, welche Auswirkungen die Algorithmen auf das Leben der Menschen haben werden – darauf, wie sie Entscheidungen treffen, und darauf, welche Erwartungen sie hegen, wie die Dinge laufen sollten –, dann können Sie anfangen, eine Welt für Kunden zu entwerfen, die noch nicht einmal existieren.

Arbeiten Sie für Ihre künftigen Kunden

Wenn es darum geht, von der Zukunft aus rückwärts zu arbeiten, gibt es vielleicht kein besseres Beispiel als Masayoshi Son. Er wurde 1957 in Japan geboren, blieb dort jedoch nicht lange. Mit 16 Jahren zog er in die USA und ging an die University of California in Berkeley.

Mitte der 1970er-Jahre konnte man kaum in Berkeley studieren, ohne von dem Gefühl ergriffen zu werden, dass Computer die Welt verändern würden. Bill Joy, ein Mitstudent von Son, entwickelte BSD UNIX, während er dort studierte, und gründete später Sun Microsystems.

Da darf es nicht überraschen, dass Son, als er Anfang der 80er-Jahre nach Japan zurückging, eine eigene Softwarefirma gründete, Nihon SoftBank (später nur noch SoftBank). Die japanische Computerbranche wuchs und mit ihr SoftBank. Innerhalb weniger Jahre gelang es Son, sich 50 Prozent des japanischen Einzelhandelsmarktes für Computersoftware zu sichern.

Und sein Stern stieg weiter. Das Platzen der ersten Dotcom-Blase Anfang des neuen Jahrtausends traf Son hart – er verlor rund 70 Milliarden Dollar (und gewann den zweifelhaften Ruf, den größten persönlichen Nettoverlust in der Menschheitsgeschichte erlitten zu haben). Doch er überlebte und SoftBank wurde zu einem führenden Breitbandanbieter in Japan. Er war der Erste, der das iPhone vermarktete, und ein früher Investor in Alibaba.

Letzteres war besonders wichtig, weil die 20 Millionen Dollar, die Son im Jahr 2000 auf Alibaba setzte (damals eine chinesische E-Commerce-Firma in den Kinderschuhen) zu 50 Milliarden Dollar wurden, als die Firma 2014 an die Börse ging. Heute mag es so aussehen, als sei Sons Investition eine einfache Entscheidung gewesen, aber damals deutete wenig darauf hin, dass Jack Ma und seine großartige Idee ein Erfolg werden würden.

Ich hatte die Gelegenheit, Ende der 1990er-Jahre in Hongkong eine Pizza mit Jack Ma und seinen Beratern zu essen, als ich die australischen Geschäfte von Jupiter Research führte, einem frühen Mitbewerber von Forschungsfirmen wie Gartner und Forrester. Mein Boss und damaliger Firmeninhaber Alan Meckler war von Mas Leuten angesprochen worden, ob er nicht investieren wolle.

Es war, gelinde gesagt, ein merkwürdiges Mittagessen. Alle fühlten sich unwohl. Meckler erzählte Geschichten, wie sich seine früheren Investitionen in China als Betrügereien herausgestellt hatten. Ma stocherte in seiner Pizza herum mit einem Gesichtsausdruck, der besagte, er wäre lieber an jedem anderen Ort der Welt. Und Mas Berater sahen mich an und fragten sich, was ich da überhaupt wollte.

Was also hat Masayoshi Son in Jack Ma gesehen, das anderen Leuten entgangen ist? Die Antwort darauf liegt darin, wie Son seine strategischen Wetten eingeht. Er investiert nicht einfach in Firmen, von denen er glaubt, sie könnten eines Tages erfolgreich oder profitabel sein. Vielmehr verschafft er sich ganz persönlich einen Eindruck davon, wie die Zukunft aussehen könnte, und arbeitet von diesem Punkt aus rückwärts.

Bei einer Reise nach Tokio traf ich kürzlich Akira Tada, einen der Vizepräsidenten von SoftBank in Japan. Ich war neugierig auf den Vision Fund von SoftBank, der seit seiner Gründung Ende 2016 93 Milliarden Dollar an Zukunftsinvestitionen eingeworben hat. Tada war verantwortlich für eine der größten Investitionen des Fonds: Plenty, ein Agrarunternehmen, das ausschließlich drinnen arbeitet.

Als der Gründer von Plenty sich wegen einer Investition an SoftBank wandte, erklärte er, die beiden wichtigsten, nicht kontrollierbaren Variablen in der Landwirtschaft seien die menschliche Arbeit und das Wetter. Plenty hatte die Absicht, die Auswirkungen beider Variablen zu minimieren – durch die Verwendung von KI, Automatisierung und eine kontrollierte innere Umgebung. Der Plan bestand darin, in der Nähe von Städten mit mindestens einer Million Einwohnern „vertikale Landwirtschaft" zu betreiben.

Die Idee leuchtete Son ein, weil er sich gerade damit beschäftigte, wie wohl das Leben im Jahr 2050 aussehen würde. Es ist bemerkenswert, wie langfristig Son vorausdenkt und plant. Durch intensive Forschung und intensives Nachdenken entwirft er ein Bild, wie das Leben in 30 Jahren aussehen kann. Dann fragt er sich, welche Technologien, welche Geschäftsmodelle und welche Infrastruktur für ein solches Leben in 15 Jahren, in zehn Jahren, in fünf Jahren oder im nächsten Jahr gebraucht werden. Diese Vision verfolgt er dann mit bemerkenswerter Konsequenz, wenn er die Gelegenheit dazu bekommt und einer Firma oder einem Menschen begegnet, die dazu passen.

Es überrascht nicht, dass eine derartige Hingabe an eine Zukunftsvision Auswirkungen auf die Betriebsführung bei SoftBank hat. Man kann einfach keine traditionelle Haushaltsplanung machen, wenn man langfristig auf neuen Märkten unterwegs ist, die in höchstem Maße unberechenbar sind. Tada erläuterte, wer mit SoftBank zusammenarbeite, müsse einen eher reaktiven Ansatz bei Entscheidungen und Strategien akzeptieren. Son, so berichtete er, sage häufig: „Wenn es regnet, spanne ich einen Schirm auf." Mit anderen Worten, wenn eine Anlagegesellschaft Geld verliert, sollte man die Ausgaben um einen bestimmten Betrag kürzen. Wenn sie nach einen Jahr immer noch Geld verliert, verringert man beispielsweise die Personalausgaben um 30 Prozent und macht ansonsten weiter wie bisher. Son weiß vermutlich nicht genau, wann seine Zukunftsvision Realität wird, aber eines weiß er ganz bestimmt: Er muss dafür sorgen, dass seine Firmen so lange existieren, bis dieser Fall eintritt.

Nicht jeder ist in der glücklichen Lage, dass er Milliarden in Firmen und Bereiche investieren kann, die vielleicht erst in Jahrzehnten Ergebnisse bringen. Wenn Sie jedoch den Blick davon lösen, Ihre aktuellen Kunden glücklich zu machen, und sich fragen, was Ihre künftigen Kunden möglicherweise wollen, führt das dazu, dass Sie heute anfangen, Probleme zu lösen, an die Ihre Mitbewerber erst morgen denken. Es ist kein Geheimnis, wer diese Kunden sind. Gut möglich, dass Sie einigen von ihnen bereits begegnet sind.

Lernen Sie von Ihren Kindern

Wenn Sie Produkte und Dienstleistungen entwickeln wollen, die in der Zukunft Erfolg haben, müssen Sie sich auf die Menschen konzentrieren, die dann leben werden. Ihre Kunden von 2030 sind heute schon auf der Welt. Es sind Ihre Kinder und Enkel. Sie sind acht Jahre alt oder jünger – und sie denken völlig anders als Sie.

Für alle, die nach 2007 geboren wurden, war der prägendste Einfluss ihrer Kindheit jenes schlanke Telefon mit Touchscreen, das Steve Jobs damals auf den Markt brachte. Genau wie ich hat es Sie möglicherweise fasziniert und entsetzt, dass bereits Kleinkinder solche hochentwickelten technischen Geräte benutzen konnten.

2015 beschloss ein Team von der University of Iowa, über 200 You-Tube-Videos zu analysieren, um zu verstehen, wie Kleinkinder Tablets verwenden. Sie fanden heraus, dass bereits im Alter von zwei Jahren 90 Prozent der Kinder in den Videos eine gewisse Fähigkeit im Umgang mit dem Tablet erworben hatten. Sie definierten „eine gewisse Fähigkeit" als „benötigt die Hilfe eines Elternteils, um die App aufzurufen". Danach konnten die Kinder das Programm jedoch zielgerichtet handhaben, auch wenn sie mitunter Schwierigkeiten bei der rein technischen Bedienung hatten. Bereits Kleinkinder können demnach sinnvoll mit Technik umgehen. Was bedeutet das für die Zukunft?

Die meisten von uns, die in der modernen Welt mit jungen Kindern zu tun haben, müssen vermutlich darum ringen, sie bei der Nutzung technischer Geräte einzuschränken. Und es ist wichtig, das zu tun – hat eine Forscherin herausgefunden –, weil es um die künftigen Erfolgschancen unserer Kinder geht.

Im Lauf der letzten Jahre hat die Wissenschaftlerin Alexandra Samuel Daten gesammelt, wie über 10 000 Eltern in Nordamerika das Problem gelöst haben, Kinder in der digitalen Welt großzuziehen. Dabei stellte sie fest, dass es drei verschiedene Arten von Eltern gibt.

Die erste Gruppe nannte sie *digitale Freischalter.* Diese Eltern erlauben ihren Kindern, über ihren Umgang mit Technologie selbst zu bestimmen; sie haben großzügigen Zugang zu technischen Geräten und reichlich Bildschirmzeit, wenn sie es wünschen. *Digitale Begrenzer* sind im Gegensatz dazu Eltern, die Geräte ausschalten und den Umgang mit Technologie einschränken, weil sie sich Sorgen über die möglichen Auswirkungen auf die Aufmerksamkeitsspanne ihrer Kinder und ihre sozialen Interaktionen machen. Die dritte und letzte Gruppe sind die *digitalen Mentoren.* Sie bringen sich aktiv ein und begleiten ihre Kinder durch die digitale Welt.

Mentoren sind nach Samuels Ansicht vermutlich die Eltern, die ihre Kinder am erfolgreichsten auf das algorithmische Zeitalter vorbereiten. Sie tragen nicht nur aktiv dazu bei, die Online-Fähigkeiten und -Erfahrungen ihrer Kinder auszubilden, sie stellen sogar über die Verwendung technischer Geräte eine Beziehung zu ihnen her.

Am Ende führen diese Unterschiede im Elternverhalten laut Samuel dazu, dass die heranwachsenden Generationen in drei verschiedene Gruppen zerfallen: *digitale Waisenkinder, digitale Verbannte* und *digitale Nachfolger.* Die digitalen Waisenkinder, also diejenigen, die uneingeschränkten Zugang zur Technologie hatten, werden Schwierigkeiten mit zwischenmenschlichen Kontakten haben. Den digitalen Verbannten, die man vom Internet abgeschirmt hat, wird die Fähigkeit fehlen, richtige Entscheidungen zu treffen und, schlimmer noch, in einer von Daten beherrschten Umgebung erfolgreich zu sein. Bleiben die digitalen Nachfolger. Sie werden vermutlich am besten in der Lage sein, zwischen realer und virtueller Umgebung zu vermitteln. Deswegen werden sie im algorithmischen Zeitalter besonders erfolgreich sein.

Als ich Samuel für dieses Buch interviewte, erzählte sie mir eine Geschichte über ihre eigenen Kinder und einen ihrer stolzesten Momente als Mutter: „Meine beiden Kinder richteten ihr erstes Gmail-Konto im gleichen Jahr ein, beide, ohne dass ich sie darauf aufmerksam gemacht hatte und ohne dass der eine vom anderen wusste, was er vorhatte", begann sie, ehe sie lachend fortfuhr.

„Die erste E-Mail, die mein Ältester verschickte, bestand lediglich aus den Worten: Zauberstab, Zauberstab, Zauberstab – immer und immer wieder, während mein Jüngster schrieb: Spielzeugroboter, Spielzeugroboter, Spielzeugroboter. Beide hatten das spontan getan und aus dem gleichen Grund. Sie wussten, dass Gmail E-Mails ausspioniert und auf der Basis der Inhalte Werbung anbietet. Mein Ältester wollte sehen, was es für Zauberstäbe gab, und mein Jüngster wollte Werbung für Spielzeugroboter erhalten. So waren beide auf die gleiche Idee gekommen. Mit ihrer ersten E-Mail setzten beide, unabhängig voneinander, diese Idee um. Sie wollten Werbung für ihre Lieblingsprodukte erhalten."

„Sie hatten also bereits eine Vorstellung davon entwickelt, wie ein lernender Algorithmus, der von Google benutzt wird, reagiert?", fragte ich.

„Genau, und sie waren damals erst sieben und zehn Jahre alt."

„Ich wusste nicht, worauf deine Geschichte hinauslaufen sollte", sagte ich. „Ich habe wirklich gedacht, du erzählst mir, sie hätten an den Weihnachtsmann geschrieben."

„Mach dich nicht lächerlich. Wer braucht den Weihnachtsmann, wenn er den Algorithmus hat? Der Weihnachtsmann ist für Loser, die nicht wissen, wie man Gmail einsetzt, um genau die Werbung zu bekommen, die einen interessiert."

Samuels Geschichte liefert uns einen weiteren wertvollen Anhaltspunkt, um unsere künftigen Kunden zu verstehen. Sie dreht sich darum, wie ihre beiden Kinder in der Lage waren, eine Vorstellung vom Funktionieren des Algorithmus zu entwickeln, mit dem sie es zu tun hatten, und wie sie diese Vorstellung zu ihren eigenen Zwecken einsetzten. Die neue Generation, die nach 2007 geboren wurde, ist die erste, die nicht nur von Geburt an mit Smartphones zu tun hatte, sondern auch vollständig von algorithmischen Plattformen umgeben war. Von so vielen Algorithmen umgeben zu sein verändert das Denken und die Weltsicht.

Denken Sie einmal über Ihren eigenen Haushalt nach. Vielleicht gibt es einen Smart Speaker im Wohnzimmer, der Ihren Kindern Antworten auf alle Fragen gibt, die zu beantworten Sie zu müde oder zu abgelenkt sind. Auf den Smartphones Ihrer Kinder sind Apps für Videos, Musik und Unterhaltung, die sich per Algorithmus an ihr Verhalten und ihre Vorlieben anpassen. Selbst wenn sie auf Instagram oder Facebook gehen, sind die Feeds, die ihnen Nachrichten, Bilder und Updates über ihr soziales Umfeld liefern, exakt personalisiert, mit der geradezu unheimlichen Fähigkeit, Ihre Interessen und Ihr Verhalten vorwegzunehmen und sogar zu beeinflussen. Wir betrachten alle diese Technologien als KI, aber für Ihre Kinder sind sie mehr eine Art fantastischer Freund oder vielleicht sogar ein weiteres Elternteil.

Kurz gesagt, was Ihre Kinder bereits wissen und was Sie vielleicht erst so langsam begreifen, ist: Das Interessante an der Zukunft sind nicht die neuen Geräte oder technischen Spielzeuge, sondern was unsere algorithmische Erfahrung mit uns macht.

Wichtig sind die Erfahrungen, nicht die Technik

Hier kommt die Geschichte, wie Steve Jobs Sie ausgetrickst hat.

Als Jobs 2007 auf der Macworld Conference & Expo seine Keynote hielt, tat er so, als würde er drei Produkte vorstellen: einen breiteren iPod mit einer Taststeuerung, ein revolutionäres Mobilfon und ein neuartiges Gerät, um mit dem Internet zu kommunizieren. Sie wissen natürlich, wie das Ganze ausging: Es waren nicht drei verschiedene Geräte, sondern eins, und das nannte er iPhone.

Aber das wahre Kunststück sollte erst noch kommen. Das iPhone wurde uns als Vereinheitlichung verschiedener Geräte verkauft, tatsächlich führte es jedoch zur Vervielfachung neuer technischer Möglichkeiten durch unsere algorithmische Erfahrung. Smartphones waren großartig, aber die neue Welt der mobilen Apps, deren Entstehung sie ermöglichten, war geradezu unglaublich. Diese Apps waren mehr als nur kleine Programme; sie waren algorithmische Plattformen, die jenseits Ihres Handys weiter existierten und nahtlos zusammenarbeiteten, über unterschiedliche Plattformen, Geräte und Betriebssysteme hinweg.

Wenn Sie Ihre Musikauswahl Spotify anvertrauen, ist Ihre Beziehung zu dieser Plattform nicht auf Ihre Hardware begrenzt. Einmal abgesehen von Ihrem Smartphone können Sie Ihre Playlists im Auto hören, auf der

Stereoanlage im Wohnzimmer, auf Ihrem Laptop oder mit dem Handy jeder beliebigen anderen Person. Das Gleiche gilt für alle Ihre algorithmischen Erfahrungen, ob es sich um Ihre Lieblingsfernsehsendungen handelt, um Fotos, die Sie anderen zeigen möchten, um Gespräche mit Ihren Freunden oder Ihre Art der Fortbewegung. Ihre algorithmische Erfahrung reicht deutlich über die Grenzen des jeweiligen Gerätes hinaus, sie ist nicht auf einzelne Geräte begrenzt.

Wir stehen erst am Anfang eines neuen Zeitalters der algorithmischen Erfahrung, das durch exponentielle Fortschritte bei der maschinellen Intelligenz vorangetrieben wird. KI hat das Potenzial, unsere Interaktionen mit der Welt zu verändern. Dabei ist es Ihr Job als algorithmischer Führer, sich vorzustellen, wie diese Zukunft aussehen kann, und sich zu überlegen, auf welchen Wegen wir dorthin gelangen.

Ein sinnvoller Weg, wenn man algorithmische Erfahrungen gestalten will, kann darin bestehen, über die Beziehung zwischen Intentionen, Interaktionen und Identität nachzudenken.

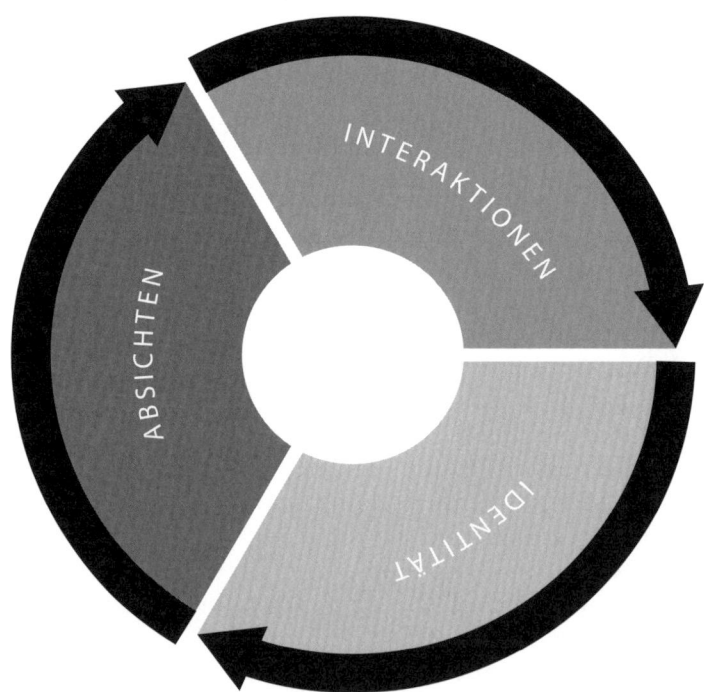

Das Rad der algorithmischen Erfahrung

Intentionen sind die Bedürfnisse und Wünsche eines Kunden oder Nutzers, die häufig gar nicht ausgesprochen werden, sich aber aus seinem Verhalten ableiten lassen. *Interaktionen* sind die verschiedenen Möglichkeiten, wie Sie eine Plattform, ein Produkt oder eine Dienstleistung in Anspruch nehmen. *Identität* ist die kognitive oder emotionale Auswirkung der Erfahrung und der Grad, in dem es Teil des eigenen Selbstverständnisses wird.

Alle drei Elemente sind miteinander verbunden und verstärken sich gegenseitig, wie bei einem Schwungrad: Wenn Sie die *Intentionen* eines Nutzers vorwegnehmen, können Sie natürlichere *Interaktionen* ermöglichen, bis das System praktisch zu einem „verlängerten Arm" der eigenen *Identität* wird. Je stärker ein Algorithmus das Verhalten einer Person beeinflusst, desto besser kann er zukünftige Intentionen vorwegnehmen und Interaktionen müheloser gestalten – und so weiter.

Wirklich gelungen ist eine algorithmische Erfahrung dann, wenn der Nutzer aufhört, den Algorithmus überhaupt wahrzunehmen. Mit anderen Worten: Wenn der Algorithmus verschwindet, hat er sein Ziel erreicht. Dann wird die Recherche auf Google zu Ihrem transaktiven Gedächtnis, Ihr Instagram-Feed wird zur gemeinsamen Geschichte Ihres sozialen Umfelds und die Empfehlungen von Spotify decken sich mit Ihrem Musikgeschmack.

Darin liegt durchaus eine Gefahr. Genau wie Videospiele oder Spielautomaten können algorithmische Erfahrungen menschliches Verhalten manipulieren, indem die Belohnungsschleifen in unserem Gehirn, die zur Abhängigkeit führen, quasi als Waffe eingesetzt werden. Das heißt aber nicht, dass jede algorithmische Erfahrung schlecht ist. Es heißt nur, dass die Gefahr des Missbrauchs gegeben ist, wenn Sie mit einem System zu tun haben, das lernen kann, wie es immer besser darin wird, Ihr Verhalten zu beeinflussen. Um ethische Fragen soll es weiter hinten in diesem Buch gehen; für den Moment lassen Sie uns den Blick auf die Maschinen richten, die algorithmische Erfahrungen möglich machen.

Intentionen

Als Mark Zuckerberg gefragt wurde, warum er jeden Tag dasselbe graue T-Shirt trage, antwortete er, er wolle sein Leben vereinfachen, damit er so wenige Entscheidungen wie möglich treffen müsse. Steve Jobs trug jeden Tag den gleichen schwarzen Rollkragenpullover und Barack Obama den gleichen grauen oder blauen Anzug. Alle diese Führungspersönlichkeiten trafen diese Entscheidung, um die kognitive Beanspruchung zu verringern: Sie mussten ohnehin zu viele Entscheidungen treffen.

Menschen müssen ständig Entscheidungen treffen. Dabei geht es nicht nur darum, was wir tragen, sondern auch darum, was wir kaufen, was wir essen, wohin wir gehen, mit wem wir sprechen und worauf wir achten sollten. Man hat geschätzt, dass ein erwachsener Mensch rund 35.000 Entscheidungen am Tag trifft. Forscher an der Cornell University haben herausgefunden, dass wir täglich allein 246,7 Entscheidungen im Hinblick auf unsere Nahrungsaufnahme treffen. Der ständige Druck, Dinge zu entscheiden, bedeutet Stress. Der Psychologe Barry Schwartz, Autor von *The Paradox of Choice*, hat darüber gesprochen, wie zu viele Wahlmöglichkeiten zu einem lähmenden Gefühl der Unzufriedenheit führen können.

Ihre Kinder werden sich vermutlich nicht in der gleichen Lage befinden, weil für sie immer mehr Entscheidungen automatisiert werden. Wenn sie erst einmal eine Welt kennengelernt haben, in der ihnen Entscheidungen durch schlaue Algorithmen abgenommen werden, gibt es kein Zurück mehr. Algorithmen und Daten machen Anticipatory Design erst möglich. Die antizipatorische („vorwegnehmende") Gestaltung von Schnittstellen und Anwendungen beruht auf der Vorstellung, dass es besser ist, die Zahl der Wahlmöglichkeiten für die Nutzer zu begrenzen, wenn man verlässlich voraussagen kann, was sie möchten.

Denken Sie an die Google-Now-App, die versucht, Ihre Fragen zu beantworten und Ihre Probleme zu lösen, bevor Sie überhaupt daran gedacht haben: Wenn Sie in naher Zukunft ein Meeting oder eine Tischreservierung im Restaurant haben, schlägt die App vor, wie lange Sie dorthin brauchen, je nach Ihrem Standort und der aktuellen Verkehrslage. Oder denken Sie an den Nest-Thermostat, der die Temperatur des Raumes, in dem Sie sich befinden, anpasst, je nach Ihrem Verhalten und den temperaturbezogenen Entscheidungen, die Sie bereits getroffen haben. In ähnlicher Weise zeigt Netflix Ihnen nicht alle Filme, die im Angebot sind, sondern nur diejenigen, die Sie vermutlich sehen wollen. Und wenn Ihnen die Vorschläge nicht gefallen, wird Ihnen bei Ihrem nächsten Besuch eine andere Auswahl vorgelegt.

Als Amazon 2014 ein Patent für „antizipatorischen Versand" erwirkte, stellten sich die Leute wer weiß was darunter vor. Würde Amazon, die ja sehr viel über unser Verhalten und unsere Intentionen wissen, einfach Pakete versenden, ohne dass wir etwas bestellt hatten? Nicht ganz. In dem Patent wird ein Verfahren beschrieben, demzufolge Amazon Artikel präventiv verpackt und verschickt, von denen man annimmt, die Kunden in einer bestimmten Region wollen sie haben. Diese Artikel sollen dann in kleinen, strategisch günstig platzierten Lagerhäusern – oder sogar in Lastwagen – auf die „vorweggenommene" Bestellung warten. So könnte

Amazon Ihnen den Ersatz für Ihr Spülmittel oder Ihre Papiertücher direkt zuschicken, sobald Sie Alexa gesagt haben, Ihr Vorrat neige sich.

Der Umstand, dass Amazon bereits im Jahr 2014 eine solche Idee entwickelt hat, zeigt, wie ernst diese Firma es nimmt, die Intentionen ihrer Kunden mittels Algorithmen zu antizipieren. Es reicht nicht aus, dem Kundenwunsch zu entsprechen, wenn er geäußert wird. In einem Zeitalter der algorithmischen Erfahrungen wird es normal sein, vorwegzunehmen, was jemand haben möchte, ohne dass er oder sie danach fragen muss.

Interaktionen

Gut möglich, dass Ihre Kinder mit Smartphones aufgewachsen sind, aber das bedeutet nicht, dass für sie künftig alles mit kleinen Bildschirmen funktionieren muss. Genau wie bei mir bestanden Ihre ersten digitalen Erfahrungen möglicherweise darin, Befehle hinter einem DOS-Prompt in den Computer zu tippen. Ich bezweifle sehr, dass Sie beeindruckt wären, wenn Sie heute gebeten würden, eine solche Schnittstelle zu benutzen.

Die nächste große Veränderung, was die Gestaltung der Schnittstellen angeht, ist ein Trend zu natürlicherer Interaktion. Unsere Körper werden zu Schnittstellen. Ob es nun Smart Speaker oder Sensoren sind, Smart Tattoos oder Smart Glasses, die für Sie navigieren oder den Abruf von Textnachrichten erlauben. Wir lernen, immer intuitiver auf Daten zu reagieren. Je natürlicher die Schnittstelle ist, desto wahrscheinlicher ist es, dass wir die Algorithmen vergessen, die im Hintergrund arbeiten.

Die Gesichtserkennung ist beispielsweise in China sehr schnell zur Standardtechnik bei der Anmeldung auf digitalen Plattformen geworden. Sollten Sie beispielsweise im Frühjahr 2018 am Internationalen Halbmarathon in Shanghai teilgenommen haben und sollten Sie danach vielleicht ein Selfie auf den offiziellen Account von PaoBu WeiSheng Su auf WeChat (auch bekannt als Weixin) hochgeladen haben, erhalten Sie Minuten später, gefiltert durch ein System mit Gesichtserkennungsalgorithmus, eine Unmenge Fotos, auf denen Sie zu sehen sind. Diese Fotos wurden von den zahllosen freiberuflichen Fotografen am Rande des Marathons aufgenommen. Die Version mit Wasserzeichen dürfen Sie kostenlos ansehen; eine Version ohne Wasserzeichen wird Ihnen zum Kauf angeboten.

Didi Chuxing, das chinesische Uber, verwendet die Gesichtserkennung, um die Identität der Fahrer zu überprüfen, ehe sie den Wagen starten. Die China Construction Bank erlaubt ihren Kunden an manchen

Geldautomaten, mit ihrem Gesicht zu bezahlen. Und eine wachsende Zahl Polizisten sind mit Smart Glasses ausgestattet. So können sie beim Betrachten einer Menschenmenge nach verdächtigen Individuen suchen. Sogar im Himmelstempel in Peking wird die Gesichtserkennung eingesetzt, um den regelmäßigen Diebstahl von Toilettenpapier zu verhindern. Der Papierspender erkennt Gesichter wieder und händigt Ihnen nichts mehr aus, wenn Sie wiederholt auftauchen (die möglichen katastrophalen Folgen kann man sich unschwer vorstellen).

Das enorme Ausmaß der digitalen Welt in China – wie viele Daten die chinesischen Plattformen sammeln können und ihre Möglichkeiten, diese Daten zur Entwicklung immer besserer Algorithmen einzusetzen – bedeutet, was in China passiert, wird das Schicksal der algorithmischen Systeme weltweit bestimmen. Hunderte Millionen Menschen nutzen WeChat, eine Plattform, die als Chat-Dienstleister begonnen hat und mittlerweile zu einer Art Betriebssystem für den Alltag geworden ist. WeChat macht das Einkaufen leichter, von Lebensmitteln über Kleidung bis zu Versicherungen und Finanzprodukten. Ähnlich groß ist Didi Chuxing, eine Transportplattform – und sie wächst immer weiter. Didi Chuxing hat 450 Millionen registrierte Nutzer und 21 Millionen Fahrer. Täglich werden über die Plattform mehr als 25 Millionen Fahrten vermittelt. Uber vermittelte im Gegensatz dazu 2017 nicht einmal halb so viele Fahrten weltweit.

Alle diese Daten werden vermutlich von der chinesischen Regierung als Teil ihres Sozialkredit-Systems zusammengefasst. Das ist ein Bewertungssystem auf nationaler Ebene, mit dessen Hilfe die „Vertrauenswürdigkeit" der 1,4 Milliarden Bewohner des Landes bestimmt werden soll. In dieser neuen algorithmischen Gesellschaft hängen Ihre Chancen, Bahnfahrkarten zu kaufen, gute Schulen zu besuchen, Zugang zum Gesundheitswesen oder auch nur eine Partnerin auf einer Dating-App zu finden von Ihrem korrekten Verhalten, Ihren Ansichten und der Einhaltung der Regeln ab.

Weil sie mehr und mehr Daten über unsere Interaktionen sammeln, werden die digitalen Plattformen der Zukunft unsere Intentionen immer besser verstehen und immer schneller auf noch nicht geäußerte Wünsche und Vorstellungen reagieren. Wir werden sprechen statt zu tippen, lächeln statt über den Touchscreen zu wischen. Ihre künftigen Kunden erwarten von Ihnen, dass Sie das maschinelle Lernen einsetzen, um natürliche, persönlich auf sie zugeschnittene Interaktionen auf quasi menschlicher Ebene zu schaffen. Es geht nicht um automatisierte Standarderfahrungen.

Doch der Grat zwischen nützlich und beunruhigend ist schmal. Google Duplex beispielsweise ist eine neue KI-Technik, die mithilfe natürlicher Gesprächsführung Aufgaben erledigt und etwa telefonisch einen Termin für Sie vereinbart. Menschen, die von dem Service angerufen werden, können normal sprechen, genau wie mit einem anderen Menschen; sie müssen ihre Stimme nicht anpassen, um verstanden zu werden. Tatsächlich bemerkt man gar nicht, dass man mit einer Maschine spricht. Und genau das war für viele der verstörende Aspekt an der Demoversion des Produkts.

Bei der Markteinführung erläuterte Greg Corrado, Google-Direktor für KI-Forschung, er erwarte, im Lauf des nächsten Jahrzehnts die Entwicklung künstlicher emotionaler Intelligenz zu erleben. Sie würde es den Produkten ermöglichen, natürlicher und flüssiger mit Menschen zu interagierten. Besonders schockierend war es, als die Stimme am anderen Ende auf die Frage eines Menschen am Telefon zunächst „hmm" sagte, ehe sie fortfuhr. Google erläuterte in einem Blog, das sei mit Absicht geschehen. Damit sich das System natürlicher anhöre, habe man typische Verzögerungslaute (wie hmms oder ahs) eingebaut, um nachzuahmen, was Menschen tun, wenn sie ihre Gedanken sammeln. Aber ist das eine gute Idee?

Es besteht ein Unterschied zwischen der Entwicklung einer natürlichen Schnittstelle auf menschlichem Niveau, der gegenüber wir unser Verhalten nicht anpassen müssen, und dem Versuch, Menschen vorzuspiegeln, sie würden mit einem Menschen reden. Man könnte es als den Unterschied zwischen „menschenähnlich" und „wie ein Mensch" beschreiben. Schnittstellen, die wirklich „wie ein Mensch" wirken, versagen häufig beim Uncanny-Valley-Test, das ist ein Begriff, der 1970 von dem japanischen Robotikprofessor Masahiro Mori geprägt wurde.

Mori argumentierte, auf immer menschenähnlichere Roboter reagierten wir emotional positiv und empathisch, aber es gebe einen Punkt, an dem unsere Reaktion sich urplötzlich in starke Abneigung verwandle. Wenn der Roboter dann von einem echten Menschen praktisch nicht mehr zu unterscheiden sei, würde unsere Reaktion sich wieder positiv entwickeln. Das gezeigte Maß an Empathie wäre dann so ähnlich wie gegenüber einem anderen Menschen.

Möglich, dass es Google gelingt, eine Schnittstelle zu entwickeln, die von einem Menschen nicht mehr zu unterscheiden ist. Aber die Frage ist doch: *Sollte das so sein?* Künftig werden wir vielleicht darauf bestehen, dass KIs sich gegenüber dem Nutzer identifizieren, dass sie also erkennen lassen, ob es sich um einen Menschen oder eine Maschine handelt. Menschenähnliche Schnittstellen, die versuchen einen Menschen nachzuahmen und damit vortäuschen, sie seien menschlich, wecken Misstrauen und Argwohn, sogar Angst.

Schnittstellen auf menschlichem Niveau, die unsere natürliche Sprechweise verstehen, unsere Gesichter erkennen, auf unsere Gefühle reagieren und sogar unsere Gesten einordnen können, wären nützlich. Sie würden uns erlauben, unsere Absichten mühelos zu kommunizieren und unsere Ziele zu erreichen, ohne auf technische Befehlsschnittstellen oder Workflows zurückgreifen zu müssen. Und wenn das dann so ist, werden wir möglicherweise beginnen, in den Algorithmen eine Erweiterung unserer selbst zu sehen.

Identität

Wenn Algorithmen tief in unserem täglichen Leben verankert sind, haben sie das Potenzial, unser Verhalten deutlich zu beeinflussen. Wenn wir diesen Punkt erreicht haben, werden wir nicht länger in der Lage sein, zu unterscheiden, wie viel von unserer Erinnerung, unserer Erfahrung, unseren Vorlieben oder sogar unserer Identität uns wirklich angeboren ist und wie viel wir lediglich den technischen Erweiterungen unserer Person schulden.

Um sich vorzustellen, wie Algorithmen eine derart große Rolle dabei spielen können, unser Verhalten zu beeinflussen, muss man das schnelle Wachstum des Internet of Things (IoT) verstehen, des gewaltigen, untereinander verbundenen Netzwerks von Geräten, Fahrzeugen, Instrumenten, Sensoren und Wearables, die für das Jahr 2020 auf eine Gesamtzahl von 30 Milliarden geschätzt werden.

Manche dieser IoT-Geräte sind industrieller Natur. Sie verbinden Sensoren in Produktionsstätten untereinander oder stellen die Verbindung zwischen Automotoren und Rennteams her. Sehr viele sind jedoch kundenorientiert. Sie sind die Geräte, die wir am Handgelenk tragen, um den Hals, in unserer Kleidung und schon bald auf der Haut und in unseren Körpern. Diese Geräte bieten Firmen und Marken eine Chance, direkt zu beeinflussen, wie wir denken, fühlen und handeln.

Zu wissen, wie die Leute sich benehmen sollen, ist nicht das Gleiche, wie zu wissen, worauf sie achten sollen. Die meisten Marketingstrategen konzentrieren sich darauf, zu überprüfen, ob ihre Markenbotschaften beim Zielpublikum ankommen oder nicht. Sie schauen auf Klicks, Interaktionen und den Bekanntheitsgrad ihrer Marke. Wenn man jedoch alles, was man über das Verhalten der Menschen und ihre Beweggründe weiß, in die Entwicklung und Bereitstellung von Smartgeräten einbringen könnte, müsste sich Ihre Marketingabteilung künftig vielmehr die Frage stellen: Was sollen unsere Kunden wunschgemäß als Nächstes tun?

Wie und warum Menschen Entscheidungen fällen, besonders im Hinblick auf Geld und Investitionen, ist Gegenstand intensiver Untersuchungen von Wirtschaftswissenschaftlern und Kognitionsforschern gleichermaßen. 2017 erhielt der Ökonom Richard Thaler den Nobel Memorial Prize für Wirtschaftswissenschaften für seinen Beitrag zur Verhaltensökonomik. Er konnte nachweisen, dass Menschen unter bestimmten Umständen vorhersagbar irrational handeln und damit rein ökonomischen Vorannahmen zuwider handeln. Seine Einsichten werden bereits von Regierungen und zahlreichen Firmen benutzt, um das erwünschte menschliche Verhalten anzustoßen.

Ein „Anstoß in die gewünschte Richtung" (oder Nudge) ist eine Strategie zur Verhaltensänderung, die auch „nicht erzwungene Mitwirkung" heißt. In ihrem Buch von 2008 *Nudge: Wie man kluge Entscheidungen anstößt* zeigen Thaler und Cass Sunstein, dass man durch eine andere Entscheidungsarchitektur (also die Art und Weise, wie man Optionen präsentiert) die Menschen dahingehend beeinflussen kann, eine bestimmte Wahl zu treffen, ganz ohne Einschränkungen, Verbote oder Mehrkosten.

Technologiefirmen experimentieren seit Langem mit der Entscheidungsarchitektur, nicht nur im Hinblick auf ihre Nutzer, sondern auch im Hinblick auf ihre Angestellten. Google beispielsweise, eine Firma, die berühmt dafür ist, ihren Mitarbeitern im Büro viele leckere Dinge anzubieten, machte sich Sorgen, ihre Mitarbeiter könnten sich allzu ungesund ernähren und zu viel süße Limonade trinken. Anstatt also Süßigkeiten und Cola zu verbieten, beschloss man, gesunde Snacks in klaren, leicht erreichbaren Glasgefäßen aufzustellen und das Wasser im Kühlschrank auf Augenhöhe zu präsentieren. Bereits nach sieben Probewochen mit dem neuen Angebot war der M&M-Verzehr unter den Google-Mitarbeitern in New York deutlich gesunken: Es wurden 3,1 Millionen Kalorien weniger verzehrt.

Auch unsere Geräte können uns anstoßen, unser Verhalten zu ändern. Viele von uns tragen Smartwatches, die uns daran erinnern, mehr Wasser zu trinken, bewusster zu atmen, aufzustehen oder mehr Schritte zu tun. Bald werden unsere Kühlschränke verfolgen, was wir essen, unsere Toiletten werden uns über unseren aktuellen Gesundheitszustand informieren und unsere Schuhe werden vibrieren, damit wir in die Richtung eines Angebots gehen, das für uns ganz persönlich interessant ist.

Aus einem bestimmten Blickwinkel mag man unser zunehmendes Vertrauen auf Algorithmen bei Entscheidungen als gefährlichen Verlust persönlicher Autonomie betrachten. Aus einem anderen Blickwinkel ist das, was wir hier beobachten, eine neue, symbiotische Beziehung zur Technik, die uns erlaubt, unsere fünf Sinne zu erweitern. So wie Gänse das Magnetfeld der Erde wahrnehmen und danach navigieren, wird möglicherweise die nächste Generation Menschen eine Art „sechsten Sinn für Daten" entwickeln, der ihr Verhalten in vielfacher Hinsicht beeinflusst.

Selbst ohne spezifische Geräte, die ihre Nutzer in eine bestimmte Richtung stupsen, werden Plattformen in strategischer Hinsicht über das erwünschte Verhalten nachdenken müssen, das den Gesamtwert ihres Netzwerks optimiert. Im Wettkampfschach gibt es den sogenannten ELO-Score, um die Fähigkeiten der einzelnen Spieler zu bewerten; Tinder hat einen eigenen ELO-Score für unsere Attraktivität.

Wenn beim Schach ein niedrig eingestufter Spieler einen höherrangigen schlägt, bekommt der niedrig eingestufte einen besseren ELO-Score. Ganz ähnlich bei Tinder: Wenn ein hoch eingestufter Nutzer jemanden mit einem niedrigen Score likt, erhöht sich der Score des niedrig eingestuften Nutzers. Der Tinder-Algorithmus ist allerdings komplexer und bezieht weitere Indikatoren ein, beispielsweise wie schnell Leute auf Nachrichten reagieren oder wie wählerisch sie mit ihren Likes sind – sowie andere Verhaltensweisen, die bei Tinder als passend zur optimalen Verwendung der Plattform gelten.

Interessanterweise sind diese algorithmischen Systeme in ihrer Funktionsweise nicht immer völlig transparent, was dazu führt, dass ganze Online-Communitys spekulieren und Informationen teilen in dem Bestreben, das System auszutricksen oder es zu hacken. Genau wie Alexandra Samuels Kinder sind auch wir versucht, „Zauberstab" oder „Spielzeugroboter" einzutippen, wenn wir glauben, auf diese Weise das Gewünschte zu bekommen.

Ein Teil der Herausforderung bei der Entwicklung künftiger Plattformen wird nicht nur darin bestehen, sich darüber klar zu werden, wie die Leute sich verhalten sollen, sondern auch darin, dass man in der Lage ist, sich ständig an das kollektive Wissen der Nutzer anzupassen, die versuchen, die Algorithmen zu manipulieren und das System zu überlisten.

In diesem Kapitel ging es zunächst einmal darum, zu erklären, was Algorithmen sind, aber der wirkliche Gewinn besteht darin, sich darüber klar zu werden, was in der Zukunft wichtig ist. Wenn Sie versuchen, eine Vision zu entwickeln, wohin die Welt sich dreht, sollten Sie daran denken, den Blick auf das Verhalten Ihrer künftigen Kunden zu richten. Langfristig wird der Wachstumsmotor die Art und Weise sein, wie wir mithilfe von Algorithmen und KI attraktive Kundenerfahrungen generieren können.

ZUSAMMENFASSUNG

1 Indem wir Algorithmen und die Art und Weise verstehen, wie sie unsere Interaktionen und Erfahrungen als Menschen verändern, gewinnen wir Einsichten in die Art datenbasierter Plattformen und Produkte, die vermutlich in der Zukunft Erfolg haben werden.

2 Anders als die Plattformen früherer digitaler Revolutionen beginnen die Maschinen heute, selbstständig zu lernen. Dabei erreichen sie einen Grad der Perfektion, der vergleichbar ist mit den Fähigkeiten der Menschen in bestimmten Feldern – oder den sie sogar übertreffen. Dennoch sind es die Menschen, die am Steuer sitzen, wenn es darum geht, sich zu überlegen, wie man maschinelle Intelligenz einsetzen kann, um neue Erfahrungen zu ermöglichen, Organisationen zu transformieren und die Welt neu zu erfinden.

3 Algorithmische Führer können sich auf die Zukunft vorbereiten, indem sie verstehen, wer ihre künftigen Kunden sind und was sie wollen. Masayoshi Son, CEO von SoftBank, ist ein Beispiel für einen algorithmischen Führer, der sich, ausgehend von einer starken Vision der Zukunft, in die Gegenwart zurückarbeitet.

4 Ihre Kinder sind die Wegbereiter einer Generation, die im algorithmischen Zeitalter lebt. Sie wachsen in einer Umgebung voller Produkte und Anwendungen auf, die KI bereits verinnerlicht haben. Das bedeutet, sie werden radikal andere Erwartungen und Ansichten haben, wie die Welt funktionieren sollte. Lernen Sie von ihnen!

5 Der größte Wachstumsmotor der Zukunft werden nicht die Algorithmen sein, mit denen Sie Ihre Betriebsabläufe und Ihre Infrastruktur optimieren, sondern jene, die für Ihre Kunden und Klienten attraktive Erfahrungen gestalten. Benutzen Sie das Rad der algorithmischen Erfahrung – Intentionen, Interaktionen und Identität –, um sich vorzustellen, wie Algorithmen auf die Wünsche Ihrer Kunden reagieren könnten, wie sie sich verhalten und wie sie sich selbst sehen.

FRAGE

Was ist nützlicher: Wissen, wer Ihre besten Kunden sind, oder das ideale Verhalten identifizieren, mit dem sich der Wert Ihrer Plattform oder Dienstleistung maximieren lässt?

2

STREBEN SIE NACH VERZEHN- FACHUNG, NICHT NACH 10 PROZENT

„Ich habe nicht die Absicht, kleine Beträge zu wetten.“
Masayoshi Son, CEO von SoftBank

Vervielfachen Sie Ihre Umsätze, anstatt die Gewinnspanne zu erhöhen

Die meisten Wirtschaftsführer machen sich Gedanken darüber, wie sich umwälzende Ideen auf ihre Firma oder ihre Branche auswirken könnten, dabei sollten sie lieber darüber nachdenken, ob ihre eigenen Ideen umwälzend genug sind.

Wenn Sie einfach nur die bestehenden Arbeitsabläufe automatisieren, Ihrer Internetseite einen Chatbot hinzufügen und Ihre mobile App aktualisieren, denken Sie höchstwahrscheinlich nicht groß genug, was Ihre Zukunftschancen angehen. Allzu häufig ist digitale Transformation einfach nur ein schrittweises Herantasten.

Wenn Sie in neue Technik investieren, aber sich nicht trauen, Ihr Geschäftsmodell insgesamt zu hinterfragen, weil Sie vor einer radikalen Umgestaltung Angst haben, zögern Sie nur den unvermeidlichen Moment hinaus. Wenn sich dann alles verändert, werden Sie davon überrascht. Ein Teil der Entwicklung zum algorithmischen Führer besteht darin, Chancen zu ergreifen, die eine Vervielfachung Ihres Umsatzes bedeuten, nicht nur einen marginalen Zuwachs.

Bald nach der Jahrtausendwende traf ich Reid Hoffman, den Gründer von LinkedIn. Seine Firma war erst wenige Jahre alt und im Firmensitz Moutain View herrschte noch die magische Atmosphäre eines Startups, das im Begriff stand, schnell zu wachsen. Hoffman war freundlich, präzise und bestimmt einer der schlauesten Menschen, die ich im Silicon Valley kennengelernt habe.

Besonders deutlich erinnere ich mich an seinen Rat zum Thema Wachstum. Hoffman erklärte mir, er würde nur in Firmen investieren, die darauf ausgerichtet seien, über das Internet zu wachsen. Eine Firma, die sich auf traditionelle Werbung verließ, interessierte ihn nicht. Er suchte nach Investitionsmöglichkeiten, bei denen auf Daten zurückgegriffen wurde, auf Berechnungen und Netzwerke von Nutzern, die schnell expandierten, um so einen Wettbewerbsvorteil zu erlangen.

Schlimmer als fehlendes Wachstum sind einzig und allein die Opportunitätskosten bei zu langsamem Wachstum. Wenn die Firma erst einmal groß genug geworden ist, kann man die Struktur der Organisation, die Gestaltung der Plattformen und die Dynamik der Branche ganz anders angehen.

Hoffman bezeichnete sein Wachstumskonzept mithilfe des Internets als *Blitzscaling*. Er glaubte, Startups befänden sich in einem Wettlauf, um möglichst schnell an den Punkt in ihrem Lebenszyklus zu gelangen, an dem die Wertschöpfung am größten sei. Wer dafür zu lange brauche, werde entweder von der Konkurrenz überholt oder es fehlten ihm am Ende überlebenswichtige Ressourcen. Wichtig sei, dass man direkt von einem Startup zu einem Scale-up werde.

Ganz ähnlich müssen Sie als algorithmischer Führer strategische Chancen, die sich Ihnen bieten, anders bewerten, auch im Hinblick auf das Tempo Ihrer Entscheidungen. Wirtschaftsführer aus der analogen Ära sind möglicherweise zu Ruhm gelangt, indem sie durch eine disziplinierte Preispolitik, geringere Lagerbestände oder spätere Zahlungen an Lieferanten eine erhöhte Gewinnspanne erwirtschafteten. Ein algorithmischer Führer muss im Gegensatz dazu in großen Zusammenhängen denken, um zu überleben.

Wenn ein Risikokapitalanleger sagt, seine Investitionen müssten den zehnfachen Gewinn abwerfen, hört sich das ausgesprochen gierig an. Man muss jedoch verstehen, dass es hochgradig riskant ist, in Startups zu investieren; viele entwickeln sich nicht so, wie man es erwartet. Tatsächlich gehen viele Investoren der ersten Stunde davon aus, dass ein Drittel ihrer Investitionen zu gar nichts führt, ein Drittel knapp die Kosten deckt und ein weiteres Drittel sich hoffentlich lohnt.

Der wahre Grund, warum algorithmische Führer nach einer Vervielfachung ihres Einsatzes streben müssen, ist jedoch nicht das geschäftliche Risiko. Firmen, die auf Daten und Algorithmen basieren, operieren im 20. Jahrhundert zumeist auf einem „Winner Take All"-Markt.

Wenn Sie heute eine Suchmaschine ins Leben rufen wollen, die mit Google konkurrieren kann, reicht es einfach nicht aus, bei den Suchanfragen schneller zu sein oder regionale Angebote zu machen. Sie müssen die Größe haben, die Daten und die Algorithmen für die KI sowie die technische Infrastruktur, um *allen* eine umfassende und überzeugende Lösung anzubieten – wenn Sie das nicht schaffen, ist Ihre Dienstleistung einfach nicht gut genug.

Das heißt aber nicht, dass operative Effizienz kein lohnendes Ziel wäre. Domino's Pizza beispielsweise experimentiert mit einem KI-Kamerasystem zur automatischen Qualitätskontrolle. Es kann den Unterschied zwischen den Pizzasorten erkennen und entscheiden, ob sie die richtige Temperatur haben. In ähnlicher Weise verwendet Coca-Cola einen Algorithmus namens Black Book, der Daten aus Satellitenbildern und über das Wettergeschehen mit Informationen über Ernteerträge, die Preisentwicklung und besondere Kundenvorlieben kombiniert, um ganzjährig einen Orangensaft anbieten zu können, der immer ähnlich schmeckt. Problematisch bleibt dabei die Größenordnung. Je mehr sich Ihre Produkte und Abläufe durch Daten oder algorithmisches Lernen verbessern lassen, desto schwieriger wird es für neue, kleinere Mitbewerber, Ihnen Konkurrenz zu machen.

Ein Gründungskonzept von Amazon ist das Schwungrad des Wachstums, das berühmte Flywheel. Die Logik geht wie folgt: Eine größere Auswahl an Produkten und Dienstleistungen zu niedrigeren Preisen sorgt für mehr Handelsaufkommen, was zu mehr Kunden und Verkäufen führt, was die Expansion in neue Produkt- und Dienstleistungsbereiche ermöglicht und so weiter. Bei Amazons Flywheel geht es dabei nicht allein um das insgesamt größere Kundeninteresse: Hier werden die Vorteile beschrieben, die eine kritische Masse von Daten und algorithmischen Modellen hat. Wenn es gelingt, die eigene Organisation rund um Lernmodelle zu strukturieren, die auf Datenschleifen beruhen, führt das zu einem Kreislauf, der sich selbst verstärkt. Mehr Daten führen zu besseren Modellen, was die Produkte und Dienstleistungen verbessert und so weiter.

Wenn Sie Ihre algorithmischen Möglichkeiten in einem größeren Zusammenhang sehen und eine Plattform entwickeln, die mehr umfasst, als Sie heute benötigen, sind Sie potenziell in der Lage, von einem linearen Wachstumsmodell auf ein exponentielles umzusteigen.

Eine großartige Idee darf Sie nicht davon abhalten, eine noch bessere zu verfolgen

Großartige Ideen können die Basis für eine großartige Firma sein, aber auch ein Hindernis auf dem weiteren Weg. Wichtig ist, dass Sie flexibel genug bleiben, um alte Ideen durch neue zu ersetzen. Manchmal bedeutet das nur eine Strukturveränderung. Aber manchmal bedeutet es, dass sich die Menschen ändern müssen.

Anfang Mai 2013 kam der damalige CEO von Microsoft, Steve Ballmer, von seiner morgendlichen Laufrunde zurück. Er brauchte ein paar Minuten, um zu Atem zu kommen, und dachte über die letzten Monate bei Microsoft nach. Die Firma, und dazu gehörte auch er, stand unter einem gewaltigen Veränderungsdruck. Der Vorstand und die Hauptaktionäre verlangten eine neue Managementstruktur und die verstärkte Konzentration auf mobile Endgeräte und Online-Dienstleistungen.

Ballmer erkannte an jenem Morgen, dass Microsoft sich ohne ihn als CEO möglicherweise schneller verändern würde. „Am Ende läuft es darauf hinaus, dass wir ein Muster durchbrechen müssen", erklärte er im Interview mit dem *Wall Street Journal*. „Es nützt nichts: Ich bin ein Muster."

Windows war eine großartige Idee – und eine, die Microsoft fast den Kopf gekostet hätte. Wenn von dem Produkt einer Firma ein gewaltiger Impuls ausgeht, kann das die Firmenchefs blind machen für neue Chancen, die sich auftun. Großartige Ideen können wie Narbengewebe sein, das die Organisation nach außen schützt, am Ende jedoch ihre Flexibilität, ihre Anpassungsfähigkeit und den Veränderungswillen einschränkt. Großartige Ideen aus der Vergangenheit können bedeuten, dass Sie in der Gegenwart nach marginalen Veränderungen streben und so die Chance für eine radikale Umgestaltung verpassen.

Während Ballmers Zeit als CEO verdreifachte sich der Umsatz bei Microsoft auf fast 78 Milliarden Dollar in dem Geschäftsjahr, das im Juni 2013 endete, und der Gewinn wuchs um 132 Prozent auf fast 22 Milliarden Dollar. Doch bereits während die Firmen noch brav ihre Softwarelizenzen erneuerten und die Kunden PCs mit Windowsprodukten kauften, machte die Firma entscheidende Fehler, beispielsweise indem sie die Auswirkungen des Internets unterschätzte und daher zu spät einen eigenen Browser auf den Markt brachte. So verzögerte sich Microsofts Einzug auf dem Werbemarkt der Suchmaschinen und im digitalen Musiksystem. Außerdem verpasste die Firma fast vollständig den Kundentrend zu mobilen Endgeräten und sozialen Medien. 2013 sah es dann ganz so aus, als würde Microsoft eine noch größere Veränderung im Softwarebereich verpassen: die Verlagerung vom materiellen Vertrieb zum Abonnement in der Cloud.

Ballmer ist ein typischer Wirtschaftsführer aus der analogen Ära. Er wuchs in Detroit auf und war Fußballtrainer am College, als er Bill Gates kennenlernte. Sein Studium der Wirtschaftswissenschaften gab er auf, um der erste Geschäftsführer von Microsoft zu werden. Zu einer Zeit, als es beim Wachstum in der Softwarebranche vor allen Dingen um aggressive Verkaufsstrategien und die Vergrößerung von Marktanteilen ging, trug er dazu bei, eine wettbewerbsfähige Kultur aus lauter einzelnen „Firmensilos" zu errichten: Kollegen wurden aneinander gemessen und gegeneinander ausgespielt. Das führte zu einem Konkurrenzdenken, das die Leistung steigerte, solange Windows als ungekrönter König an der Spitze der Entwicklung stand. Später machte diese Firmenkultur es den leitenden Mitarbeitern jedoch schwierig, sich zusammenzuraufen, als die Dynamik der Branche sich veränderte und die Firma neue Wege einschlagen musste.

Als Satya Nadella 2014 zum neuen Firmenchef ernannt wurde, war ihm klar, dass Microsoft eine starre, unbewegliche Kultur rund um Windows aufgebaut hatte. Das Produkt Windows begann bereits, an Relevanz zu verlieren, und der Firma war es nicht gelungen, neues, relevantes Potenzial zu entwickeln. Nadella verlagerte den Schwerpunkt bei Microsoft möglichst schnell auf das Cloud-Computing, die KI und die sozialen Netzwerke. Die wichtigste Veränderung, für die er Sorge trug, war jedoch, wie die Firma sich selbst sah.

Als er von McKinsey & Company für einen Podcast interviewt wurde, erklärte Nadella, es sei eine ganz natürliche Sache, dass das Kernprodukt einer Firma irgendwann zu stagnieren beginne. Dann brauche man neue Potenziale, um neue Konzepte und Produkte voranzutreiben. Seiner Ansicht nach sei es in einer Zeit des ständigen, schnellen Wandels eine innovative Firmenkultur, die es ermögliche, neue Konzepte zu erproben, ehe sie zur Norm würden.

Was Nadellas Ansatz so wirkmächtig und pragmatisch macht, ist die Unterscheidung zwischen dem Potenzial und den Geschäftsbereichen. Geht es einer Firma gut, neigt sie dazu, sich in einzelnen Bereichen zu organisieren. Sie tut das, weil sie glaubt, das trage zu Effizienz, Produktivität und niedrigeren Transaktionskosten bei. Eine Technologiefirma wird jedoch eher von den Fähigkeiten und Möglichkeiten vorangebracht, also vom Potenzial, und nicht von den Strukturen.

Wenn Sie nach einer Verzehnfachung Ihres Einsatzes streben, können Sie sich nicht auf traditionelle Silos und nach Funktion organisierte Abteilungen verlassen. Selbst wenn Sie wissen, wo die Zukunft Ihrer Firma liegt, brauchen Sie einen beweglicheren Ansatz, um dorthin zu gelangen – mit anderen Worten, Sie müssen Ihren Gruppen und Gruppenführern gestatten, ihre Pläne, Projekte, Verantwortungen, ja sogar ihre Tätigkeitsbezeichnungen laufend anzupassen, ohne an starren Organisationsstrukturen und Genehmigungsverfahren festzuhalten.

Halten Sie sich an die Daten

Weil das Haus ja immer gewinnt, kann man sich kaum vorstellen, dass ein Casino pleitegeht. Aber genau das war passiert, als „Caesars Palace" Gläubigerschutz beantragte – angesichts einer Schuldenlast von 24 Milliarden Dollar. Höchst interessant bei der Abwicklung dieser Insolvenz war die Beschwerde der Gläubiger, ein Vermögenswert von Caesars sei massiv unterbewertet. Weder die Immobilien noch die Marken waren aus ihrer Sicht das Wertvollste, was Caesars besaß, sondern die Daten. Die Gläubiger verlangten, das Total-Rewards-Programm mit Daten von rund 45 Millionen Kunden aus 17 Jahren müsse auf 1 Milliarde US-Dollar taxiert werden.

Und das gilt nicht allein für Caesars. Der wertvollste Aktivposten Ihrer Organisation sind ebenfalls Ihre Daten – und deren Wert wird noch wachsen. Um zu verstehen, warum das so ist, müssen wir uns klarmachen, worin die besondere Bedeutung der Daten in der Welt von Algorithmen und KI besteht.

Es war kein Zufall, dass Geoffrey Hinton, Alex Krizhevsky und Ilya Sutskever bei ihrem ImageNet-Sieg im Jahr 2012 neuronale Netzwerke einsetzten. Hinton wurde von einem jungen Professor am Stanford College namens Andrew Ng überredet, diese Technik anzuwenden.

Ng war in Asien aufgewachsen und lernte bereits als Kind von seinem Vater, Computerprogramme zu schreiben. Sein Vater war Arzt und versuchte sogar, ein eigenes Programm zur Diagnose seiner Patienten zu entwickeln. Ng war kein normaler Teenager. Mit sechzehn hatte er bereits herausgefunden, wie man mithilfe neuronaler Netzwerke mathematische Probleme lösen kann.

Nach dem Schulabschluss studierte Ng an drei Institutionen, die für ihre Informatikstudiengänge berühmt sind – Carnegie Mellon, MIT und Berkeley –, ehe er Professor an der Stanford University wurde. Als der Hersteller von Grafikchips NVIDIA seine Grafikprozessoren (GPUs), die für Spiele entwickelt worden waren, 2007 allgemein zugänglich machte, begriffen Ng und sein Team in Stanford schnell, dass die Chips sich einsetzen ließen, um neuronale Netzwerke zu beschleunigen.

Bis zu diesem Zeitpunkt hatten Informatiker meist Prozessoren für allgemeine Zwecke verwendet, wie sie etwa von Intel in handelsüblichen PCs verbaut wurden, um Algorithmen auszuführen. Konventionelle Computerchips sind zwar schnell, können jedoch nur wenige Aufgaben zur gleichen Zeit ausführen. Ein neuronales Netzwerk hingegen muss Tausende von Berechnungen gleichzeitig durchführen können. Glücklicherweise gab es Chips, die genau dazu in der Lage waren. Man hatte sie für Videospiele entwickelt und die besten stammten von NVIDIA.

Also begann Ng, neuerdings ausgerüstet mit billiger Rechnerleistung in Form von GPUs, einen Aufsatz nach dem anderen über tiefes Lernen zu veröffentlichen. Und diesen Aufsätzen verdankte die University of Toronto ihr siegreiches Vorgehen beim Wettbewerb 2012. Eine allgemeine Begeisterung für KI auf der Basis von Deep Learning und für neuronale Netzwerke war die Folge.

Schon bald stellte Ng allerdings fest, dass er noch mehr Rechenleistung brauchte, wenn er weiterforschen wollte. So gelangte er zu Google. Ng erhielt Zugang zu Googles gewaltigen Rechnern und Datenmengen und begründete 2011 die Google-Brain-Initiative. Bei einem besonders interessanten Experiment seines Teams diente YouTube als nicht überwachter Lerndatensatz für einen KI-Algorithmus. Das Ergebnis war erstaunlich: Ngs System lernte, wie eine Katze aussah, ohne dass ihm gesagt worden war, wonach es suchen solle, ja, ohne dass es überhaupt wusste, was eine Katze war.

2014 akzeptierte Ng das Angebot, zum chinesischen Internetgiganten Baidu zu wechseln, nachdem die Firma angekündigt hatte, sie würde 300 Millionen Dollar in ein neues Zentrum für Forschung und Entwicklung im Silicon Valley investieren. Unmittelbar nach dem Wechsel zu Baidu kaufte Ng eine große Menge GPUs. Ein Teil seiner Aufgabe bei Baidu bestand darin, Projekte zu entwickeln und umzusetzen, die KI in den unterschiedlichsten Bereichen für die verschiedensten Anwendungen nutzbar machen würden.

Aufgrund seiner Erfahrungen bei Baidu beschloss der Pionier des maschinellen Lernens, sich selbstständig zu machen, und richtete einen KI-Fonds mit einem Volumen von 175 Millionen US-Dollar ein. In einem Blog erläuterte Ng seine Entscheidung und verglich die Entwicklung der KI mit der Verbreitung der Elektrizität. In deren Anfangstagen, so schrieb er, hätten sich viele Innovationen darauf konzentriert, Schritt für Schritt die Leuchtmittel zu verbessern; das war die ursprüngliche Anwendung. Bis sich die wirklich umwälzenden Anwendungen im industriellen Bereich durchsetzten, dauerte es deutlich länger. In Ngs Augen ist die KI die Elektrizität des 21. Jahrhunderts.

Ng glaubt, Firmen sollten die Daten als Herzstück ihrer Geschäftstätigkeit betrachten. Es ist nicht leicht, die richtigen Daten zu finden, um KI-Algorithmen zu trainieren – nicht zuletzt weil sie sich häufig im Besitz von Marktführern befinden, die sie nicht preisgeben. Bei Baidu entwickelte und lancierte Ng häufig Anwendungen, um ganz bestimmte Datensätze zu gewinnen, die Aufschluss über ein bestimmtes Nutzerverhalten oder eine bestimmte geografische Region geben konnten. Er hatte gelernt, dass er sich an die Daten halten musste, wenn er interessante Fortschritte machen wollte.

Schaut man sich den beruflichen Erfolg eines algorithmischen Führers wie Ng an, begegnet man der Entschlossenheit, eine große Idee zu verfolgen. Will man die Chance erhalten, den eigenen Einsatz zu verzehnfachen, braucht man nicht nur Rechenkapazitäten und Finanzmittel, sondern auch ergiebige und interessante Datensätze, aus denen die Algorithmen lernen können. Für Ng sind Daten mehr als ein Aktivposten. Sie sind die Grundlage der eigenen Strategie.

Erschließen Sie Ihr eigenes Wissen

Für traditionelle Firmen, die über einen großen Datenbestand verfügen, ist die Bedeutung der Daten bei der Entwicklung der KI und des maschinellen Lernens eine große Chance. Wenn Sie bereits auf der Suche nach der nächsten großartigen Idee sind, kann es gut sein, dass der Ausgangspunkt dafür vielleicht in Ihren eigenen Daten liegt.

Große, etablierte Firmen haben oft jahrelang Daten gesammelt – über ihre Kunden und deren Interaktionen mit Lieferanten und Partnern, über die eigenen Plattformen und Betriebseinheiten. Natürlich befinden sich diese Daten selten in einer Form, die leicht von Algorithmen analysiert werden kann, aber allein schon der Zugang zu diesen Daten ist ein erheblicher Vorteil, der Neulingen auf dem Markt fehlt. Großen Firmen fehlt allerdings häufig der Anreiz, den vorhandenen Datenschatz in interessanter Weise zu nutzen.

Um es mit Andrew Ng zu sagen: Wenn ein Einkaufszentrum, das in die Jahre gekommen ist, seinen Internetauftritt neu gestaltet, wird daraus noch kein Online-Händler, der es mit Amazon aufnehmen kann.

Auf dem Weg zur algorithmischen Organisation gibt es keine Abkürzungen. Eingedenk des Wertes Ihrer Daten besteht der erste Schritt darin, die vorhandenen Informationen an einem Ort zu zentralisieren – virtuell. Walmart beispielsweise, der größte Einzelhändler der Welt mit über 20 000 Läden in 28 Ländern, ist gerade dabei, die größte private Cloud der Welt einzurichten. Sie soll 2,5 Petabyte Daten pro Stunde verarbeiten können. Diese gewaltige Cloud gibt Walmart die nie dagewesene Möglichkeit, Muster und Korrelationen in Kunden- und Betriebsdaten zu finden. Auf dieser Grundlage können dann dramatische Veränderungen im Betriebsablauf vorgenommen und möglicherweise ganz neue Projekte auf den Markt gebracht werden.

Manchmal wird diese erste Stufe der digitalen Transformation auch Data Lake („Datensee") genannt. Dazu gehören ein koordiniertes Datenmanagement und eine solide analytische Plattform. Es reicht nicht, Daten aus ganz verschiedenartigen Systemen einfach zusammenzuwerfen. Algorithmische Führer müssen zudem sorgfältig über die Verfügbarkeit von Daten, den Datenerwerb, die Datenkennzeichnung und die Datensteuerung nachdenken. Schließlich wollen Sie nicht nur Ordnung in Ihren Daten schaffen, Sie wollen darüber hinaus zu einer Organisation werden, in der die Daten Ihr Hauptprodukt sind, das Sie hegen und pflegen.

Richard Socher, dem Leiter der Forschungsabteilung bei Salesforce, zufolge ist es eine echte Herausforderung, die Daten richtig zu behandeln. Man muss seine Daten zusammensuchen, säubern und kennzeichnen, die passende Hardwarestruktur organisieren, die Datenlast gleichmäßig verteilen und eine gute Dokumentation für die Entwickler bereitstellen. Erst danach beginnt man, über Vertrauen, Sicherheit und Genehmigungen nachzudenken.

All diese Dinge verlangen von Wirtschaftsführern in großen Organisationen Planung und Kreativität. Es reicht nicht aus, ein Computerlabor zu finanzieren, das grundsätzliche Forschungen durchführt. Diesen Fehler haben Firmen wie Microsoft jahrelang gemacht. Ihre Wissenschaftler entwickelten immer wieder brillante Ideen, die sich kaufmännisch nicht verwerten ließen. Um eine effektive algorithmische Organisation zu schaffen, müssen Sie herausfinden, wie Sie Ihre Ingenieure und Produktentwickler zusammenbringen, um neue Formen der Zusammenarbeit zu schaffen, und wie Sie diejenigen Teile Ihrer Firma identifizieren, die vermutlich von einer Anwendung der KI am meisten profitieren.

Ein gutes Beispiel ist, wie Rolls-Royce, Hersteller der weltbesten Flugzeugmotoren, die Initiative R2 Data Labs ins Leben gerufen hat. Die Idee bestand darin, interdisziplinäre Teams aus Datenexperten und Führungskräften aus den verschiedenen Firmenbereichen zu bilden, um neue KI-Dienstleistungen ins Leben zu rufen oder die operative Leistungsfähigkeit in diesem Bereich zu vergrößern. Laut Plan will man eine virtuelle Kopie jedes Motors, der bei Rolls-Royce gebaut wird, erstellen. Dazu werden die verschiedensten Daten aus allen Bereichen des Unternehmens mit Design- und Produktionsdaten kombiniert, was am Ende zu einem perfekten *digitalen Zwilling* des jeweiligen materiellen Wirtschaftsguts führt.

Wenn es Ihnen gelingt, den Wert Ihres eigenen Wissens zu erschließen, können Sie es als Plattform nutzen, um umwälzende neue Ideen auf den Markt zu bringen. So suchte beispielsweise MassMutual, ein traditioneller Lebensversicherer, nach einem Weg, die Kundenerfahrung beim Abschluss einer Versicherung neu zu gestalten. Man wollte sofortige Online-Bestätigungen anbieten. Zu diesem Zweck wurde eine neue Firma namens Haven Life gegründet. Haven Life besaß einen wichtigen Aktivposten, mit dem es kein anderes Startup in der Versicherungsbranche aufnehmen konnte: Die Firma hatte Zugang zum Datenbestand von MassMutual, der rund eine Millionen Policen aus einem Zeitraum von 15 Jahren umfasste.

Normalerweise sind eine Menge Papierkram und Untersuchungen nötig, wenn man eine neue Lebensversicherung abschließen möchte. Das liegt daran, dass Lebensversicherungen auf statistischen Daten beruhen: Schließlich und endlich geht es darum, vorherzusagen, wie lange jemand lebt. Um der Statistik Genüge zu tun und eine solide Voraussage im Hinblick auf die vermutliche Lebensspanne zu treffen, gehen die Kunden in der Regel zum Arzt, lassen sich untersuchen und Bluttests durchführen. Außerdem beantworten sie eine lange Liste von Fragen zu ihrer persönlichen Krankengeschichte. Anstatt die eigenen Online-Kunden einmal mehr diesem umständlichen Verfahren zu unterwerfen, konnte Haven Life mithilfe der vorhandenen Daten und mittels des Einsatzes von KI durch Korrelationen zwischen früheren Versicherten und ihren Lebensspannen das Risikoprofil eines Antragstellers gewissermaßen vorhersagen – ohne auf den zeitaufwendigen und papierlastigen traditionellen Vorgang zurückgreifen zu müssen.

Daten und Algorithmen bieten traditionellen Firmen die Chance, sich neu zu erfinden. Eine deutlich provokativere Frage ist jedoch, ob wir im 21. Jahrhundert die Firma selbst überhaupt noch brauchen.

Stellen Sie sich eine Zukunft ohne Ihre Firma vor

Das Konzept der Firma gibt es schon lange. Die ersten Hinweise auf eine Aktiengesellschaft datieren zurück in die chinesische Song-Dynastie (960–1279 n.Chr.) und das berühmteste Modell eines weltumspannenden Unternehmens ist möglicherweise die Britische Ostindien-Kompanie. Sie erhielt am 31. Dezember 1600 von Königin Elisabeth I. einen königlichen Freibrief, der ihr das Recht zugestand, 15 Jahre lang den gesamten Handel mit Ostindien abzuwickeln. Dadurch wurde die Ostindien-Kompanie nicht nur zum ersten, sondern auch zum infamsten Beispiel einer öffentlich-privaten Zusammenarbeit. Sie entwickelte sich von einem kommerziellen Handelsunternehmen zu einer halbstaatlichen und militärischen Organisation, die schließlich über Indien herrschte und die Ressourcen des Landes ausbeutete.

Aber ist diese traditionelle Vorstellung von einer Firma – begrenzt durch Aktienanteile und Arbeitgeberin von Hunderten, ja Tausenden Menschen in Vollzeit – immer noch adäquat in unserer neuen Welt, die bestimmt ist von Daten und Algorithmen? Könnte man sich eine Firma vorstellen, die keine Menschen mehr beschäftigt und lediglich aus Computerprogrammen besteht? Wenn eine KI eine Organisation entwickeln sollte, die Maschinen optimales Lernen ermöglicht, wie würde eine solche Firma funktionieren?

Die klassische Begründung für die Existenz von Firmen stammt aus dem bahnbrechenden Werk eines jungen Studenten namens Ronald Coase, der sich traute, Anfang des 20. Jahrhunderts die Frage zu stellen: „Warum gibt es Firmen?"

1931 verließ Coase im Alter von 20 Jahren England, um durch die USA zu reisen und Gespräche mit Unternehmern und Ökonomen zu führen. Lenin hatte geprahlt, er würde die Sowjetunion in eine einzige große Fabrik verwandeln, daher waren es die unbeantworteten Fragen jener Zeit, die Coase umtrieben: Gibt es eine natürliche Grenze für die Größe eines Unternehmens? Und braucht man Unternehmen überhaupt?

Die damals vorherrschende Wirtschaftstheorie beruhte auf dem Werk von Adam Smith und besagte, Märkte seien effizient, deshalb müsse es immer billiger sein, einen Auftrag zu vergeben als Mitarbeiter einzustellen. Als Coase aus den USA zurückkehrte, sah er das anders. Er schrieb einen kurzen, aber einflussreichen Aufsatz unter dem Titel „The Nature of the Firm" (1937). Darin argumentierte er, Firmen existierten, um die Transaktionskosten zu verringern, die es mit sich bringen würde, wenn man zur Auftragsvergabe immer den Markt bemühte.

Er sagte die Entstehung von Firmen voraus, die intern alle benötigten Komponenten und Systeme produzieren könnten, die für das Endprodukt erforderlich seien – anstatt Geld für die Vergabe außer Haus auszugeben (also für das Outsourcing, wie wir heute sagen). Seiner Ansicht nach war es in jedem Fall billiger, eine Aufgabe im eigenen Haus durchzuführen, als jemanden von außerhalb anzuheuern. 60 Jahre später hätte er dafür den Nobelpreis für Wirtschaftswissenschaften erhalten.

Aber wenn Firmen nur existieren, um die Transaktionskosten zu senken oder zu eliminieren – was wäre dann, wenn eine Technik wie die Blockchain das viel effektiver erledigen könnte? Müsste es dann immer noch Firmen in ihrer heutigen Form geben?

Einmal abgesehen vom spekulativen Charakter von Kryptowährungen wie Bitcoin, ist die Blockchain eine solide Idee, die sehr wahrscheinlich die Firmenstrukturen des 21. Jahrhunderts verändern wird. Blockchains funktionieren wie gigantische, dezentralisierte Datenbanken, die Käufern und Verkäufern erlauben, einen Wert zwischenzuspeichern oder zu tauschen und Transaktionen ohne Zwischenhändler abzuwickeln.

Ethereum beispielsweise ist eine Plattform mit einer eigenen Blockchain und einem Protokoll, das es erlaubt, Smart Contracts abzuschließen, also Verträge in Codeform. Sie könnten beispielsweise einen Smart Contract schreiben, um die Vermietung eines Hauses zu regeln oder die Rechte an einem Song oder einem Film. Gaurang Torvekar, Mitbegründer und CTO von Attores, einem Startup, das Smart Contracts anbietet, und seine Verlobte, Sayalee Kaluskar, haben sogar beschlossen, ihren Ehevertrag als Smart Contract aufzusetzen. Darin regeln sie unter anderem, wie hoch der Zeitantanteil ist, den das Paar beim Schauen von *The Walking Dead* verbringt, verglichen mit *Seinfeld*.

In der Zukunft wird es Firmen geben, die weder Mitarbeiter noch Firmenzentralen haben. Dabei wird es sich um „dezentralisierte, autonome Organisationen" handeln, die vollständig auf Smart Contracts beruhen, die ihrerseits auf Daten und Algorithmen reagieren. Aber selbst wenn Sie nicht glauben, dass die Firmen der Zukunft so radikal anders aussehen werden, gibt es vielleicht Teile Ihrer Organisation – vielleicht sogar ganze Abteilungen –, die das Potenzial haben, automatisiert oder dezentralisiert zu werden.

Mein Rat? Wenn Sie glauben, es bestehe die Chance, dass Algorithmen Ihren Bereich des Geschäftslebens radikal umgestalten könnten, ist es auf alle Fälle besser, an der Spitze der Entwicklung zu stehen und nicht im Hintergrund auf den Marschbefehl zu warten.

ZUSAMMENFASSUNG

1 Das algorithmische Zeitalter ist eine Ära des „Winner Take All": Wirtschaftsführer, die groß genug denken und entsprechend investieren, haben die besten Chancen, erfolgreich zu sein. Begehen Sie nicht den Fehler, aus Ihrer *digitalen Transformation* ein schrittweises Herantasten zu machen.

2 Großartige Ideen der Vergangenheit können Sie daran hindern, neue Projekte in Angriff zu nehmen. Gestalten Sie Ihre Organisation beweglich genug, um über vergangene Erfolge hinaus in die Zukunft zu blicken und neue Kapazitäten aufzutun, ohne durch starre Strukturen, Hierarchien und Workflows gebremst zu werden.

3 Echte algorithmische Innovation verlangt mehr als solide Berechnungen und finanzielle Investitionen; Sie brauchen interessante Daten. Algorithmen können nur so gut sein wie die Daten, aus denen sie lernen. Machen Sie das Auffinden und die Entwicklung spannender Daten zu einem Kernfaktor Ihrer strategischen Planung.

4 Große Organisationen haben einen Vorteil, wenn es um Daten geht – falls sie bereit sind, ihn zu nutzen. Dazu muss man die richtigen Teams und Partner zusammenbringen und systematisch herausfinden, welche Teile des Unternehmens das größte Potenzial für eine algorithmische Neugestaltung bieten.

5 Algorithmische Technologien wie die Blockchain oder Smart Contracts brechen mit traditionellen Firmenstrukturen und werfen die Frage auf, ob Teile davon in der Zukunft noch existieren werden. Gut möglich, dass die Zukunft Ihrer Firma keine Firma mehr ist.

FRAGE

Was tut Ihre Firma heute, das künftig völlig autonom auf einer Blockchain laufen könnte?

3

DENKEN SIE BERECHNEND

„Maschinelles Lernen ist der Weg, alles, was wir tun, im Kern umzugestalten und neu zu denken."

SUNDAR PICHAI, CEO VON GOOGLE

Beginnen Sie mit den Grundlagen

Berechnendes Denken ist ein Ansatz, Probleme zu lösen und Entscheidungen zu treffen, der Ihnen erlaubt, Daten und Technologien zur Erweiterung Ihrer Möglichkeiten einzusetzen. Bekannt wurde das Konzept durch Jeannette Wing, die frühere Leiterin der Informatikabteilung bei Carnegie Mellon, doch im Grunde geht es um eine Form des „prinzipiellen Denkens", eine Technik, die wir seit Aristoteles kennen.

Wing beschreibt berechnendes Denken als „gedankliche Prozesse, die erforderlich sind, um Probleme und Lösungen so zu formulieren, dass die Lösungen in einer Form darstellbar sind, die effektiv in ein informationsverarbeitendes System eingegeben werden kann". Das ist eine komplizierte Ausdrucksweise dafür, dass berechnendes Denken ein strukturierter Ansatz zur Problemlösung ist, bei dem am Ende eine Lösung steht, die von Computern bearbeitet werden kann oder von Menschen oder – in der Regel – von beiden gemeinsam.

Wenn Sie lernen wollen, effektiv berechnend zu denken, ist es eine gute Idee, sich den Unterschied zwischen einem Analogieschluss und dem Schlussfolgern auf der Basis logischer Prinzipien klarzumachen.

Analogien sind eine spezielle Art des induktiven Arguments, bei dem aus Ähnlichkeiten eine weitere Ähnlichkeit abgeleitet wird. Sie können sehr einleuchtend sein, wenn man etwas erklären oder vermitteln möchte, weil sie auf den narrativen, für Geschichten zugänglichen Teil unseres Gehirns zurückgreifen. Das bedeutet jedoch auch, dass sie ihre Grenzen haben, weil die scheinbare Ähnlichkeit zweier Situationen zugrundeliegende Wahrheiten verbergen kann. Eine gründliche Analyse führt dann möglicherweise zu ganz anderen Schlussfolgerungen.

Als Jurastudent faszinierte es mich, dass große Teile der Rechtswissenschaft von solchen Geschichten beherrscht werden, die vielfach doch recht seltsam oder obskur sind. Nehmen Sie beispielsweise die berühmt-berüchtigte Geschichte einer Person, die in der schottischen Stadt Paisley, Renfrewshire, im Jahr 1928 eine Flasche Ingwerbier mit einer toten Schnecke darin ausgetrunken hat. Noch heute beeinflusst der Fall *Donoghue gegen Stevenson* unser Denken zum Thema Produkthaftung und wie wir mit dem Problem eines explodierenden Samsung-Smartphones umgehen sollten. Wenn Anwälte zur Begründung auf Analogien zurückgreifen, wollen sie meist den Richter überzeugen, dass ein Fall, der nüchtern betrachtet ganz anders liegt, den gleichen Prinzipien unterworfen ist wie die Situation, um die es aktuell geht. So können sie zeigen, dass es einen Präzedenzfall gibt, der ihre Argumentation stützt, und dass eine Entscheidung zu ihren Gunsten sich nahtlos in eine lange Reihe bereits erfolgter Entscheidungen zum Thema einreihen würde.

Aber es sind nicht nur Anwälte, die versuchen, andere Menschen mithilfe von Analogien zu überzeugen. Wenn Sie in Hollywood den berühmten Vertreter eines Filmstudios im Aufzug treffen, haben Sie vielleicht nur wenige Sekunden Zeit, ihm das Filmskript anzubieten, das seit Jahren in Ihrer Schublade liegt. Um Zeit zu sparen, verweisen Sie natürlich per Analogie auf Filme, die der Produzent kennt. Vielleicht ist Ihr Skript eine Mischung aus *Matrix* und *Wie ein einziger Tag* in der historischen Umgebung von *Gladiator*. Sollte das der Fall sein, kann ich nur für uns alle hoffen, dass die gemeinsame Fahrstuhlfahrt sehr kurz ausfällt.

Algorithmische Führer bewerten Probleme anders und treffen Entscheidungen anders. Sie gehen strategische Fragen strukturierter an, was ihnen ermöglicht, mithilfe von Daten und Berechnungen ihre Möglichkeiten zur Problemlösung zu erweitern. Das ist genau der Punkt, an dem der traditionelle Hollywood-Mitarbeiter sich möglicherweise von den Leuten unterscheidet, die im Netflix-Team arbeiten. Analogien reichen nicht aus und sie können irreführend sein, wenn Sie nicht über die nötigen Daten verfügen, um die behaupteten Ähnlichkeiten zu belegen. Das hört sich vielleicht einfach an, aber es widerspricht großen Teilen der Managementausbildung, wie sie im 20. Jahrhundert üblich war. Damals haben Wirtschaftsführer gelernt, per Analogie zu argumentieren und nicht mithilfe logischer Prinzipien.

Studenten der Wirtschaftswissenschaften analysieren Fallbeispiele aus der Wirtschaft und bereiten eine Argumentation aufgrund dessen vor, was andere Firmen oder Wirtschaftsführer in ähnlichen Situationen getan haben. Beispielsweise dienen den Fans von Professor Clayton Christensen an der Harvard Business School Fälle wie der Aufstieg der Minimills (kleiner Stahlwerke) in den 1970er-Jahren als Beleg für einen umfassenden strategischen Trend. Anfangs produzierten die Minimills sogenannte Bewehrungsstäbe, das sind billige Stahlstäbe zur Verstärkung von Beton. Große Konkurrenten wie U.S. Steel ließen sich davon wenig beeindrucken – bis die Minimills nach ersten Erfolgen begannen, höherwertige Produkte herzustellen.

Der damalige CEO von Intel, Andy Grove, interpretierte die Minimill-Analogie als Warnung, keinesfalls untere Marktbereiche abzugeben, und er begann, aggressiv für Intels billigen Celeron-Prozessor zu werben. Doch die Analogie führte Grove und Intel in die Irre: Sie verpassten den Einstieg in den neuen Smartphone-Markt. Die tatsächliche Bedrohung für Intel war ARM, ein winziger britischer Chiphersteller mit einem Börsenwert, der in der Ära vor dem iPhone unter dem Marketingbudget von Intel lag. Als Steve Jobs bei Intel anfragte, ob sie für sein neues iPhone einen Chip auf der Grundlage einer ARM-Lizenz produzieren wollten, lehnte Intel ab. Man wolle keine CPUs für Telefone bauen, das sei nicht lukrativ. Der Firma war überhaupt nicht klar, welche Ausmaße die Smartphone-Revolution annehmen würde.

Mit Analogien zu argumentieren ist nicht nur gefährlich, wenn es um Strategien geht, auch in den Bereichen Firmenkultur und Führungsverhalten sorgen sie für Verwirrung. Allzu oft vermitteln wir Führungskräften Konzepte wie Teamaufbau, indem sie bei einem Tauziehen oder bei einem „Vertrauensfall" mitmachen. (Bei diesem Spiel soll Vertrauen aufgebaut werden, indem eine Person sich bewusst nach hinten fallen lässt, im Vertrauen darauf, dass man sie auffängt.)

Verstehen Sie mich nicht falsch. Ob es sich um Paintball oder das Errichten von Kartenhäusern handelt, soziale Aktivitäten in Gesellschaft machen Spaß und sind eine gute Gelegenheit, miteinander umzugehen und einander kennenzulernen. Aber verstärken diese Aktivitäten, die auf einer Form des Denkens in Analogien beruhen, nicht gleichzeitig eine Art des Denkens, die kontraproduktiv ist?

Wie können Sie an die erforderlichen Mittel gelangen, wenn Sie Unterstützung für ein völlig neues, bahnbrechendes Produkt benötigen und Ihre Vorgesetzten Sie nach Beispielen für ähnlich erfolgreiche Produkte auf dem Markt fragen? Wenn ein Marketingteam eine Kampagne entwickelt, die das Verhalten des Marktführers nachahmt, ist das eine gute Idee oder eine Fehleinschätzung? Wenn die Ingenieure in Ihrer Entwicklungsabteilung Ihnen sagen, das brillante Design eines neuen Geräts lasse sich zu vernünftigen Kosten nicht realisieren, nehmen Sie diese Antwort dann einfach hin? Besonders die letzte Frage ist relevant, sie gehört nämlich zur Geschichte von Space Exploration Technologies (SpaceX).

Als Elon Musk sich aufmachte, die ersten Raketen zu erwerben, um eines Tages Menschen auf den Mars zu bringen, stand er vor einer unüberwindlichen Hürde: den Kosten. Die billigsten US-amerikanischen Raketen, die sich eigneten, kosteten 56 Millionen Dollar das Stück und er brauchte zwei. Daher ging er nach Russland, um herauszufinden, ob er dort ein paar umgenutzte ballistische Interkontinentalraketen erwerben könne. Die wurden dort scheinbar jedem angeboten, der sich dafür interessierte. Selbst ohne atomare Sprengköpfe sollten die russischen Raketen zwischen 15 und 20 Millionen Dollar das Stück kosten. Wie gelang es Musk also, sechs Jahre nach der Gründung von SpaceX seine erste Rakete *Falcon 1* in die Umlaufbahn zu bringen, und das zu einem Preis für seine Kunden – wir sprechen nicht von *seinen* Kosten – von 7 Millionen Dollar?

Musk dachte prinzipiell – auf der Basis grundlegender Prinzipien. Aristoteles definierte ein Grundprinzip als „die Basis allen Wissens". Denken in Grundprinzipien bedeutet folglich, ein Problem auf das Wesentliche zu reduzieren, von dem man weiß, dass es wahr ist, und von dort etwas Neues aufzubauen.

Als er von seinem Treffen mit den Russen zurückkam, begann Musk sich zu fragen, woraus eine Rakete eigentlich bestand. Wenn man eine Rakete in ihre grundlegenden Bestandteile zerlegte, was würden die kosten?

Musk fand heraus, dass Raketen prinzipiell aus Aluminiumlegierungen in Luft- und Raumfahrtqualität bestanden, plus etwas Titan, Kupfer und Kohlefaser. Als er sich den Wert dieser Materialien auf dem Rohstoffmarkt ansah, begriff er, dass die reinen Materialkosten lediglich rund 2 Prozent des Raketenpreises ausmachten. Musk beschloss, von Grund auf eine deutlich billigere Rakete zu bauen – mit dem richtigen Team und der neuesten Technik in Entwicklung und Produktion. Damit begann nicht nur die Firmengeschichte von SpaceX , sondern auch eine neue Ära im kommerziellen Raumflug.

Dies ist nicht das einzige Beispiel für das prinzipielle Denken von Musk. Als man ihm sagte, es sei unmöglich, mithilfe von Batterien kostengünstig Energie für Haushalt und Autos zu speichern, zerlegte er das Problem wiederum in seine Grundelemente. Vielleicht wären ja die Bestandteile einer Batterie deutlich billiger als die Kosten für das fertige Produkt? Wenn man Carbon, Nickel, Aluminium, Polymere und ein Gehäuse aus Stahl an einer Metallbörse erwarb, was würde das kosten? Viel weniger, als die Leute annahmen, stellte sich heraus.

Um erfolgreich auf der Grundlage von Prinzipien zu argumentieren, muss man zunächst die eigenen Vorannahmen identifizieren und sie dann auf wenige grundlegende Wahrheiten reduzieren, ehe man sich überlegt, wie man auf dieser Basis von Grund auf etwas Neues schaffen kann.

Nachdem Sie jetzt verstanden haben, was prinzipielles Denken bedeutet, sollten wir diese Art des Denkens auf eine Weise anwenden, die Ihnen erlaubt, effektiver mit Algorithmen und KI umzugehen. Zu wissen, wie man einen Computer programmiert, ist nicht so wichtig. Nützlicher ist es, zu wissen, wie man auf eine Art und Weise denkt, die Computern erlaubt, uns dabei zu unterstützen, effektiver zu werden. Stellen Sie sich das Ganze weniger als *künstliche Intelligenz*, sondern mehr als *erweiterte Intelligenz* vor.

Wie verändert also das algorithmische Zeitalter die Art und Weise, wie Sie als Wirtschaftsführer Ihre Entscheidungen treffen und schwierige Probleme lösen? Das gilt es herauszufinden.

Denken wie ein Computer

Wie beim Argumentieren auf der Basis von Grundprinzipien beinhaltet das „berechnende Denken", dass Sie ein bestehendes Problem in eine Reihe kleinerer, besser handhabbarer Probleme unterteilen (Zerlegung). Diese Probleme können Sie dann in dem Kontext betrachten, wie ähnliche Probleme in der Vergangenheit gelöst wurden (Muster wiedererkennen). Als Nächstes finden Sie die Schritte oder Regeln, um jedes der kleineren Probleme zu lösen (Algorithmus), ehe Sie sich wieder dem Gesamtbild zuwenden (Abstraktion).

Diese Prinzipien lassen sich als eine Abfolge von Schritten darstellen, die auf jedes beliebige Problem angewendet werden können:

1 Zerlegen Sie ein Problem in Einzelteile oder Schritte.
2 Erkennen oder finden Sie Muster oder Trends.
3 Entwickeln Sie Anweisungen, um ein Problem zu lösen – oder die Schritte für eine Aufgabenstellung.
4 Generalisieren Sie Muster und Trends zu Regeln, Prinzipien oder Einsichten.

Was das berechnende Denken im Unterschied zum mathematischen oder theoretischen Denken in der realen Welt so nützlich macht, ist, dass es praktische Einschränkungen berücksichtigt. Wenn er vor einer besonderen Herausforderung steht, denkt ein algorithmischer Führer darüber nach, wie schwierig es ist, genau dieses Problem zu lösen, welches der beste Lösungsweg ist, wie lange die zur Verfügung stehenden Rechenkapazitäten dafür brauchen werden und ob eine ungefähre Lösung ausreicht. So gesehen hat das berechnende Denken etwas damit zu tun, scheinbar unlösbare Probleme neu zu formulieren als Probleme, von denen wir wissen, wie wir sie lösen können, indem wir sie reduzieren oder auf andere Art transformieren.

Sie können das Denken wie ein Computer einsetzen, um herauszufinden, woher Ihre besten Angestellten kommen, warum Ihre Kunden ihre Verträge nicht verlängern, warum die Produktion ständig zusammenbricht oder sogar welche Marketingstrategien tatsächlich funktionieren. Denken wie ein Computer ist einfach ein strukturiertes, sich wiederholendes Verfahren, das alle Daten berücksichtigt, die aktuell zur Verfügung stehen, um unsere Ermessensentscheidungen möglichst zu vervollkommnen.

Berechnendes Denken macht Sie also zu einem cleveren Führer und es hat das Potenzial, die Art und Weise, wie wir die Dinge tun, im Großen zu verändern und ganze Berufsstände zu verwandeln. Denken Sie beispielsweise an das Testen von Halbleiterchips.

Üblicherweise werden Chips in der Produktion getestet, wenn sie in ein Handy oder Tablet eingebaut werden sollen. Und üblicherweise ist das die Aufgabe eines Testingenieurs, der dafür spezielle Geräte benötigt. Dieses Verfahren ist zeitaufwendig, teuer und zunehmend komplex, weil unsere Geräte immer kleiner und leistungsfähiger werden. Vielleicht gibt es tatsächlich einen besseren Weg?

Keith Schaub, VP bei Advantest, einer Firma, die Geräte zum Testen von Chips produziert, erklärte mir, wie wichtig das berechnende Denken in seinem Bereich ist, und verwendete dazu ein Beispiel aus dem Baseball.

Er sagte, ich solle mir zwei Trainer vorstellen, beide mit der Aufgabe, die bestmögliche Mannschaft zusammenzustellen. Der eine Trainer tut das, was die meisten guten Trainer tun: Er entwickelt eine Reihe von Tests und Aufgaben, um festzustellen, ob ein Spieler die nötigen Fähigkeiten besitzt. Die potenziellen Spieler bestehen diese Tests oder sie fallen durch, genau wie ein Chip, wenn er getestet wird. Es dauert lange, die Tests durchzuführen, weil jeder Spieler individuell beurteilt werden muss.

Die andere Trainerin, die von Natur aus eine berechnende Denkerin ist, beschließt, nicht jeden Spieler einzeln zu testen. Stattdessen sieht sie sämtliche Unterlagen über die Schulzeit und die Krankengeschichte ihrer Spieler durch. Sie betrachtet die Daten über abgeleistete Spiele in der Vergangenheit, über körperliche Leistungsfähigkeit und spielerische Ausbildung. Sie verwendet ein einfaches Modell des maschinellen Lernens, um diese Daten mit den Daten erfolgreicher Spieler aus früheren Jahren zu korrelieren, und hat am Ende fast die gleiche Liste wie der andere Trainer, ohne aufwendige Tests. Genauso stellt sich Schaub in der Zukunft das Testen von Chips vor. Es gibt reichlich zur Verfügung stehende Daten, die Testingenieure über die Zuverlässigkeit und Leistungsfähigkeit von Chips gesammelt haben, besonders in Verbindung mit bestimmten Arten von Wafern (dem Halbleitermaterial, aus dem Chips bestehen). Ihr zukünftiger Job wird nicht mehr das Testen der Chips sein, sondern die Arbeit mit KI und Plattformen für maschinelles Lernen, um neue, clevere Möglichkeit zu entwickeln, ein Versagen zu prognostizieren und entsprechende Modelle zu differenzieren.

Steigern Sie Ihre Intelligenz

Einer der Hauptvorteile des berechnenden Denkens ist, dass es die Möglichkeit bietet, die Strategie (wie Sie das Problem angehen) von der Ausführung (der Arbeit mit den Daten) zu trennen. Wenn die Kombination stimmt, können Sie Probleme in einer ganz anderen Größenordnung angehen – Exoplaneten suchen beispielsweise.

Ein Exoplanet ist ein Planet, der um einen Stern außerhalb unseres Sonnensystems kreist. Am 7. März 2009 startete die NASA das Kepler-Teleskop mit der Mission, solche Planeten in der Größe der Erde zu finden, die um andere Sterne kreisen. Das Teleskop entdeckt die Schatten der Planeten, wenn sie ihre Sterne umrunden. Befindet sich ein entsprechender Planet vor seinem Stern, nimmt das Kepler-Teleskop eine minimale Verringerung der Helligkeit war.

Bis heute hat Kepler 150.000 Sterne beobachtet und bereits mehr als 4000 mögliche Kandidaten unter den Planeten entdeckt, von denen 2300 bestätigt wurden. Automatisierte Tests und mitunter das menschliche Auge dienen dazu, Signale zu verifizieren, die besonders vielversprechend aussehen. Doch angesichts der gewaltigen Datenmengen, um die es geht, und angesichts der Schwäche mancher Signale fragten sich die Astronomen, ob sie etwas übersehen hätten.

Christopher Shallue, Softwareentwickler bei Google, fragte sich, ob es hier vielleicht eine neue, interessante Anwendung für das maschinelle Lernen gab – immerhin haben wir es mit einer so großen Datenmenge zu tun, dass sie von Menschen nicht mehr effektiv bearbeitet werden kann. Er begann, sich für die Entdeckung von Exoplaneten zu interessieren, nachdem er in Erfahrung gebracht hatte, dass die Astronomie genau wie andere Zweige der Wissenschaft in Unmengen von Daten ertrinkt. Die Datenmengen nehmen schneller zu als unsere Fähigkeit, sie von Hand zu untersuchen.

In seiner Freizeit googelte er daher „Exoplaneten suchen mit großen Datenmengen", was ihn auf die Kepler-Mission und die gewaltigen Datenmengen brachte, die aus ihr hervorgegangen waren. Er nahm Kontakt zu Andrew Vanderburg auf, einem Astronomen an der University of Texas in Austin.

Die beiden diskutierten das Problem und entwickelten die Idee, ein neuronales Netzwerk so zu trainieren, dass es erkennen konnte, wenn ein Planet an einem Stern vorüberflog. Dazu verwendeten sie einen Trainingsdatensatz mit Signalen aus dem Kepler-Katalog von Exoplaneten, die bereits bestätigt worden waren. Sobald das neuronale Netzwerk in der Lage war, echte Planeten korrekt zu erkennen und Fehleinschätzungen zu 96 Prozent zu vermeiden, erteilten sie ihm den Auftrag, in den 670 Systemen mit mehreren bereits bekannten Planeten nach schwächeren Signalen zu suchen – in der Hoffnung, dass vielleicht etwas Interessantes übersehen worden war. So entdeckten sie Kepler-90i.

Wie die Erde ist Kepler-90i der dritte Planet, wenn man von seiner Sonne aus zählt. Allerdings ist er erheblich heißer als unser Heimatplanet. Die acht Planeten im Kepler-90-System sind praktisch in die Entfernung der Erde zur Sonne gequetscht und ihre Umlaufbahnen sind sehr klein. Ein Jahr auf Kepler 90i dauert nur 14,4 Tage. Dies war das erste Mal, dass ein Sonnensystem mit der gleichen Anzahl Planeten wie unser Sonnensystem tief im Weltall gefunden wurde.

Einen Gesprächstermin bei Vanderburg zu bekommen war nicht einfach. Als ich ihn kontaktierte, befand er sich mitten in astronomischen Beobachtungen, die es erforderlich machten, jede Nacht aufzubleiben – ein anstrengender Tagesablauf, selbst für einen leidenschaftlichen Astronomen. Ich fragte ihn, was ihn an seinem Fachbereich so interessiere. Als er mit dem College fertig war, sagte er, habe er sich die Physikstudenten angeschaut. Und dann die Astronomiestudenten. Die Astronomen, so sagte er, hätten deutlich glücklicher gewirkt als die Physiker.

Meist denken die Leute darüber nach, wie Menschen und KI effektiv zusammenarbeiten können. An der Geschichte von Vanderburg und Shallue faszinierte mich, dass hier das maschinelle Lernen zwei *menschliche* Profis aus ganz unterschiedlichen Bereichen zusammenbrachte.

„Als wir uns das erste Mal trafen, beschlossen wir, uns einem Problem zuzuwenden, auf das die Astronomen noch keine Antwort hatten – und nicht einem Problem, das wir mit neuen Berechnungen lediglich replizieren würden", erklärte Vanderburg. „Wir entschieden uns für die Fragestellung, wie häufig Wasser in flüssiger Form auf der Oberfläche unserer Galaxie vorkommt. Darum ging es im Grunde bei Kepler, diese Menge oder Häufigkeit zu messen. Im Lauf der Jahre haben die Leute immer wieder versucht, das zu berechnen, und etliche Aufsätze darüber veröffentlicht. Eigentlich bestand das Problem darin, dass Kepler nicht ganz empfindlich genug war für eine solche Messung. Also haben wir es auf diesem Weg versucht. Und ich glaube, das hat uns geholfen. Wir haben nicht versucht, etwas völlig Neues zu machen, sondern etwas, wo es schon Fortschritte gab. Das hat es für uns einfacher gemacht."

Für Vanderburg funktionierte die Partnerschaft, weil er und Shallue ganz verschiedene Voraussetzungen mitbrachten. Vanderburg kannte sich in der Astronomie aus, wusste, wohin die Wissenschaft sich entwickelte und welche spannenden Problemstellungen eine Bearbeitung lohnten. Außerdem hatte er praktische Kenntnisse, die für das Projekt relevant waren, etwa wie man die Kepler-Daten öffnete, manipulierte und interpretierte.

Shallue war Experte für konvolutionelle neuronale Netzwerke, die Klassifizierung und Beschriftung von Bildern und die Dynamik tiefer Netzwerke. Er wusste intuitiv, was funktionierte und was nicht, wenn man solche Netzwerke einrichtete. Das sparte viel Zeit und viele Fehlversuche.

Wenn Sie darüber nachdenken, in Ihrer Organisation ein KI-Projekt einzurichten, sollten Sie an die Geschichte von Vanderburg und Shallue denken. Zu einem guten KI-Team gehört mehr als eine Ansammlung von KI-Experten. Sie brauchen eine praktische Vielfalt an Fähigkeiten, Wissen und Perspektiven.

Berechnendes Denken und die Verwendung von KI werden in den nächsten Jahren viele Forschungsbereiche verändern, von der pharmazeutischen Entwicklung bis zur Anthropologie oder zur Architektur. So werden beispielsweise Wissenschaftler im Bereich der Materialwissenschaft in der Lage sein, einer KI zu sagen, was sie benötigen – nehmen wir an, ein extrem starkes Material –, und die KI wird den Wissenschaftlern sagen, welche Experimente sie durchführen sollen, um zur gewünschten Lösung zu gelangen.

Die Entdeckung von Kepler-90 war mehr als nur die Entdeckung eines neuen Sternensystems. Es war eine Demonstration, wie wir in der Zukunft Algorithmen und nicht das bloße Auge einsetzen werden, um den Himmel zu erkunden. Schon bald werden wir die Grenzen des Kosmos mithilfe von Daten erkunden, mit Maschinen und Algorithmen, die uns die Hauptarbeit abnehmen.

Computer brauchen immer noch Menschen, um komplexe Probleme zu lösen. Die Fähigkeit, die wir benötigen in einer Welt, in der Rechenplattformen einem bei der Suche zur Seite stehen, besteht darin, das Problem richtig zu analysieren und kreativ so zu formulieren, dass der Computer die Lösung in Angriff nehmen kann.

Lernen Sie, dem Algorithmus zu vertrauen

Es ist ein wichtiger Schritt, sich selbst und die eigenen Teams darauf vorzubereiten, dass man berechnend denkt und Probleme so angeht, dass einem Computer bei der Lösung helfen können. Doch wie sehr sind Sie darauf eingestellt, den Algorithmen bei der Entscheidungsfindung zu vertrauen? Den meisten Menschen fällt es nicht leicht, algorithmischen Systemen zu vertrauen. Ja, das Misstrauen in automatisierte Systeme reicht weit zurück bis in die Zeit, als die Menschen erstmals begannen, den Maschinen wichtige Aufgaben zu übertragen.

In den Anfangstagen des NASA-Raumfahrtprogramms, wie sie von Tom Wolfe in *The Right Stuff* beschrieben werden, wählte man Testpiloten aus, um in den überwiegend automatisch gesteuerten Mercury-Raumkapseln zu fliegen. Diesen Menschen, die in ihrem Berufsleben ständig bei hohem Adrenalinspiegel Entscheidungen auf Leben und Tod getroffen hatten, gefiel die Vorstellung nicht besonders, ohne Kontrollinstrumente in einer Blechdose unterwegs zu sein. Ja, Testpilot Al Shepard, der erste Amerikaner im All, hatte während seines 15-minütigen Flugs so wenig zu tun, dass seine Co-Piloten sich über ihn lustig machten und ihn „Spam in a Can" („Frühstücksfleisch in der Dose") nannten. Nach Wolfes Ansicht wäre ein Radargerät für den Job besser geeignet gewesen, weil nichts weiter als passive Beobachtung vonnöten war.

Die Testpiloten protestierten und bekamen schließlich manuelle Steuerungen, die ihnen erlaubten einzugreifen, Höhenkontrollen und Rettungsluken. Leider führte ihre Abneigung gegen die Automatisierung und ihre Fähigkeit, in Situationen auf Leben und Tod eigene Entscheidungen zu fällen, zu Fehlern, die sie ironischerweise fast das Leben kosteten. Die Testpiloten stehen damit nicht allein. Obwohl Algorithmen in etlichen Bereichen und bei den verschiedensten Anwendungen deutlich mehr leisten als Menschen, werden sie häufig nicht eingesetzt – ein Phänomen, das als *Algorithmus-Aversion* bekannt ist.

Jason Collins, Leiter des Teams Datenwissenschaft bei der australischen Finanz-Aufsichtsbehörde ASIC, hat die Algorithmus-Aversion in verhaltenswissenschaftlichen Studien untersucht. Seiner Ansicht nach gibt es immer mehr Belege dafür, dass bei bestimmten Entscheidungen die Kombination Mensch + Algorithmus zu schlechteren Ergebnissen führt als ein Algorithmus, der allein arbeitet – trotz der Geschichten über Freistil-Schach und die Effektivität von Mensch-Maschine-Kombinationen. Ein wesentlicher Faktor dabei ist, dass viele Menschen es schlicht ablehnen, dem Rat des Computers zu folgen, selbst wenn der Algorithmus die richtige Handlungsweise vorschlägt.

Für Collins ist der direkte Leistungsvergleich eine Möglichkeit, wie Organisationen ihren leitenden Mitarbeitern dabei helfen können, ihre Algorithmus-Aversion zu überwinden und den Maschinen bestimmte Entscheidungen zu überlassen. Wenn man verfolgt, zu welchen Ergebnissen das kognitive System kommt und diese Ergebnisse damit vergleicht, wie Menschen in den diversen Bereichen Entscheidungen fällen, bekommt man ein Gefühl dafür, wo Menschen besser sind als Maschinen und wo sie folglich ihre Zeit und Energie gewinnbringend einsetzen sollten.

Sie können also Vertrauen in die Entscheidungen der Maschinen aufbauen, indem Sie die Leistung der Algorithmen an der Leistung der Experten in Ihrer Firma messen. Eine andere Möglichkeit besteht darin, einen Kompromiss einzugehen und ein Stück Kontrolle abzugeben, selbst wenn das zu weniger optimalen Ergebnissen führt. Genau das hat die NASA getan, als sie ihren Testpiloten erlaubte, mit der manuellen Kontrolle die automatische Steuerung außer Kraft zu setzen. Ein interessantes Beispiel aus der akademischen Welt ist eine Forschungsarbeit von Berkeley Dietvorst, Joseph Simmons und Cade Massey. Sie führten ein Experiment durch, bei dem die Teilnehmer die Möglichkeit erhielten, die Auswirkungen der algorithmischen Entscheidung zu modifizieren – und fanden heraus, dass dies die Wahrscheinlichkeit erhöhte, dass der Algorithmus tatsächlich eingesetzt wurde, selbst wenn es für die Teilnehmer besser gewesen wäre, sich nicht einzumischen.

Eine Möglichkeit, die Algorithmus-Aversion zu überwinden, ohne Zugeständnisse bei der Effektivität zu machen, besteht darin, die Menschen, die dem Algorithmus vertrauen müssen, persönlich am Einbau von Sicherheitskontrollen und Betriebsgrenzen zu beteiligen.

2016 arbeitete DeepMind mit Google zusammen, um ein KI-gestütztes Empfehlungssystem zur Verbesserung der Energieeffizienz in den Rechenzentren von Google zu entwickeln. Dort laufen die Suchplattform und Dienstleistungen wie YouTube und Gmail. So ein Rechenzentrum ist eine hochgradig dynamische Umgebung, was das Temperaturmanagement zu einer komplexen Herausforderung macht – und prinzipiell problematisch, wenn man sich an einfache Regeln halten möchte. Die technische Ausstattung und die Steuerung der Technik durch die Ingenieure interagieren in komplexen, nichtlinearen Zusammenhängen mit Umgebungsfaktoren. Das Wetter ändert sich ständig und jedes Rechenzentrum hat eine einzigartige physikalische Architektur – und schon steht man vor einer ernsthaften Herausforderung. Durch den Einsatz lernender Maschinen war DeepMind jedoch in der Lage, spezifische Empfehlungen für die menschlichen Bediener zu entwickeln, die in Echtzeit umgesetzt werden konnten und am Ende dazu führten, dass der Energieverbrauch um bis zu 40 Prozent sank.

Das war ein beeindruckendes Ergebnis, doch der DeepMind-Algorithmus kontrollierte zum damaligen Zeitpunkt die Klimaanlagen nicht direkt. Das sollte weitere zwei Jahre dauern. Die Herausforderung lag nicht im Bereich der Klimatechnik oder der damit verbundenen Berechnungen; sie bestand darin, ein Sicherheitssystem für die KI zu entwickeln, das es den Führungskräften von Google erlaubte, die Maschine autonom arbeiten zu lassen.

Jetzt analysiert eine KI in der Cloud alle fünf Minuten die Messdaten unzähliger Sensoren aus den Datenzentren und gibt sie in ein tiefes neuronales Netzwerk ein, das voraussagt, wie verschiedene mögliche Veränderungen der Parameter den Energieverbrauch beeinflussen würden. Dann identifiziert der Algorithmus die Handlungsweise, die den Energieverbrauch minimiert, beantwortet etliche Sicherheitsabfragen und kommuniziert automatisch mit dem betreffenden Rechenzentrum, wo die Handlungsanweisungen vom Kontrollsystem vor Ort verifiziert und anschließend umgesetzt werden.

In dieser letzten Phase der Verifizierung spielen menschliche Ingenieure eine Schlüsselrolle. Google spricht von einer Verifizierung auf zwei Ebenen. Die optimalen Handlungsempfehlungen der KI werden mit einer internen Liste von Sicherheitsvorgaben verglichen, die von den Bedienern des Rechenzentrums festgelegt wurden. Diese Abstimmung stellt sicher, dass die vor Ort festgelegten Bedingungen eingehalten werden und die Bediener die Kontrolle über die Betriebsgrenzen behalten – obwohl die KI die unmittelbare Gesamtkontrolle hat.

Beim Thema Algorithmus-Aversion komme ich immer wieder auf die Geschichte des Raumfahrtprogramms zurück und damit auf die Frage, was besser ist: Hoch entwickelten Systemen Autonomie gewähren, die keine großartigen Eingriffe benötigen, oder fähigen Menschen vertrauen, die darin ausgebildet sind, die bestmöglichen Eingriffe vorzunehmen? Als ich die Gelegenheit hatte, mit Scott Kelly zu sprechen, dem ersten Amerikaner, der fast ein ganzes Jahr (340 Tage in Folge) im Weltraum verbracht hat, konnte ich nicht widerstehen, ihn nach seiner Meinung zu diesem Thema zu befragen.

Für Kelly haben Technik und automatische Systeme bei seinen Aufenthalten im Weltall immer eine zentrale Rolle gespielt. Seinen ersten Raumflug, am Silvestertag 1999, beendete die NASA vorzeitig und das Shuttle konnte wieder landen, ehe das Jahr 2000 angebrochen war. Man hatte Sorge, Y2K könne ins System eingedrungen sein.

„Ich glaube, sie machten sich Sorgen", sagte er mit schiefem Lächeln, „das Spaceshuttle könne herunterfahren oder in ein Wurmloch fliegen oder etwas in der Art."

Was die manuelle Kontrolle angeht, erläuterte Kelly, würde die NASA ständig mit Jeff Bezos und Elon Musk darüber diskutieren. Die neue Generation der Weltraumbarone setzt auf so viel automatische Steuerung wie möglich und nur wenige Eingaben von Menschenhand. Und die NASA möchte ihren Astronauten einfach alles bieten, was nötig ist, um ihre Überlebenschancen zu maximieren.

Kelly stimmte darin der NASA zu, meinte allerdings, durch die KI lägen die Dinge jetzt anders. Nach seiner persönlichen Erfahrung war der automatische Lander des Space Shuttles nicht so gut wie ein Mensch an den Kontrollinstrumenten, aber das würde sich jetzt ändern. Und, fügte er hinzu, vielleicht sei es am Ende eine Kostenfrage. Lohne es sich wirklich, etliche Milliarden Dollar zusätzlich für ein paar Kontrollsticks auszugeben, die am Ende die Überlebenschancen der Besatzung nicht wirklich erhöhten? Im Zeitalter des kommerziellen Raumflugs, der zunehmend an die Stelle staatlicher Raumfahrtprogramme tritt, ist die Antwort vermutlich Nein.

Sprechen Sie die Sprachen der Macht

Der letzte Schritt auf Ihrem Weg, ein echter berechnender Denker zu werden, besteht darin, Ihre Ideen in einer speziellen, auf Ihre Branche zugeschnittenen Sprache auszudrücken und so Ihre Strategien zu erproben oder umzusetzen.

Eine Sprache zu verwenden, die auf einen bestimmten Fach- und Sachbereich zugeschnitten ist, bedeutet nicht dasselbe wie in einer Sprache wie Python oder JavaScript zu programmieren. Dazu muss man etwas vom Codieren und vom Geschäft verstehen. Anders als in einer normalen Programmiersprache dienen branchenspezifische Befehle nicht dazu, ein Programm zu erstellen, sondern geschäftliche Transaktionen, Ideen oder Strategien formal strukturiert und logisch auszudrücken. Es überrascht daher nicht, dass einer der ersten Bereiche, in dem algorithmische Führer eine solche Sprache anwenden, jene Aktivitäten sind, die bereits ein „neues algorithmisches Gesicht" haben, etwa der Investment- oder Börsenhandel.

Als ich recherchierte, wie Algorithmen die Finanzwelt verändern, stieß ich auf Manoj Narang. Er ist ein Vertreter des Hochfrequenzhandels (engl. HFT) und hatte bereits Tradeworx gegründet, ehe er den elektronischen Handels-, Technologie- und Anlagemanager Mana Partners ins Leben rief, der ein Fondsvermögen von einer Milliarde Dollar verwaltet. Es gibt immer mehr algorithmische Hedge Fonds und viele sind größer als Mana, aber was Narang interessant macht, ist seine einzigartige Vision des Investmentmanagers der Zukunft: ein supercleverer Mensch, dessen Leistung durch eine schlauere KI noch wächst.

Narang zufolge gibt es viele Branchen, darunter seine eigene, in denen eine kleine Gruppe in der Lage sein sollte, eine komplexe Firma zu leiten, ohne dass gleich Hunderte Programmierer zur Mitarbeiterschaft gehören. Das ist dann möglich, wenn Programmierer die richtige Infrastruktur aufbauen, mit High-Level-Sprachen (HLL), die den Geschäftsleuten ermöglichen, ihre Ideen umzusetzen, Abläufe zu gestalten und leistungsstarke Anwendungen zu konstruieren.

In einer Investmentfirma ist es üblich, dass eine Gruppe Menschen mit Fähigkeiten im Finanzsektor die Ideen entwickelt, während eine ganz andere Gruppe sie umsetzt, die nichts über Investitionen oder Märkte weiß. In seiner eigenen Firma hat Narang versucht, diese Aufteilung zu umgehen, indem er die Firmentechnologie vertikal integriert und eine branchenspezifische Sprache entwickelt hat, die den Strategen erlaubt, das zu tun, was sie wollen.

Die Semantik einer branchenspezifischen Sprache muss die wichtigsten, primitivsten und elementarsten Ausdrücke eines Geschäftsbereichs umfassen. Das ist wichtig, weil allgemeine Programmiersprachen in der Regel mehr um Datenstrukturen, Speichermanagement und andere abstrakte Vorstellungen kreisen, die mit der Branche, um die es geht, wenig zu tun haben.

Narang glaubt, die am besten bezahlten und am meisten umworbenen Mitarbeiter der Zukunft werden nicht unbedingt die geschicktesten Programmierer oder die cleversten MBA-Absolventen sein. Es werden jene Menschen sein, die am Schnittpunkt von technologischer Entwicklung und Geschäftätigkeit leben, die eine branchenspezifische Sprache entwickeln und anwenden können, die ihnen erlaubt, ihre Geschäftsmodelle zu gestalten und anzupassen.

Egal ob es darum geht, eine weltweite Lieferkette zu optimieren, eine datenbasierte Marketingkampagne zu gestalten oder ein ganzes Heer von Freiberuflern zu koordinieren – die effektivsten Führer der Zukunft müssen nicht nur berechnend denken können, sie müssen auch in der Lage sein, ihre Vorstellungen direkt in der Sprache der Algorithmen zum Ausdruck zu bringen.

ZUSAMMENFASSUNG

1 Wenn Sie Ihr Denken verbessern wollen, fangen Sie am besten damit an, den Unterschied zwischen dem Denken in Analogien und dem Denken auf der Grundlage von Prinzipien zu verstehen. Wenn Sie mithilfe von Analogien argumentieren, vergleichen Sie Gleiches mit Gleichem – eine eher beschränkte Sicht der Dinge. Auf der Basis grundlegender Prinzipien zu argumentieren bedeutet dagegen, dass Sie ein Problem auseinandernehmen und es im Licht grundlegender Wahrheiten neu betrachten.

2 Wie das Argumentieren nach Grundprinzipien ist das berechnende Denken ein strukturierter Ansatz zur Problemlösung. Es hilft Ihnen, effektiver zu werden, indem Sie auf Daten und Algorithmen zurückgreifen. Wer so denkt, dem können KI und maschinelles Lernen helfen, clevere Wege zu finden, um Ergebnisse vorherzusagen und Einsichten zu gewinnen.

3 Die Geschichte, wie Christopher Shallue und Andrew Vandenburg mit maschinellem Lernen einen neuen Exoplaneten entdeckt haben, illustriert nicht nur die Möglichkeiten der rechnergestützten Astronomie und anderer neuer algorithmischer Verfahren in der Forschung, sondern auch die Bedeutung der Entwicklung im Team, wenn es darum geht, Probleme mithilfe von KI bestmöglich zu lösen.

4 Ein großes Hindernis für das berechnende Denken in Ihrer Organisation ist die Algorithmus-Aversion oder das Misstrauen der Menschen gegenüber den Empfehlungen eines KI-Systems. Manchmal bewegt man Mitarbeiter am besten dazu, den Algorithmen zu vertrauen, indem man sie an der Entwicklung und Umsetzung eines Sicherheitssystems für die Algorithmen beteiligt.

5 In der Zukunft werden die effektivsten berechnenden Denker jene sein, die ihre Ideen in branchenspezifischen Programmiersprachen zum Ausdruck bringen und Strategien direkt umsetzen können.

FRAGE

Wenn Sie sich Ihre traditionelle Geschäftstätigkeit (also Marketing, Vertrieb, Finanzwesen oder Logistik) neu vorstellen sollen – als computergestütztes Marketing, computergestützten Vertrieb, rechnergestütztes Finanzwesen oder rechnergestützte Logistik – was müsste sich ändern?

4

BEGRÜSSEN SIE UNWÄG-BARKEITEN

„Ohne Spekulation könnte ich nicht existieren."
Hunter S. Thompson

Betrachten Sie die Welt wie ein Spieler

Einer der unerfreulichen Nebeneffekte, wenn man in einem Zeitalter schneller technischer Entwicklung lebt, ist, dass man mit wachsenden Unsicherheiten zu tun hat. Wie sollen Wirtschaftsführer darauf reagieren? Sollen sie hohe Risiken eingehen, ihre Position möglichst absichern oder einfach abwarten und Tee trinken?

Meist ordnen wir Situationen in eine von zwei Kategorien ein: Entweder ist ein Ereignis sicher und lässt sich daher planen, man kann investieren und hat ein verlässliches Budget. Oder es ist unsicher und man kann es nicht managen.

Man kann Unwägbarkeiten jedoch begrüßen, indem man seine Sicht der Dinge jeweils der neuen Informationslage anpasst. Dazu müssen Sie etwas über Thomas Bayes erfahren, einen englischen Geistlichen und Mathematiker, der 1763 ein Theorem vorstellte, das unser Denken über Entscheidungen unter mehrdeutigen Bedingungen dauerhaft verändern sollte.

Bayes interessierte sich dafür, wie sich unsere Vorstellung der Welt angesichts neuer, noch nicht bewiesener Informationen entwickelt. Insbesondere fragte er sich, wie wir die Wahrscheinlichkeit eines zukünftigen Ereignisses vorhersagen können, wenn wir lediglich wissen, wie oft es in der Vergangenheit bereits aufgetreten ist (oder nicht). Dazu konstruierte er ein Experiment.

Stellen Sie sich einen Billardtisch vor. Sie setzen eine Augenbinde auf. Ihr Assistent lässt an einer beliebigen Stelle eine Kugel über den Tisch rollen und merkt sich, wo sie liegen bleibt. Sie sollen herausfinden, wo sich die Kugel befindet. Zu diesem Zeitpunkt können Sie einfach nur raten.

Nun bitten Sie Ihren Assistenten, weitere Kugeln auf den Tisch fallen zu lassen. Er soll Ihnen sagen, ob sie rechts oder links von der ersten Kugel ausrollen. Wenn alle Kugeln rechts von der ersten Kugel liegen bleiben – was sagt Ihnen das über die Position der ersten Kugel? Wenn weitere Kugeln auf den Tisch rollen – inwiefern verbessert das Ihr Wissen über die Position der ersten Kugel? Tatsächlich sollten Sie Wurf für Wurf besser in der Lage sein, den Bereich einzugrenzen, in dem die erste Kugel vermutlich liegt. Bayes fand heraus, dass wir, selbst wenn wir das Resultat nicht kennen, unseren Wissensstand verbessern können, indem wir neue, relevante Informationen verarbeiten, sobald sie zur Verfügung stehen.

Viele Jahre später entwickelte der französische Mathematiker Pierre-Simon Laplace Bayes' Idee zu einer überzeugenden Theorie, die wir als „Satz von Bayes" kennen. Hier eine einfache Erläuterung:

Einer vorläufigen Hypothese über die Welt weisen wir eine gewisse A-priori-Wahrscheinlichkeit zu, dass dieses Ereignis eintritt. Nachdem wir neue, relevante Erkenntnisse gesammelt haben, berechnen wir die Wahrscheinlichkeit der Hypothese noch einmal im Licht der neuen Informationen. Diese revidierte Wahrscheinlichkeit heißt A-posteriori-Wahrscheinlichkeit.

Beispiele für die Anwendung des Satzes von Bayes findet man überall in der modernen Geschichte, von französischen und russischen Artillerieoffizieren, die ihre Kanonen neu justieren, bis hin zu Alan Turing, der versuchte, den deutschen Enigma-Code zu knacken. Bayes hat sogar die Entwicklung des maschinellen Lernens beeinflusst, insbesondere den naiven Bayes-Klassifikator.

Für moderne Wirtschaftsführer ist Bayes relevant, weil er ihnen helfen kann, einen Zugang zu Unwägbarkeiten zu finden, der nicht so sehr deterministisch, sondern vielmehr probabilistisch ist. Selbst wenn Ereignisse von einem unendlich komplexen Satz von Faktoren bestimmt sind, kann das probabilistische Denken einem helfen, das wahrscheinlichste Resultat zu berechnen und so bestmögliche Entscheidungen zu treffen. Wenn wir eine Information unter probabilistischen Gesichtspunkten betrachten, können wir verschiedene mögliche Resultate beschreiben, die alle unterschiedlich wahrscheinlich sind.

Der große Vorteil des probabilistischen Denkens ist, dass es einem ermöglicht, neue Daten kritisch zu evaluieren, sobald sie zur Verfügung stehen. Daten können beschädigt, unvollständig oder unsicher sein. Häufig gibt es mehr als eine Erklärung dafür, warum die Dinge sich so und nicht anders abgespielt haben. Indem wir diese alternativen Erklärungen mithilfe von Wahrscheinlichkeiten untersuchen, gewinnen wir ein besseres Verständnis für die logischen Zusammenhänge und dafür, was tatsächlich los ist.

Deterministische Modelle führen zu einer einzigen Lösung, die das Ergebnis des Experiments beschreibt, richtigen Input vorausgesetzt. Mit anderen Worten: Für jeden möglichen Input gibt es einen einzigen Output. Ein probabilistisches Modell hat viele mögliche Lösungen und gibt uns einen Anhaltspunkt, mit welcher Wahrscheinlichkeit die unterschiedlichen Resultate tatsächlich auftreten, vielleicht auftreten oder überhaupt auftreten können.

Das menschliche Denken ist von Natur aus deterministisch. Im Allgemeinen glauben wir, etwas ist wahr oder falsch. Wir mögen einen Menschen oder wir mögen ihn nicht. Nur selten geraten wir in die Situation, zu sagen, dieser Mensch ist mit 46-prozentiger Wahrscheinlichkeit mein Freund. Ja, wenn Sie nicht gerade ein Teenager sind und viele Frenemies

haben, ist Ihr soziales Umfeld in Ihren Augen möglicherweise eine ausgesprochen deterministische Angelegenheit. Unser deterministischer
Instinkt mag durchaus eine Erfindung der Evolution gewesen sein. Um
zu überleben, mussten wir klare Entscheidungen treffen und schnell
reagieren. Wenn sich ein Tiger nähert, haben Sie nicht wirklich viel Zeit,
darüber nachzudenken, ob er als Freund oder Feind kommt.

Doch der deterministische Ansatz, der das Überleben unserer Vor-
fahren beim Jagen in der Savanne sicherte, hilft nicht weiter, wenn es gilt,
in komplexen, unberechenbaren Umgebungen gute Entscheidungen zu
treffen. Um mit Unsicherheiten probabilistisch umzugehen, müssen Sie
denken wie ein professioneller Spieler. Nehmen Sie zum Beispiel Rasmus
Ankersen.

Ankersen, ein Däne, der heute in London lebt, kam ursprünglich nach
Großbritannien, um einen Verleger für sein Buch über das menschliche
Leistungsvermögen zu suchen. Als Autor war er von Kenia bis Korea ge-
reist, um herauszufinden, warum große Sportler, ob sie nun Läufer oder
Golfer sind, häufig aus den gleichen kleinen Regionen kommen. Einer
der Gründe, warum er in London blieb, war die zufällige Begegnung mit
einem professionellen Spieler namens Matthew Benham.

Benham ist eine sehr bekannte, allerdings kaum zugängliche Figur
in der britischen Welt des Glücksspiels. Nachdem er sein Studium der
Physik in Oxford abgeschlossen hatte, ging er in den Wertpapierhandel,
zunächst bei Yamaichi International und dann bei der Bank of America.
Danach arbeitete er eine Zeitlang für Permier Bet mit Tony Bloom, einem
der erfolgreichsten Spieler der Welt. Das veranlasste Benham, seinen
Alltagsjob aufzugeben und sich auf das Glücksspiel zu konzentrieren. Er
gründete zwei erfolgreiche Firmen, Matchbook, eine Firma, die Sport-
wetten anbietet, und Smartodds, eine Firma für statistische Daten und
mathematische Modelle im Sportbereich.

Als Ankersen und Benham sich kennenlernten, sprachen sie darüber,
dass Fußball ein Sport sei, den die Daten und das Denken in Wahrscheinlichkeiten noch nicht eingeholt hätten. Benham war beeindruckt genug,
um Ankersen in die Leitung des Brentford Football Club zu holen, den
er gerade erworben hatte. Bald darauf kaufte Benham auch Midtjylland,
den Fußballverein in Ankersens Heimatstadt.

Ankersen sah die Dinge wie folgt: Fußball zählt zu den unfairsten
Sportarten der Welt. Obwohl man sagt „Die Tabelle lügt nicht", ist es genau das, was sie nach Ankersens Ansicht tut. Weil im Fußball nicht viele
Tore fallen, spiegelt das Ergebnis in Gewinnen und Verlusten niemals
exakt die tatsächliche Leistung der Mannschaft und damit den eigent-
lichen Wert der Spieler wider. Für den professionellen Spieler liegt der

Schlüssel zu einer guten Wette darin, die eigene Position ständig durch relevante Informationen zu aktualisieren, die einen Einfluss auf die Wahrscheinlichkeit haben, dass ein bestimmtes Ereignis eintritt. Spieler versuchen nicht unbedingt, richtig zu liegen, sondern im Lauf der Zeit weniger falsch.

Benham und Ankersen begannen, statistische Verfahren anzuwenden (die „Moneyball"-Technik vom Baseball), um die Leistung einer Mannschaft zu beurteilen. Zentrales Instrument ihrer Leistungsmessung waren die „erwarteten Tore" für und gegen eine Mannschaft auf der Basis von Qualität und Quantität der Chancen während eines Spiels. Sinn und Zweck dieser Übung bestand darin, eine alternative Tabelle zu entwickeln, die Ergebnisse verlässlich voraussagen würde und die als bessere Grundlage zur Bewertung und zum Erwerb von Spielern dienen könne.

Als algorithmischer Führer werden Sie es nützlich finden, in Wahrscheinlichkeiten zu denken, und nicht nur dann, wenn Sie auf den Ausgang im alljährlichen Fußballturnier Ihrer Firma wetten wollen. Hier sind einige Beispiele.

Ein probabilistisch eingestellter Personalmanager wird sich die Daten anschauen, wo die besten Leute der Firma herkommen und was sie im Lauf ihres Berufslebens geleistet haben, um so neue Talente zu entdecken, die bisher vielleicht übersehen wurden.

Einem probabilistisch eingestellten Vertriebsleiter wird bewusst sein, dass es nicht ausreicht, viele Abschlüsse zu tätigen; man muss sich auch Gedanken darüber machen, wo die Kundenkontakte herkommen. Wie viele Chancen haben sich durch echtes Wachstum ergeben, wie viele kamen durch eine bereits bestehende Verbindung zustande? Wie viele Neukunden verlieren bereits nach wenigen Monaten das Interesse? Wenn ein Verkaufsleiter versteht, aufgrund welcher Datenlage aus einem ersten Kontakt ein Top-Kunde wird, kann er eng mit den Kollegen in der Marketingabteilung zusammenarbeiten, um neue Konzepte zu entwickeln.

Probabilistische Risikomanager werden sich Gedanken über ihre künftige Arbeit machen. Vielleicht gehörte es in der Vergangenheit zu ihren Aufgaben, bei der Kreditvergabe strenge Richtlinien anzuwenden – aber sind diese traditionellen Bewertungsmodelle heute noch effektiv? Gibt es in der Kundenbasis möglicherweise Segmente mit geringem Risiko, die bisher übersehen wurden und die ein neuer Mitbewerber zu seinem Vorteil nutzen könnte?

Wenn Sie sich angewöhnen, probabilistisch zu denken, sind Sie besser auf Unwägbarkeiten und die komplizierte Welt des algorithmischen Zeitalters vorbereitet. Selbst wenn Ereignisse durch einen unendlich komplizierten Satz von Faktoren bestimmt sind, kann das probabilistische Denken uns helfen, wahrscheinliche Resultate zu identifizieren und bestmögliche Entscheidungen zu treffen.

Überdenken Sie die Rolle des Meetings

Wenn Sie nicht gerade ganz allein arbeiten, werden in modernen Organisationen Entscheidungen gemeinsam mit anderen Menschen und Interessenvertretern getroffen. Um Unwägbarkeiten zu begegnen, müssen Sie darüber nachdenken, wie Gruppen von Menschen Informationen verarbeiten und zu Schlussfolgerungen gelangen. Meist bedeutet das, Meetings gründlich zu planen und über mögliche Verbesserungen nachzudenken.

Die Kultur des Meetings ist fester Bestandteil moderner Organisationen. Meetings sind so verbreitet, dass wir ihren Sinn und Zweck normalerweise nicht infrage stellen – selbst wenn radikale Veränderungen stattfinden und vieles hinterfragt wird, bleibt das Meeting meist erhalten. Das ist auch in algorithmischen Organisationen nicht anders. Je mehr Entscheidungen und Prozesse automatisch ablaufen, desto wichtiger ist die Quality Time, die Menschen im gemeinsamen Gespräch über komplexe strategische Fragen verbringen.

Meetings können wirkmächtige Foren zur Problemlösung sein und dazu dienen, Unterstützer für neue Projekte zu gewinnen. Außerdem sind sie ein Spiegel Ihrer Firmenkultur. So gesehen gibt es nicht den einzig richtigen Weg, ein gutes Meeting abzuhalten, genauso wenig wie es eine Kultur gibt, die für alle gleichermaßen funktioniert. Das vorausgeschickt, gibt es dennoch einige Tipps und Tricks, die Ihnen helfen, ein Meeting fokussiert durchzuführen, damit Sie hochkarätige Entscheidungen treffen, ohne Zeit zu verschwenden.

Vielleicht der einfachste Verbesserungstipp ist: Halten Sie Ihr Meeting kurz. Die klassische Technik zu diesem Zweck: Gestalten Sie die Lage unbequem. Wenn der britische Privy Council zusammentritt, müssen alle Beteiligten stehen. Die Legende sagt, Königin Victoria habe diese Praxis nach dem Tod von Prinzgemahl Albert eingeführt, als sie ihre öffentlichen Auftritte auf das absolute Minimum beschränken wollte. Ohne Sessel zum Zurücklehnen neigten ihre Berater dazu, sich kurz zu fassen.

Es ist eine lustige Idee, dass Königin Victoria vielleicht auch die Schöpfer der Agile-Softwarebewegung inspiriert hat. Für die Produktentwickler bei Agile findet täglich ein 15-minütiges Meeting statt (sie nennen es Scrum-Meeting). Dabei müssen alle stehen – so wird keine Zeit verschwendet. In der Softwareentwicklung bei Agile dreht sich alles um den Umgang mit Unsicherheiten. Die Entwickler akzeptieren, dass sie nicht alles wissen, was sie eigentlich über das Projekt wissen müssten, ehe sie loslegen. Der gesamte Prozess und die Meetings dienen dann dazu, die Lösung und den Prozess anzupassen, während sich das Projekt entwickelt.

Manche Firmen, wie der Online-Schuhhändler Zappos, haben die Form ihrer Meetings radikal verändert und strenge Kommunikationsprotokolle eingeführt, die einem Computerprogramm ähneln. Die Ähnlichkeit mit einem Stück Software ist vermutlich kein Zufall, denn Zappos hat sich für Brian Robertsons Holokratie entschieden, ein radikales Organisationsdesign, das von einem ehemaligen Programmierer entwickelt wurde.

Bei Zappos gibt es keine Tätigkeitsbezeichnungen, nur Rollen. Wer dort arbeitet, kann zur gleichen Zeit mehrere Rollen innehaben. In holokratischen Firmen ist eine Rolle eine Reihe von Verantwortlichkeiten oder Aktivitäten, die durch Kreise (oder Teams) definiert und durch formale Prozesse gesteuert werden. Ironischerweise bedeutet diese nicht hierarchische Form der Selbstorganisation, dass die Treffen der Kreise bei Zappos äußerst strukturiert, technisch und hochgradig organisiert ablaufen.

Holokratie ist nicht für jede Firma das Richtige. Es kann recht seltsam anmuten, das Treffen eines Kreises zu beobachten – ein bisschen wie Dungeons & Dragons spielen, weniger wie Aufgaben erledigen. Deutlich wird allerdings auch, dass es eine Wissenschaft ist, Informationen zu sammeln, zu verarbeiten und bei einem Meeting darüber zu entscheiden. Je besser Sie verstehen, welche Konferenzmechanismen in Ihrer eigenen Kultur zu einem guten Ergebnis führen, desto überzeugender werden Ihre Resultate sein.

Die Lehre vom guten Meeting war etwas, das Andy Grove, dem ehemaligen CEO von Intel, sehr am Herzen lag. Er glaubte, Meetings seien ein so wesentlicher Bestandteil der Firmenkultur von Intel, dass er viele Jahre lang neuen Angestellten in einem Kurs die Grundlagen guter Konferenzführung vermittelte. Kam man damals in einen Konferenzraum bei Intel, oder sogar in eine Produktion, hing an der Wand ein Plakat mit Fragen zu den Meetings, die dort stattfanden: Wissen Sie, warum wir uns heute treffen? Haben Sie eine Tagesordnung? Kennen Sie Ihre Rolle? Halten Sie sich an die Regeln für das Protokoll?

Für jedes Meeting gab es bei Intel einen Vordruck für die Tagesordnung. Sie wurde vor der Konferenz herumgegeben und umfasste die Themenschwerpunkte, wer welchen Teil der Diskussion leitete, wie lange das jeweils dauern würde und mit welchem Ergebnis man rechnete. Angegeben war auch, wie bei dem Meeting Entscheidungen getroffen wurden; so entstanden aufseiten der Teilnehmer keine falschen Erwartungen. Bei Intel hieß es, eine Entscheidung falle auf eine von vier Arten: autoritär (der Führer trägt die gesamte Verantwortung); konsultativ (der Führer trifft die Entscheidung, nachdem er die Meinung der Gruppe gehört hat); durch Abstimmung oder einstimmig.

Auch bei Amazon folgen Meetings einem typischen Ablauf. Zunächst einmal gibt es keine PowerPoint-Präsentationen. Wer möchte, dass eine Entscheidung getroffen wird, bringt ein Memo mit, das nicht mehr als sechs Seiten umfasst. Es muss logisch strukturiert und durch Daten im Anhang belegt sein. Am Anfang eines Amazon-Meetings erhalten die Teilnehmer fünfzehn Minuten Lesezeit, dann äußern sie spontane Stellungnahmen, ehe das Memo Seite für Seite abgearbeitet und kommentiert wird.

Meetings, bei denen über Daten im Einzelnen gesprochen wird, funktionieren bei Amazon, weil die Teams in der Regel klein sind. Wie klein? Von Jeff Bezos soll der berühmte Satz stammen, ein Team dürfe niemals so groß sein, dass es nicht von zwei Pizzas satt werde. Mir war nicht klar, was das tatsächlich bedeutete, daher fragte ich nach, als ich die Gelegenheit hatte, das Amazon-Hauptquartier in Seattle zu besuchen. Ein Zwei-Pizza-Team bei Amazon umfasst, so stellte sich heraus, zwischen drei und acht Personen. Dahinter steckt Jeff Bezos Grundgedanke, dass große Teams anfangen, Zeit damit zu verschwenden, sich zu einigen, anstatt sich auf die Entwicklung umwälzender Ideen zu konzentrieren.

Sobald ein Projekt bei Amazon die benötigte Zustimmung gefunden hat, wird ihm ein „Single Threaded Owner" zugewiesen: Eine einzige Person trägt die gesamte Verantwortung für Durchführung und Umsetzung des Projekts. Bei Amazon sind Schnelligkeit und Beweglichkeit gefragt, mehr als alles andere, beispielsweise mehr als Zusammenarbeit und Übereinstimmung. Tatsächlich gibt es häufig mehrere kleine Teams, die am gleichen Thema arbeiten – fast in einer Art Wettstreit –, um zu sehen, wer zuerst eine Lösung präsentiert.

Es ist wichtig, zu verstehen, wie Meetings in der eigenen Firma ablaufen, und Strukturen, Vorlagen und Konzepte zu entwickeln, die dazu führen, dass die Teams alle relevanten Daten sammeln, ihre Vorgehensweise anpassen und erstklassige Entscheidungen treffen. Gute Meetings sind eine entscheidende Waffe im Kampf gegen die Unsicherheit.

Man kann ein Meeting allerdings auch „kaputtorganisieren". Wenn Sie anfangen, den Leuten vorzuschreiben, wie sie kommunizieren, ihre Ideen präsentieren oder Entscheidungen treffen sollen, kann das dazu führen, dass Sie die Kreativität der Menschen eher ersticken als anregen.

Es lohnt sich, nicht nur, über die Form und Struktur von Meetings nachzudenken, sondern auch über ihren Zweck und die zugrunde liegenden Werte. Schlechte Meetings sind ein Symptom, weniger eine Ursache für mangelnde Effektivität. Wenn bei Ihnen eine Kultur der Transparenz vorherrscht, in der Daten und Fakten Entscheidungen vorantreiben, Projekte auf der Grundlage von Algorithmen koordiniert werden und die Arbeit in kleinen, leistungsstarken Teams erfolgt, besteht die Hauptfunktion von Meetings darin, Probleme zu lösen und kreative Entwicklungen anzustoßen, weniger darin, auf die Einhaltung von Regeln zu achten und alles unter Kontrolle zu bringen.

Interessanterweise hat die Leistungsfähigkeit von Teams bei der Problemlösung und der Entwicklung neuer Ideen möglicherweise weniger mit der Frage zu tun, wer daran beteiligt ist, als mit den gemeinsamen Werten.

Google hat zwei Jahre lang 180 hauseigene Teams beobachten lassen – unter der Bezeichnung „Projekt Aristoteles". Die Forscher fanden heraus, dass die besten Google-Teams eine ganze Reihe Softskills oder „Gruppennormen" aufweisen: Gleichheit, Großzügigkeit, Neugier auf die Ideen der anderen, Empathie und emotionale Intelligenz. Berühmt ist die Studie, weil sie zu dem Ergebnis führte, dass die entscheidende Eigenschaft für ein erfolgreiches Team nicht die Anzahl der Genies ist, die mitarbeiten, sondern das Maß der emotionalen Sicherheit. Das Maß, in dem die beteiligten Personen sich sicher fühlen konnten, neue Ideen vorzuschlagen, Risiken einzugehen, abweichende Meinungen zu teilen und vorurteilsfreie Fragen zu stellen, entschied darüber, wie erfolgreich die Teams bei der Durchführung ihrer Projekte waren. Google stellte fest, dass Angestellte in Teams mit einer psychologisch sicheren Umgebung weniger leicht die Firma verließen, kreativere Ideen hervorbrachten und letztlich mehr bewirkten. Das ist der Trost der Unsicherheit: Sie sind damit nicht allein.

Führen Sie eine Entscheidungsprüfung durch

Unter unsicheren Bedingungen Entscheidungen zu treffen ist schwierig. Noch schwieriger ist es, zu entscheiden, welche Entscheidungen getroffen werden sollen.

Bei manchen Entscheidungen steht alles auf dem Spiel: Machen Sie es richtig und Sie katapultieren Ihre Karriere oder Ihre Firma auf die Überholspur. Machen Sie es falsch und Sie werden eine Ewigkeit damit verbringen, Ihren Fehler wieder auszubügeln oder, schlimmer noch, sich ewig fragen: „Was wäre, wenn?" Wie finden Sie also heraus, welche Entscheidungen so wichtig sind, dass Sie ihnen Zeit widmen müssen? Sie müssen eine Entscheidungsprüfung durchführen. Das bedeutet über wichtige Entscheidungen strategisch nachdenken und sicherstellen, dass es einen Mechanismus gibt, der dafür sorgt, dass sie von den Leuten in Ihrem Team schnell und gut getroffen werden.

In den meisten algorithmischen Organisationen hat es entscheidende Momente gegeben, in denen Menschen strategische Entscheidungen treffen mussten, nicht Maschinen. Netflix, die ihre Geschäftstätigkeit erfolgreich damit aufgebaut hatten, DVDs in roten Umschlägen zu verschicken, mussten entscheiden, ob sie Inhalte weiter so verteilen oder auf Streaming umstellen wollten. In ähnlicher Weise hatte Amazon Erfolg mit dem Verkauf von Büchern gehabt und musste nun entscheiden, ob weitere, völlig andersartige Produkte ins Sortiment aufgenommen werden sollten. Die Entscheidung, anderen Firmen Dienste in der Cloud anzubieten, Fernsehsendungen und Filme zu produzieren und sogar eigene Jets zu kaufen, um mit traditionellen Logistikanbietern zu konkurrieren, wirken im Rückblick ganz selbstverständlich. Zu jener Zeit liefen sie jedoch der vorherrschenden Meinung zuwider. Es waren schwere Entscheidungen, die von Menschen im Angesicht großer Unwägbarkeiten getroffen wurden.

Einmal im Jahr schreibt Jeff Bezos einen faszinierenden Brief an seine Aktionäre, der einen gewissen Eindruck von seinem Denken vermittelt. Der Brief von 2015 war besonders interessant, weil es um Entscheidungen bei Amazon ging.

Für Bezos gibt es zwei Arten von Entscheidungen: Entscheidungen des Typs 1 sind betriebsnotwendige Entscheidungen mit großen Auswirkungen auf höheren Strategieebenen; sie können entscheidend für Ihre Zukunft sein. Entscheidungen des zweiten Typs betreffen Wahlmöglichkeiten mit geringeren Auswirkungen, die gegebenenfalls rückgängig gemacht werden können. Am besten sorgen Sie dafür, dass Entscheidungen des zweiten Typs möglichst schnell gefällt oder sogar automatisiert werden. Eine schnelle Entscheidung ermöglicht Ihnen, die Daten zu sammeln, mit deren Hilfe Sie herausfinden können, ob Sie richtig lagen oder nicht. Die Führungsetage bei Amazon überlässt alle Entscheidungen des Typs 2 in der Regel den unteren Rängen und konzentriert sich auf Entscheidungen des Typs 1.

Sobald Sie wissen, um welche Entscheidungen Sie sich persönlich kümmern wollen, müssen Sie sich auf einen Zeitrahmen festlegen.

In einem Gespräch mit Reid Hoffman für seinen Podcast *Masters of Scale* erläuterte der frühere Google-CEO Eric Schmidt, eine der effektivsten Strategien zur Beschleunigung von Entscheidungsprozessen seien regelmäßig stattfindende Konferenzen. Als er und die Google-Gründer Larry Page und Sergey Brine ihre wöchentlichen Treffen mit der Mitarbeiterschaft zur festen Einrichtung machten, wussten alle Angestellten, sie würden einmal in der Woche die Chance erhalten, dem Führungsteam von Google einen Plan vorzulegen. Schmidt formulierte das so: „In den meisten großen Firmen gibt es zu viele Rechtsanwälte, zu viele Entscheider, unklare Besitzverhältnisse und die Abläufe beginnen zu erstarren, alles spielt sich sehr langsam ab." Anders bei Google: Als die Firma 2006 beschloss, für 1,6 Milliarden Dollar YouTube zu kaufen, dauerte der Entscheidungsprozess ganze 10 Tage.

Manche Entscheidungen, selbst wenn man weiß, sie sind wichtig und die Führungsspitze widmet ihnen ihre volle Aufmerksamkeit, sind prinzipiell schwierig zu treffen. Es handelt sich um „vertrackte Probleme", für die es keine einfache Lösung gibt. Sie müssen etwas tun – und entweder wird die Lage dadurch besser oder schlechter.

Vertrackte Probleme widersetzen sich der konventionellen Analyse, egal ob durch Menschen oder durch Maschinen. Manchmal muss man sie erst diskutieren, um ihre Auswirkungen völlig zu verstehen. Und manchmal schrecken Führungskräfte davor zurück, gegensätzliche Positionen einzunehmen, um zum Kern eines schwierigen Problems vorzudringen, besonders wenn sie in einer Organisation arbeiten, wo offene Meinungsäußerungen nicht gern gesehen sind. Ganz anders bei Netflix: Dort gehören Diskussionen zur Firmenkultur, ja, bei wichtigen Entscheidungen geht man so weit, dass Manager auf offener Bühne vor großem Publikum ihre gegensätzlichen Meinungen austauschen.

Eine öffentliche Debatte ist für den Rest der Organisation ein klares Signal, dass Meinungen, die auf Fakten beruhen, wertvoll sind, egal aus welchem Teil der Organisation sie stammen.

Bauen Sie einen algorithmischen Beraterstab auf

Wenn die beste Möglichkeit, unter schwierigen Bedingungen Entscheidungen zu treffen, darin besteht, Ihr Wissen ständig um neue Daten zu erweitern, gewinnen der Umgang mit Daten und ihre Verbreitung an Bedeutung.

Die Frage, wie Sie Daten und Algorithmen in Ihrer Firma wirkungsvoll verbreiten, geht alle etwas an, besonders wenn Sie selbst nicht die nötige Sachkenntnis oder das spezielle Branchenwissen haben, um ein Problem zu lösen. Wie wir bereits im Fall Vanderburg und Shallue gesehen haben, kann der effektivste Weg zur Lösung eines Problems, das sich berechnen lässt, darin bestehen, das richtige Team darauf anzusetzen.

In einem solchen Fall kann es sinnvoll sein, in Ihrer Organisation einen algorithmischen Beraterstab aufzubauen.

Der Ausdruck „Brain Trust" für Beraterstab stammt von James Kieran, einem Reporter der *New York Times*, der damit die bunte Gruppe akademischer Berater bezeichnete, die Franklin Roosevelt im Wahlkampf 1932 zur Seite standen. Die Gruppe half ihm, einen Wirtschaftsplan zu entwickeln, der zum Rückgrat des New Deal wurde: Finanzmarktregulierung, Hilfen für Bedürftige im großen Stil und öffentliche Bauvorhaben.

Einen algorithmischen Beraterstab aufzubauen kann so einfach sein wie die Veranstaltung regelmäßiger Treffen mit den richtigen Leuten. In einer großen Organisation kann das eine Kombination aus den Bereichsleitern, dem Data-Science-Team und den Verantwortlichen für KI und maschinelles Lernen sein. In einer kleineren Firma oder als Freiberufler können Sie Ihre eigene Gruppe aus externen Sachverständigen und Menschen mit ähnlichen Herausforderungen bilden, die Ihnen zur Seite stehen.

Tokio im Frühling ist einer der schönsten Orte der Welt. Kirschblüten, genannt *sakura*, verzaubern die Straßen mit ihren rosa Blütenwolken, die so schnell vergehen; oft dauert die Zeit der Kirschblüte nur eine Woche, ehe die feinen Blätter als pastellfarbene Schneeflocken zu Boden sinken. Einmal habe ich in der Zeit der *sakura* Japans führenden Internethändler Rakuten besucht und mich mit Takuya Kitagawa, dem Chief Digital Officer, getroffen.

Kitagawa war zuständig für eine neue zentrale Datenabteilung der Firma, das Global Data Supervisory Department, deren Aufgabe darin bestand, Analyse- und Datenplattform-Teams zusammenzubringen. Rakuten hat 30 Millionen Kunden und ist mit 12 Millionen Nutzern gleichzeitig das führende Kreditkartenunternehmen des Landes. Durch das Rakuten-Rewards-Programm hat die Firma mit gezielten Werbemaßnahmen das Kundenverhalten effektiv beeinflusst. Wen wird es da noch überraschen, dass die Daten bei Rakuten als Lebenselixier betrachtet werden?

Trotz der digitalen DNA war Rakuten ausgesprochen verkaufsgesteuert. In den Anfangstagen mussten neue Mitarbeiter eine Zeitlang im Callcenter arbeiten, um unter Beweis zu stellen, dass sie Verkäufe abschließen konnten. Es gab das Gerücht, das Telefon würde an der Hand des jeweiligen Mitarbeiters festgebunden, bis der erste Verkauf getätigt war. Im Lauf der letzten Jahre hat sich Rakuten verändert, von einer verkaufsbesessenen Firma zu einer, die auf Daten fokussiert ist.

Die Vision der Firma, so erklärte Kitagawa mir, bestehe darin, eine Firma mit festen Stammkunden oder Mitgliedern zu werden, ähnlich wie Amazon oder Facebook. Die einzelnen Marken sollten nicht länger gezwungen sein, ihre verschiedenen Produkte den einzelnen Kunden immer wieder neu anzubieten. Vielmehr bestehe die aktuelle Strategie darin, ein Universum von Markenangeboten zu schaffen, die dann gezielt auf der Basis bestimmter Auswahlkriterien an die Mitglieder vermarktet würden. Aus Kitagawas Sicht brauchte man dafür Algorithmen und maschinelles Lernen.

Rakuten richtete also einen eigenen „Brain Trust" ein. Jedes Vierteljahr treffen sich die Spitzenführungskräfte, um die Datenlage zu besprechen. Jede Abteilung hat einen eigenen Chief Data Officer, der bei diesen Meetings berichtet, wie die Daten effektiver genutzt werden sollen und welche neuen Dateninitiativen erfolgreich waren. Gleichzeitig stellen auch die Datenexperten der Plattform ihre Ergebnisse und neuen Ansätze vor. Es geht darum, eine Umgebung zu schaffen, in der Führungskräfte von der geschäftlichen und der technischen Seite neue Muster erkennen können und möglichst abteilungsübergreifend voneinander lernen.

Als ich Kitagawa verließ, sprang mir ein Schild ins Auge, auf dem die fünf Grundwerte der Firma aufgelistet waren. Wert Nr. 3 umfasste drei europäische Begriffe, gefolgt von einem japanischen. Da stand: „Hypothesen aufstellen – in die Praxis umsetzen – überprüfen – *shikumika*!"

„Was bedeutet *shikumika*?", fragte ich Kitagawa, als wir an einem Labyrinth von Konferenzräumen vorbeikamen, allesamt möbliert mit Gegenständen, die von örtlichen Künstlern hergestellt und auf der Rakuten-Plattform zum Verkauf angeboten wurden.

„*Shikumika* bedeutet systematisieren", erklärte Kitagawa. „In der Praxis heißt das, Ideen von einem Teil der Firma lernen, daraus ein System entwickeln und es an einer anderen Stelle anwenden."

Ein effektiver algorithmischer Beraterstab oder Brain Trust ist das perfekte Beispiel für *shikumika* im 21. Jahrhundert: Man nehme Ideen und neues Wissen über den effektiven Einsatz von Daten aus einem Geschäftsbereich, entwickle daraus ein algorithmisches System und wende dieses System andernorts an.

Experimentieren Sie, um Fragen zu finden, nicht Antworten

Zentral für unsere Diskussion über das Akzeptieren von Unsicherheiten war bis jetzt der Wert einer empirischen Vorgehensweise. In der wissenschaftlichen Welt bedeutet das Wort „empirisch" so viel wie „beruht auf einem Experiment oder einer Beobachtung". Experimente sind ein nützlicher Weg, um Daten zu sammeln, aber für den cleveren Führer spielen sie eine noch wichtigere Rolle: Sie ermöglichen ihm, bessere Fragen zu stellen.

Die Durchführung von Experimenten ist im modernen Management zum Klischee geworden. Mark Zuckerberg, CEO von Facebook, sagt, die Firma führe zu jedem beliebigen Zeitpunkt Zehntausende Experimente durch. Das Wachstumsteam bei Airbnb behauptet, mehr als 700 Experimente pro Woche durchzuführen, und wenn man stichprobenartige A/B-Tests dazuzählt, dann führt praktisch jede digitale Firma von Netflix bis Google Abermillionen von Experimenten gleichzeitig durch.

In einer algorithmischen Organisation liefern Experimente keine Antworten; es geht nicht darum, herauszufinden, ob Fettdruck oder kursive Schrift auf einer Einstiegsseite mehr Verkäufe bringt. Vielmehr geht es darum, Fragestellungen zu bestätigen; gezeigt werden soll, dass typografische Entscheidungen bei wachsenden Verkaufszahlen eine entscheidende Rolle spielen.

Dabei kann es passieren, dass man unerwartete Korrelationen zwischen Variablen findet; das ist einer der Gründe, warum nicht überwachtes maschinelles Lernen im Hinblick auf die Zukunft der Smart Strategy so vielversprechend ist. KI macht es möglich, diese Experimente heute in einem Ausmaß durchzuführen, das bisher unmöglich war.

Der wichtigste Aspekt des Entscheidungsprozesses liegt für algorithmische Führer darin, weniger offensichtliche Entscheidungen zu treffen oder mutigere Fragen zu stellen, die bisher niemandem eingefallen sind. Algorithmen ersetzen in diesem Zusammenhang nicht den Entscheider, sondern sie helfen ihm, sich auf die Themen zu konzentrieren, die eine nähere Untersuchung lohnen.

Gute Entscheidungen müssen schwierig sein. Das liegt in der besonderen Natur der Herausforderungen, um die es geht; man braucht ausgeprägte kognitive Fähigkeiten, wenn man zu einer guten Lösung kommen will. Wenn Ihnen eine Entscheidung nicht sonderlich schwer zu sein scheint, haben Sie möglicherweise nicht die richtigen Fragen gestellt.

Man kann einen Algorithmus darauf trainieren, Finanzbetrug zu erkennen, aber er kann Ihnen nicht sagen, ob Sie überhaupt im Geschäftsbereich „Zahlungsverkehr" tätig sein sollten. Sie können stichprobenartige Tests durchführen, um herauszufinden, welche Ihrer E-Mail-Kampagnen am besten funktioniert, aber dann wissen Sie immer noch nicht, ob es sich lohnt, wenn ein menschlicher Mitarbeiter einen besonders guten Kunden persönlich anruft. Sie können entscheiden, eine einzige Pilotsendung der neuen Fernsehserie zu drehen, als Experiment, um zu probieren, ob sie ankommt. Aber so werden Sie nie herausfinden, was wohl passiert wäre, wenn Sie gleich die ganze Serie in Auftrag gegeben und geschaut hätten, ob sich ein Publikum dafür findet.

Im algorithmischen Zeitalter Entscheidungen zu treffen ist ein bewegliches Ziel. Die Grenzen dessen, was automatisiert werden kann und sollte, verändern sich ständig, weil immer mehr Daten zur Verfügung stehen und die Leistungsfähigkeit der KI wächst. Digitale Plattformen bieten Ihnen unendliche Möglichkeiten, Experimente an Ihren Nutzern durchzuführen. Zum Teil wird das freudig begrüßt werden, besonders wenn bessere Erfahrungen für die Nutzer die Folge sind. Anderen Experimenten fehlt es dagegen möglicherweise an Zustimmung oder die Beteiligung Dritter ist problematisch – vielleicht sogar illegal.

Es ist nicht leicht, sich in der neuen Welt der algorithmischen Entscheidungen zurechtzufinden. Die richtigen Entscheidungen zu identifizieren und sich darauf zu konzentrieren ist eine Herausforderung, außerdem müssen Sie für den richtigen Kontext und die richtigen Systeme sorgen.

Am Ende müssen Sie als effektiver algorithmischer Führer für sich und ihre Teams Mechanismen und Einstellungen finden, um mit der Unsicherheit umzugehen. Isolieren Sie also jene Faktoren, die wirklich wichtig sind, entwickeln Sie ein Gefühl dafür, worum es eigentlich geht, überprüfen Sie Ihre Vorannahmen, treffen Sie eine Entscheidung und bewerten Sie alles neu, sobald neue Informationen zur Verfügung stehen. Besonders wichtig ist, dass Sie lernen, die Unsicherheit zu lieben.

ZUSAMMENFASSUNG

1 Mit einer probabilistischen Einstellung sind Sie für die Unsicherheiten und Kompliziertheiten des algorithmischen Zeitalters besser aufgestellt. Versuchen Sie nicht, immer recht zu haben – wer probabilistisch denkt, versucht, mit der Zeit weniger oft falschzuliegen.

2 Die Fähigkeit Ihrer Organisation, neue Daten und Einsichten schnell zu integrieren, entscheidet darüber, wie gut Sie mit Unwägbarkeiten zurechtkommen. Ohne eine clevere Strategie für Ihre Meetings gefährden Sie Ihre Fähigkeit, Informationen effektiv zu teilen, Projekte zu managen und Entscheidungen zu fällen.

3 Eine Entscheidungsprüfung durchzuführen erlaubt Ihnen, zu erkennen, welche Entscheidungen wirklich wichtig sind und welche sich automatisieren oder delegieren lassen. Je weniger unwichtige Entscheidungen ein Mensch treffen muss, desto mehr kann er sich um die wichtigen kümmern.

4 Einen algorithmischen Beraterstab oder Brain Trust zusammenzustellen ist eine gute Möglichkeit, die Anwendung von Daten und KI in Ihrer Organisation zu teilen und zu systematisieren.

5 Der wahre Wert von Experimenten besteht nicht darin, Lösungen zu finden, sondern bessere Fragen. KI führt nicht automatisch zu Innovationen; sie unterstützt Wirtschaftsführer dabei, sich auf diejenigen Themen und Vorstellungen zu konzentrieren, die eine nähere Erkundung lohnen.

FRAGE

Wie bringen Sie eine Kultur des Experiments in Einklang mit dem Wunsch nach einer langfristigen Zukunftsvision?

Teil 2:

(VER)ÄN-DERN SIE IHRE ARBEIT

5

MACHEN SIE IHRE FIRMENKULTUR ZUM BETRIEBSSYSTEM

„Die technische Seite ist einfach. Deutlich schwieriger ist es, Klarheit über die sozialen und institutionellen Strukturen rund um die Technik zu gewinnen."

JOHN SEELY BROWN

Erst die Prinzipien, dann die Prozesse

Die Arbeit verändert sich. Nicht nur, weil wir über neue Technologien verfügen, die effektiver sind und automatisch ablaufen, sondern auch, weil das Wesen der Geschäftstätigkeit selbst komplexer wird, unvorhersagbar und dynamisch.

Es ist schon eigentümlich: Je mehr wir die Arbeit und die Entscheidungsfindung automatisieren, desto wichtiger wird es, auf die übrigen, von Menschen ausgeführten Tätigkeiten größte Sorgfalt zu verwenden. Keinesfalls sollten wir die Kreativität und die Beweglichkeit des menschlichen Geistes unterschätzen! Selbst wenn die Leistungsfähigkeit der KI weiter zunimmt, wird es Aufgaben, Entscheidungen und Tätigkeiten geben, die Maschinen nicht ausführen können. Je größer die Zahl der Dinge ist, die von Maschinen übernommen werden, desto mehr wächst die Bedeutung der Aufgaben, die weiterhin den Menschen übertragen bleiben.

Wie also sollen algorithmische Führer ihre Teams in dieser neuen Umgebung anleiten? Brauchen wir extrem strukturierte Workflows, Leistungsindikatoren und Prozesse? Oder einfach nur flexible Prinzipien, die wir zur Grundlage unseres Verhaltens machen?

Das sind wichtige Fragen, über die es nachzudenken gilt, weil sie den Kern dessen berühren, was Firmen im 21. Jahrhundert von Firmen des 20. Jahrhunderts unterscheidet. Sie denken vielleicht, der Unterschied ist rein technischer Natur. Softwareanbieter versprechen Ihnen größere Produktivität, bessere Zusammenarbeit und erhöhtes Mitarbeiterengagement, wenn Sie Ihre Systeme aktualisieren. Aber so einfach ist das nicht!

Sie können sich den Weg ins 21. Jahrhundert nicht erkaufen. Natürlich können Sie Millionen für die Aufrüstung Ihrer Systeme ausgeben, aber es wird sich nichts ändern, wenn Sie nicht die harte Arbeit investieren und darüber nachdenken, wie Ihre Leute miteinander umgehen, wie sie Probleme lösen und Ideen entwickeln sollen. Die technische Entwicklung mag vielleicht die Hardware Ihrer Geschäftstätigkeit verändert haben, aber im Grunde genommen ist Ihre Firmenkultur Ihr Betriebssystem.

Eine großartige Firmenkultur bekommen Sie nicht „einfach so". Und ich sage Ihnen nicht, wie es geht. Das müssen Sie und Ihr Team selbst herausfinden. Über das Thema sind jede Menge Bücher geschrieben worden. Sie könnten sie alle lesen und immer noch nicht wissen, wie Sie es anstellen sollen. Der Grund dafür ist einfach: Firmenkultur ist wie die Kultur eines Landes. Paris in Texas wird niemals wie Paris in Frankreich sein.

Das wahre Geheimnis eines erfolgreichen Kulturwandels besteht darin, die Verhaltensweisen, Muster und Einstellungen zu finden und zu verstärken, die bereits für Sie funktionieren, nicht darin, die Werthaltungen einer anderen Firma einfach zu übernehmen. Das heißt, Sie sollten zwar vermeiden, den Ansatz einer anderen Firma blind zu kopieren, aber Sie können von den Erfahrungen und Kämpfen anderer algorithmischer Führer durchaus etwas lernen. Einige Faktoren, die Auswirkungen auf die Kultur am Arbeitsplatz haben, werden Ihnen vertraut sein, aber im Licht von Daten und KI stellen sie sich anders dar.

Ein guter Ausgangspunkt ist die Frage der Kontrolle. Entwickeln Sie eine perfekte Vorstellung davon, wie Leistungsfähigkeit auszusehen hat, und bringen dann Ihr Team dazu, sich danach zu richten? Oder geben Sie Ihren Leuten die Freiheit, zu tun, was sie für das Beste halten?

Eines der einflussreichsten Dokumente darüber, wie man Menschen im algorithmischen Zeitalter führen sollte, stammt von Netflix. Dieses Dokument, das millionenfach auf SlideShare geteilt wurde und 124 Seiten umfasst, heißt *Netflix Culture: Freedom & Responsibility*. Die Verfasserin, Patty McCord, war 14 Jahre lang als Personalentwicklerin für Netflix tätig. Facebook COO Sheryl Sandberg nannte das *Netflix Culture Deck*, wie es auch genannt wird, „das wichtigste Dokument, das je im Valley verfasst wurde".

Das „Deck" lohnt eine Lektüre. Einige Ideen wurden von McCord in *Powerful* weiterentwickelt. Dort erläutert sie, bei Netflix habe sie gelernt, die aufwendige, umständliche Art der Personalführung des 20. Jahrhunderts sei nicht länger ausreichend, um im 21. Jahrhundert zu überleben. Anstatt jedoch ein kompliziertes neues Modell zu entwickeln (wie beispielsweise die Holokratie), tat man bei Netflix das Gegenteil. Immer mehr Leitlinien, Prozesse und Ablaufvorschriften wurden abgeschafft, damit die Leute nach Maßgabe ihrer eigenen Vorstellungen arbeiten konnten.

McCord ist der Ansicht, dass viel zu viele Firmen versuchen, Entscheidungen nach den Prinzipien von Befehl und Kontrolle mit Begriffen wie „Engagement der Mitarbeiter" und „Mitarbeiter stärken" schönzureden, indem sie Boni und Gehälter aufgrund einer Leistungsbeurteilung am Jahresende zahlen oder „attraktive" Aktivitäten am Arbeitsplatz anbieten. Die falsche Grundannahme dabei ist, dass Menschen Anreize brauchen, um sich der Arbeit zu widmen, und dass man ihnen sagen muss, was sie tun sollen. Bei Netflix haben sie herausgefunden: Wenn man den Mitarbeitern einen Kernbestand an Verhaltensrichtlinien an die Hand gibt und ihnen dann die Freiheit lässt, danach zu handeln, sind die Teams „ganz von allein" motiviert, proaktiv und letztlich auch erfolgreich.

Entscheidend sind die *Prinzipien*, nicht die *Prozesse*.

Unscharfe Leitbilder eignen sich nicht als Prinzipien. Sie müssen so konkret sein, dass sie nützlich sind, aber flexibel genug, um auf ganz unterschiedliche Bedingungen Anwendung zu finden. Eine Liste von Allgemeinplätzen führt nicht zu einem Kulturwandel. Selbst Enron und Bear Stearns hatten ihre eigenen Werthaltungen, auch wenn sie ihnen am Ende nicht viel genützt haben. Die 14 Führungsprinzipien von Amazon funktionieren, weil sie eine Festschreibung nützlichen Verhaltens sind, das bereits täglich in der Firma praktiziert wird. Werfen Sie einmal einen Blick darauf! Die Lektüre ist interessant und man kann darüber mit den Kollegen diskutieren.

Die Geschichte, wie Jeff Bezos die 14 Gründungsprinzipien von Amazon auf einer Serviette notierte, als er die Firma ins Leben rief, wird so nicht stimmen – aber es kann kein Zweifel daran bestehen, dass seine Prinzipien von Führungskräften und Teams begeistert übernommen wurden.

Nehmen wir beispielsweise Prinzip Nr. 1: die 100-prozentige Kundenorientierung. Der Wortlaut ist wie folgt: „Leader fangen beim Kunden an und arbeiten von dort aus rückwärts. Sie arbeiten stetig daran, das Vertrauen unserer Kunden zu gewinnen und zu bewahren. Leader behalten Mitbewerber im Blick, aber der Kunde bleibt immer im Fokus."

Viele Firmen denken ähnlich über ihre Kunden, nehmen jedoch nicht die gleichen Mühen auf sich wie Amazon, um diese Werte mit Leben zu erfüllen. Wenn beispielsweise bei Amazon ein neues Produkt geplant wird, muss das beteiligte Team ein Dokument namens PR-FAQ liefern, eine imaginäre Presseerklärung mit einer Beschreibung des Produkts und einer Liste der möglichen Kundenfragen dazu.

Andere Werte wie Prinzip Nr. 13: „Zeigen Sie Rückgrat, vertreten Sie Ihre Meinung und tragen Sie getroffene Entscheidungen mit" sind vielleicht weniger naheliegend, gehören jedoch genauso zur Kultur der Entscheidungsfindung bei Amazon. In einem Brief an die Aktionäre zum Thema von Prinzip Nr. 13 erklärte Bezos: Ihm sei nicht daran gelegen, dass sein Team Zeit darauf verschwende, ihn von einer Entscheidung zu überzeugen, die er einfach anders sehe. Daher unterstütze er sie einfach und gebe ihnen die Chance, ihn vom Gegenteil zu überzeugen. Als Beispiel beschreibt er die Entscheidung, ein bestimmtes Amazon-Studios-Originalprogramm auf den Weg zu bringen.

„Ich habe dem Team gesagt, wie ich das sehe: Man weiß nicht, ob es interessant genug ist, die Produktion wird kompliziert, die Vertragsbedingungen sind nicht wirklich gut und wir haben reichlich andere Möglichkeiten. Sie sahen das völlig anders und wollten das Projekt durchziehen. Ich schrieb sofort zurück: ‚Ich stimme nicht mit euch überein, gebe mein Okay und hoffe, es wird die meistgesehene Produktion, die wir je gemacht haben.' Bedenken Sie, wie viel langwieriger der ganze

Entscheidungsprozess gewesen wäre, wenn das Team mich erst hätte überzeugen müssen, anstatt einfach nur mein Okay einzuholen."

Darum geht es, wenn man nach Prinzipien regiert und nicht nach Prozessen: Man muss einfach hinter ihnen stehen. Zu viele traditionelle Wirtschaftsführer behaupten, sie würden ihren Kunden dienen oder innovatives Denken fördern, aber wenn sich die Gelegenheit bietet, den Teams den Rücken zu stärken und auf ihr Urteil zu vertrauen, werden sie den eigenen Vorstellungen nicht gerecht, indem sie weder die richtigen Mittel noch die benötigte Unterstützung bereitstellen.

Seien Sie Gärtner, nicht Gefängniswärter

Daniel Hulme gründete seine Firma mit einem deprimierenden Gedanken: Laut seinen Berechnungen hatte er nur noch 700 Monate zu leben.

Zu jener Zeit war Hulme Anfang 20 und schrieb gerade seine Doktorarbeit über Optimierung am University College London. Schon früh hatte Hulme begonnen, sich dafür zu interessieren, wie das Universum funktioniert und was es bedeutet, ein Mensch zu sein. Deswegen hatte er sich mit der Komplexitätstheorie und künstlicher Intelligenz beschäftigt. Aber es waren seine morbiden Gedanken über die flüchtige Natur der Zeit, die ihn über das Programmieren hinaus auf die großen Philosophen blicken ließen – die Griechen, die Stoiker, die Existenzialisten – auf der Suche nach einleuchtenden Antworten. In jenen Schriften begegnete ihm ein universelles Prinzip, das noch heute wahr ist: Letztlich geht es im Leben darum, das Glück zu mehren und das Leid zu verringern. Oder, kurz gesagt, der Sinn des Lebens besteht darin, *das Gute zu maximieren.*

Als er darüber nachdachte, begriff Hulme, dass das akademische Leben kein zufriedenstellender Weg war, wenn man Probleme in der realen Welt lösen und das Leid verringern wollte. Daher schuf er Satalia, eine Firma, deren Anliegen zunächst darin bestand, akademische Algorithmen in der Welt zur Anwendung zu bringen. Eigentlich war Satalia für Hulme jedoch ein Vehikel, um zu verstehen, was Menschen antrieb und sie glücklich machte, um etwas über die Dynamik von Wissenschaft, Handel, Gesellschaft und Wirtschaft zu lernen. Durch Daten und Verschlüsselungen hoffte er, zumindest ansatzweise zu verstehen, wie das Universum funktioniert.

Als Hulme mich in London besuchen kam, fragte ich ihn nach den Werten, die in der Kultur seiner Firma verankert sein. Bei Satalia arbeiteten rund 80 Leute ohne Manager, Hierarchien oder zentrale Leistungsindikatoren. Hulme beschrieb das so: Jeder sei vollständig frei, zu tun, was er wolle. Selbst als Praktikant könne man bei Satalia Geld ausgeben. Das bedeutet aber nicht, dass es sich um eine anarchische Kommune voller Kombucha trinkender Hipster handelt, die auf Firmenkosten chillen. Hinter der Ebene des Vertrauens gibt es eine ausgesprochen differenzierte algorithmische Infrastruktur. Die Firma untersucht mithilfe maschinellen Lernens, wie die Mitarbeiter quer durch die Firma vernetzt sind und wer über die benötigte Expertise verfügt, um bestimmte Entscheidungen zu treffen.

Zur Veranschaulichung erläuterte Hulme, seine Firma habe kürzlich eine Übung durchgeführt: Jedes Firmenmitglied habe eine öffentliche Empfehlung abgegeben, wie hoch das eigene Gehalt sein sollte. Danach bewertete jeder die Selbsteinschätzung der anderen: Sollte das Gehalt so bleiben, höher oder niedriger ausfallen? Bei dieser Abstimmung berechnete sich das Gewicht der eigenen Stimme danach, wie eng man mit der betreffenden Person im letzten Jahr zusammengearbeitet hatte und wie hoch das eigene Ansehen als strategischer Entscheider war.

Für Hulme ist die Organisationsstruktur von Satalia der Versuch, herauszufinden, wie man die Entscheidungsfindung in einer Organisation dezentral gestalten und Verantwortung neu verteilen kann, während man gleichzeitig den Prozess sichtbar macht. Beispielsweise war ein Ergebnis des Experiments zur Gehaltshöhe, dass die Frauen in der Firma sich zu niedrig einschätzten. Als man dieses Ergebnis dem Rest der Mitarbeiterschaft vorlegte, sprachen sie sich für eine Gehaltserhöhung der Mitarbeiterinnen aus. In einer traditionellen Organisation wäre diese Entscheidung verborgen geblieben. Dort ist es wahrscheinlich, dass die Gehälter nicht transparent sind und Manager gehaltsbezogene Entscheidungen allein treffen.

Hulme glaubt, der Schlüssel zum Erfolg in einer dezentralen Organisation liegt darin, als Gärtner zu agieren und nicht als Gefängniswärter. Die Aufgabe der Führungskräfte ist nicht, die eigenen Ansichten durchzusetzen und Gefolgschaft einzufordern, sondern vielmehr, einen Nährboden zu schaffen und Raum, in dem die Dinge wachsen können. Im Kontext einer Organisation bedeutet das, den Mitarbeitern Informationen und Mittel zur Verfügung zu stellen, sodass sie die Möglichkeit haben, herauszufinden, wie sie ihre Zeit und Aufmerksamkeit einsetzen wollen, damit sowohl sie selbst als auch die Firma profitieren.

Ali Parsa, der Gründer von Babylon Health, ist ein algorithmischer Führer, dem wir weiter hinten in diesem Buch noch begegnen werden. Als ich ihn interviewte, brachte er eine ähnliche Einstellung zum Ausdruck. Für Parsa ist das „Führen wie ein Gärtner" weniger ein Ausdruck von Bescheidenheit als eine Frage des praktisch Machbaren angesichts exponentieller Wachstumsraten.

„In den meisten Firmen stehen an der Spitze nur ganz wenige Leute", erklärte er. „Das funktioniert, wenn wir Leistungssteigerungen von 10 bis 15 Prozent haben. Aber wenn man es mit 100, 200 oder 300 Prozent im Jahr zu tun hat, ist es für einen einzelnen Menschen schlicht unmöglich, alles im Kopf zu haben. Dann ist man einfach nicht mehr der Drahtzieher, sondern der Gärtner. Man muss eine Umgebung schaffen, in der jede Pflanze nach ihren eigenen Maßgaben wachsen kann."

Interessanterweise stammt Parsas Lieblingsbeispiel für die Macht der dezentralen Kontrolle nicht aus der heutigen Zeit. Er war fasziniert vom Anwachsen des britischen Weltreiches, das sich im Lauf von 100 Jahren ausdehnte, bis es mehr als 20 Prozent der Landfläche des Planeten verwaltete, ohne direkte Kontrolle von London aus. Seeräuber, Kaufleute und seefahrende Händler hatten jede Menge eigenen Handlungsspielraum; die Expansion organisierte sich in gewisser Weise selbst.

Bis es zu einer grundlegenden Veränderung des Managementmodells kam. Nach Parsas Ansicht war eine der Hauptursachen für den Zusammenbruch des britischen Weltreiches die Erfindung des Telegramms. Als Nachrichten nicht mehr per Schiff überbracht wurden und sich die Übertragungszeit damit von bis zu sechs Monaten auf ganze sechs Minuten verringerte, fiel alles auseinander. Weil, so Parsa mit leicht ironischem Grinsen, das Zentrum plötzlich anfing, allen Beteiligten detaillierte Vorgaben zu machen.

Gestalten Sie Ihre Teams so, dass sie Erfolg haben

Wirtschaftsführer tüfteln gern an der Gestaltung ihrer Teams herum. Steve Jobs war bekannt dafür, dass er darauf bestand, Meetings sollten Treffen kleiner Gruppen besonders cleverer Leute sein. Er hatte kein Problem damit, jemandem mitzuteilen, wenn der nicht erwünscht war. Bei Jeff Bezos war es die Zwei-Pizza-Regel, die verhindern sollte, dass die Leute Zeit darauf verschwendeten, einen Konsens zu finden. Auch wenn sie ihren Teams die Freiheit einräumen, sich selbst zu organisieren, experimentieren algorithmische Führer häufig mit Arbeitsdesign und Arbeitsstrukturen.

Ein interessantes Beispiel für Teamdesign ist die Vision von Johnson & Johnson, dem weltweit führenden Hersteller von Kontaktlinsen. Vor einigen Jahren verkündete J&J Vision die Absicht, über den Kontaktlinsenmarkt hinaus zu expandieren und bis zum Jahr 2030 Weltmarktführer im Bereich Augengesundheit zu werden. Dazu würde eine Umsatzsteigerung um 4 Milliarden Dollar im Jahr nötig sein, wesentlich mehr als die branchenüblichen Steigerungen von 5 Prozent. Ein Teil dieses Wachstumsziels würde aus dem Verkauf weiterer traditioneller Augenprodukte stammen, der größere Teil jedoch aus Zukäufen und Innovationen im Bereich Augengesundheit, etwa aus der Behandlung von Linsentrübungen und Glaukomen.

Weil ich mehrfach eingeladen war, bei J&J über die Zukunft der algorithmischen Führung zu sprechen, lernte ich Aldo Denti kennen, als Vizepräsident zuständig für die weltweite Franchise-Entwicklung. Denti wuchs in Kanada auf. Sein Vater war Arzt, seine Mutter Krankenschwester. Als Denti 16 Jahre alt war, starb sein Bruder an Leukämie, ein schwerer Schlag für die Familie, der dazu führte, dass er eine Karriere im Gesundheitswesen einschlug und schließlich bei J&J landete.

Angesichts derart kühner Zielvorgaben für 2030 war Denti klar, dass dramatische Veränderungen nötig waren. Bei J&J musste künftig anders gearbeitet werden. Amazon und Walmart unternahmen bereits erste Schritte in Richtung Gesundheitswesen. Nike hatte Zodiac erworben, eine führende Firma bei der Analyse von Kundendaten. Domino's war zur Technologiefirma geworden, indem man sich auf technologiebasierte Kundenerfahrungen konzentriert hatte. Selbst Pepsi hatte ein 200 Personen starkes E-Commerce-Team aufgebaut, um Amazon Konkurrenz zu machen. Aus Dentis Sicht waren alle diese Firmen und ihre Teams sowie ihre traditionellen Konkurrenten beweglicher, anpassungsfähiger und datengesteuerter als seine Teams bei J&J.

2014, als Denti begann, über das Problem „Teamdesign" nachzudenken, war die Firma geprägt von Hierarchiedenken und einem siloartigen Betriebsmodell. Zwar gab es Druck auf einzelne Marken, kundenorientierter zu denken und die Kommunikation über digitale Plattformen abzustimmen, aber J&J war einfach nicht so organisiert, dass die verschiedenen Funktionsbereiche wirklich miteinander redeten.

Denti versuchte zunächst, Innovation in Gang zu bringen, indem er ein sogenanntes „dreibeiniges Stuhlmodell" testete. Es brachte Forschung & Entwicklung, Marketing und die Leute von der Zulieferkette zusammen, um den Innovationszyklus zu beschleunigen und innerhalb von 18 Monaten eine neue Tageskontaktlinse auf den Markt zu bringen. Weil man nicht auf die Zustimmung anderer Firmenbereiche warten musste, gelang es diesem kleinen, dynamischen Team, sein Ziel zu erreichen und fast zwei Jahre Zeit einzusparen.

Mit diesem Erfolg in der Tasche startete J&J ein neues Projekt. Dieses Mal wurde ein kleines, funktionsübergreifendes Team gebildet, um neue

Technologien auszuloten, beispielsweise fotochrome Kontaktlinsen. Die Initiative hatte keinen Erfolg. Das Team verfügte weder über die nötigen Mittel noch über die nötige Autorisierung. In der Führungsebene herrschte keine Einigkeit, was das Team eigentlich liefern sollte, und es war nicht mit den richtigen Leuten aus den verschiedenen Bereichen besetzt. Weil zudem Führungslücken auftraten, wurde nicht viel erreicht. Für Denti hieß das: Ohne die richtige Bereitstellung von Mitteln und die Auswahl der richtigen Teamangehörigen und ihrer Unterstützer auf der Entscheiderebene war ein Erfolg nicht möglich.

Aufgrund der Erfahrungen aus den beiden Experimenten entwickelten Denti und sein Team das „Pod-Team-Konzept", speziell für Beauty-Kunden in Asien. Bei J&J war bekannt, dass Beauty-Kunden der Jahrgänge 1980 bis 2000 in Asien eine andere Einstellung hatten als im Westen. Im Osten liegt der Schwerpunkt mehr auf dem persönlichen Ausdruck und größerer Schönheit, weniger auf der Freiheit, die das Tragen von Kontaktlinsen mit Stärke mit sich bringt. Bisher war es J&J nicht möglich gewesen, genau diese Kunden zu gewinnen, daher wollte man die Dinge in diesem Bereich jetzt beschleunigen, nicht nur durch Innovation, sondern auch indem man ein digitaleres Modell der Kundenbindung mit Influencern und sozialen Plattformen wählte.

Der Beauty-Pod, den Denti ins Leben rief, war ein Erfolg. Mit seiner Kernbesetzung von zwölf Mitarbeitern hatte der Pod eine strategische Ausrichtung auf ein klares Ziel: Entwickelt neue Kontaktlinsen über den Beauty Channel, die gleichzeitig der Acuvue-Marke zugutekommen. Dieses Mal holte Denti die richtigen Leute ins Boot, die Forschung & Entwicklung war dabei, Marketingfachleute aus der Region und ein Experte für die Lieferkette; sie alle waren der gleichen Person verantwortlich (einem erfahrenen Marketingstrategen aus Japan). Dieser Pod-Leader bekam finanzielle und kommunikative Unterstützung. Der Beauty-Pod war fast so etwas wie ein Pop-up-Geschäftsbereich, eigens entwickelt, um ein ehrgeiziges Ziel innerhalb festgesetzter Zeit zu erreichen.

„Was Sie außerdem verstehen müssen", sagte Denti, als er am Ende der Geschichte angekommen war, „ist Folgendes: Der wichtigste Impuls für die Pod-Struktur war, dass wir verstanden haben, dass Algorithmen, KI und maschinelles Lernen im Zentrum unserer neuen Arbeitsweise stehen. Deshalb haben wir gesagt, um den Daten wirklich Leben einzuhauchen, müssen wir sie mit den richtigen Leuten umgeben, die nicht nur technisch damit umgehen können, sondern damit auch etwas Interessantes anzufangen wissen.

In der alten Welt hat man Daten aus Analysen und Einsichten gewonnen. Man ist in die Datenabteilung gegangen, um zu holen, was man brauchte. Dann konnte man zurückgehen ins Marketing, beispielsweise, und versuchen, etwas auf die Beine zu stellen. Aber so funktioniert die neue Welt nicht mehr.

Die neue Vorgehensweise bedeutet, dass man den IT-Spezialisten, den Algorithmus und die Maschine ins Zentrum der Aufgabe rückt. Das Vorhaben, das man verfolgt, setzt man sich zum Ziel. Dann stattet man dieses Ziel mit den Leuten aus, die mit den Daten umgehen können, und lässt sie loslegen. Unser Pod-System beruht auf datenwissenschaftlichen Erkenntnissen und maschinellem Lernen. Jeder einzelne Pod muss in die Daten und die Datenwissenschaft eingebunden sein, das ist unser Prinzip."

Schaffen Sie neue Räume für clevere Ideen

Mitte des Jahres 2016 begann IBM, die Leute ins Büro zurückzuholen.

Jeff Smith, der CIO von IBM, war entschlossen, seine Firma beweglicher zu machen. Seiner Ansicht nach sollte mehr Arbeit von kleinen Teams erledigt werden, die dauerhaft an Projekten zusammenarbeiteten und auf der Grundlage von Daten Entscheidungen trafen. Das bedeutete, die Leute mussten mehr Zeit im Büro verbringen.

Viele Angestellte von IBM arbeiteten seit Jahren erfolgreich von zu Hause aus, doch als die Firma recherchierte, welche Teams besonders innovativ, originell und erfolgreich waren, stellte man fest, dass es in der Regel Teams waren, die sich gemeinsam an einem Ort befanden. Smith formulierte das so: „Die Leader müssen bei ihren Gruppen sein und die Gruppen müssen an einem Ort sein."

Tele-Arbeit war bei IBM seit Langem Alltag. Bereits in den 1980er-Jahren waren in den Häusern mancher Mitarbeiter Computerterminals installiert worden. 2009, als viele Firmen noch darauf bestanden, dass ihre Belegschaft sich auf dem Campus oder im Büro zum Arbeiten blicken ließ, arbeiteten 40 Prozent der 386 000 Angestellten von IBM von zu Hause aus. Aber in einer Zeit, als die Firma neue Ideen und bahnbrechende Innovationen brauchte, hofften die Chefs, wenn man die Leute wieder zusammenholte, würde das den benötigten Produktivitätszuwachs bringen.

Mit diesem Versuch, den Arbeitsplatz neu zu beleben, stand IBM nicht allein. Die Idee, clevere Leute zusammenzustecken, um Kreativität in Gang zu setzen, ist wirklich nicht neu. Selbst im städtischen Maßstab gibt es Hinweise, dass Konzentration zu fruchtbaren Verbindungen führt. Einflussreiche urbane Theoretiker des 20. Jahrhunderts wie Jane

Jacobs und Wirtschaftswissenschaftler wie Robert Lucas Jr. behaupten beispielsweise, dass eine dichte Besiedlung mit talentierten Arbeitskräften die lokale Wirtschaft und das innovative Denken voranbringt. Könnten Algorithmen und Daten Wirtschaftsführer vielleicht ebenfalls dabei unterstützen, optimale Bedingungen für ein solches Ergebnis zu schaffen?

Bei einem Besuch in Seattle verbrachte ich einige Zeit mit Dan Anthony und Sean McKeever, zwei Architekten und Führungskräften des Design Computation Teams von NBBJ, einem weltweit agierenden Architekturbüro, das von Technologiefirmen wie Google oder Amazon in den USA und Alipay oder Tencent in China eingesetzt wird.

NBBJ verwendet zunehmend algorithmische Programmiergerüste, um Klienten bei der Neugestaltung ihres Arbeitsumfelds zu unterstützen. Bei diesem Ansatz, der auch als parametrisches Design bekannt ist, wird mit Algorithmen und Computermodellen simuliert, wie die Bewohner eines Gebäudes die Räume nutzen. Ein parametrisches Modell kann beispielsweise dazu dienen, geometrische Vorgaben mit Daten zu verbinden, um besondere Ansprüche zu berücksichtigen, etwa wenn es um die Aussicht aus verschiedenen Büros geht. Mit dem Human Experience Toolkit hat NBBJ die Palette der möglichen Fragestellungen noch erweitert.

NBBJ arbeitet mit Neurowissenschaftlern und Psychologen zusammen und verankert gewonnene Einsichten in das menschliche Verhalten als Variable in Arbeitsplatzmodellen. So lässt sich beispielsweise ein Grundriss im Hinblick auf die Möglichkeiten der Zusammenarbeit algorithmisch optimieren, ausgehend davon, wie einfach es für die einzelnen Teamangehörigen ist, einander zu treffen.

Alternativ kann man den Grundriss im Rahmen der Prospect-and-Refuge-Theorie im Hinblick auf Aussicht und Zuflucht optimieren. Diese Theorie des menschlichen Verhaltens geht davon aus, dass derjenige Teil unseres Gehirns, der sich entwickelt hat, als wir in der Savanne lebten, immer noch unsere Reaktionen am Arbeitsplatz bestimmt. Menschen fühlen sich sicherer und wohler, wenn sie ihre Umgebung überblicken (Aussicht) und ein gutes Versteck (Zuflucht) finden können. Algorithmisches Design macht es möglich, diese Einsichten in das menschliche Verhalten umzusetzen und in der Realität unserer Arbeitsumgebung zum Leben zu erwecken.

Design spielt nicht nur eine Rolle, wenn es darum geht, Teams zu bilden, sondern auch, wenn es um die Umgebung geht, in der diese Teams arbeiten sollen. Erfolg und cleveres Denken brauchen optimale Bedingungen. Die Renovierung des Büros reicht dabei möglicherweise noch nicht aus. Vielleicht müssen Sie einen Weg finden, Ihre eigene Kultur zu hacken.

Verändern Sie Ihre Firmenkultur mithilfe von Daten

Als Wirtschaftsführer ist Jim Barksdale eine höchst widersprüchliche Mischung aus Südstaatencharme und rücksichtslosem Geschäftssinn. Er hat als COO bei FedEx und als CEO bei AT&T Wireless gearbeitet. Und besonders bekannt ist er wohl, weil er Netscape vom Dotcom-Startup bis zum Verkauf an AOL betreut hat. Ihm wird eins meiner Lieblingszitate zugeschrieben: „Wenn wir Daten haben, sollten wir uns die Daten ansehen. Wenn wir bloß Meinungen haben, nehmen wir meine."

Verhaltensweisen in einer Organisation zu verändern ist nicht leicht, wenn man keine Fakten hat, über die man reden kann. Wenn Sie versuchen, Ihre Firmenkultur nur mit Anekdoten zu verändern, mit Informationen vom Hörensagen und Meinungsäußerungen, wird vermutlich nicht viel dabei herauskommen.

Deshalb greifen algorithmische Organisationen immer häufiger auf Daten zurück, um zu verstehen, was ihre Teams und Mitarbeiter erfolgreich macht. Vor allen Dingen Google hat angefangen, Langzeitstudien zum Thema Leistungsfähigkeit durchzuführen (siehe die Erläuterungen zum Projekt Aristoteles in Kapitel 4), aber das ist keine Ausnahme.

Als Ben Waber mit der Forschung für seine Doktorarbeit am MIT Media Lab begann, stieß er auf umfangreiche Untersuchungen, die zeigten, dass man aufgrund von Veränderungen in der Sprechweise der Menschen vorhersagen konnte, wer erfolgreich aus einer Gehaltsverhandlung hervorgehen würden, wie ein Investor den vorgelegten Businessplan bewerten oder ob ein romantisches Treffen erfolgreich verlaufen würde. Bei diesen Untersuchungen ging es nicht um den Wortlaut selbst, sondern um Veränderungen, die Klangfarbe, Sprechtempo oder Lautstärke betrafen.

Diese Forschungsarbeiten faszinierten Waber und seine Kollegen. Er fragte sich, was wohl passieren würde, wenn man die Signale modifizierte. Folglich entwickelte er ein Programm, in das man Sprache eingeben konnte. Die Software würde dann Parameter wie Überzeugungskraft und Attraktivität verstärken oder abschwächen. Um entsprechende Experimente unter Laborbedingungen durchzuführen, entwickelten Waber und seine Kollegen tragbare Sensoren, die wie ein übergroßes Namensschild um den Hals getragen wurden.

Eines Tages kam ein Professor von der MIT Sloan School of Management im Labor vorbei und war ganz fasziniert von den ID-Sensoren des

Teams. Er erzählte, er habe sich mit einer großen deutschen Bank beschäftigt, sämtliche E-Mail-Daten gesammelt und die Leute täglich Fragebögen ausfüllen lassen, was sie gerade machten. Als er die ID-Ausweise sah, fragte er sich, ob er mit ihrer Hilfe Daten sammeln könnte, wie die Mitarbeiter miteinander umgingen, wenn sie sich am Arbeitsplatz gegenüberstanden – um auf dieser Basis Leistungsfähigkeit, Zufriedenheit am Arbeitsplatz und andere betriebsrelevante Faktoren vorauszusagen. Der Professor fragte Waber, ob er Lust hätte, ihn bei seinem deutschen Projekt zu unterstützen.

Waber war interessiert an dem Angebot, aber auch nervös. Im Labor waren die Sensoren nur zwei Stunden am Stück gelaufen. Wie gut würden sie an einem echten Arbeitsplatz funktionieren, wo die Halsbänder ständig im Einsatz wären?

Trotzdem nahmen Waber und seine Kollegen das Angebot an und reisten nach Deutschland. Sie mussten bis zur letzten Minute arbeiten – im Hotelzimmer, nicht im Labor –, um das Betriebssystem für die Badges fertigzustellen. Als die Daten einzutreffen begannen – fast vier Gigabyte pro Person und Tag –, beschlossen sie, etwas möglichst Einfaches zu analysieren.

Waber und sein Team verfolgten also, wer in der Firma mit wem sprach und wie das soziale Netzwerk der Bank aussah. Auf der Grundlage dieser Kennzahlen versuchten sie dann, subjektive und quantitative Leistungseinschätzungen für verschiedene Angestellte zu prognostizieren sowie die persönliche Jobzufriedenheit einzelner Mitarbeiter. Ein klassisches Beispiel für eine Problemlösung auf der Basis von Wahrscheinlichkeiten!

Zur allgemeinen Überraschung ermöglichten selbst die Daten aus diesen einfachen Interaktionen zwischen den Angestellten eine erstaunlich genaue Leistungsprognose. Insbesondere die Zusammengehörigkeit in der Gruppe, also wie viel die Leute miteinander sprachen, war über alle gemessenen Attribute hinweg der mit Abstand stärkste Prädikator für Leistung. Als die Führungskräfte dieser Multimilliarden-Euro-Bank den Bericht lasen, brachten sie sofort eine komplette Umstrukturierung auf den Weg, aufgrund der Analyse, wie Waber es ausdrückte, von „einem Haufen fortgeschrittener Studenten, die gerade einen Aufsatz geschrieben hatten".

In der Folge gründete Waber zusammen mit Daniel Olguin, Taemie Kim, Tuomas Jaanu und dem MIT-Professor Alex Pentland die Firma Humanyze für die Analyse menschlichen Verhaltens. Mithilfe tragbarer Sensoren gestaltet diese Firma die Firmenkultur und das Betriebsmodell komplett um. Als ich ihn fragte, wie die europäische Bank die Daten aus den Testergebnissen seines Teams in der Organisationsstruktur umgesetzt hätte, erklärte er mir, viele Firmen würden sich auf die höchst unvollständigen Informationen eines Organisationsplans verlassen.

„Ein Organisationsplan sagt dir vielleicht, wer was macht", erläuterte Waber, „aber natürlich gibt es da auch noch den Aspekt, wer mit wem zusammenarbeiten sollte. Das hat miteinander zu tun, ist aber nicht dasselbe. Diese Bank hat sich angeschaut, welche Leute unter strategischen Gesichtspunkten zusammenarbeiten sollten. Als sie das wussten, konnten sie diese Mitarbeiter ins gleiche Team oder in den gleichen Teil der Organisation stecken."

Firmen sammeln viele, viele Daten – ob mit oder ohne Absicht – darüber, wie ihre Mitarbeiter arbeiten, mit Kollegen umgehen und Beziehungen zu Kunden herstellen. Trotz dieser Datenmengen gibt es laut Waber grundlegende Fragen, die fast keine Firma heute beantworten kann. Zum Beispiel: Wie häufig sprechen die Leute aus dem Vertrieb mit den Ingenieuren? Wie lange sollte ein Verkäufer mit einem Kunden sprechen? Obwohl es sich um Kernfragen handelt, können die meisten Führungskräfte einfach nur raten, was passiert oder welches der richtige Wert wäre.

Für Waber besteht der Schlüssel zur Veränderung der Firmenkultur und zu klügeren Betriebsentscheidungen darin, genaue Daten über die Arbeit der Menschen zu sammeln und zu analysieren. Selbst eine Entscheidung wie die Einrichtung eines neuen Büros wird einleuchtender, wenn man sich anschaut, wie die Angestellten untereinander vernetzt sind. Typischerweise entscheidet man solche Dinge nach Kostenlage. Wenn man aber tatsächlich messen kann, welche Leute zusammenarbeiten sollten und wie sie kommunizieren, kann man deutlich präzisere betriebliche Entscheidungen über die räumliche Anordnung treffen.

Als Beispiel erzählte Waber mir die Geschichte der Boston Consulting Group (BCG). Dieser Klient plante, 1000 Menschen im Raum New York in ein neues Büro umzusiedeln. Die Firma verfolgte bestimmte Verhaltensziele, die in dem neuen Büro erreicht werden sollten. Beispielsweise wollte man sicherstellen, dass die Softwareentwickler, die kundenspezifische Analysen und Programme für die Klienten erstellen, mindestens 40 Prozent ihrer Zeit störungsfrei und konzentriert arbeiten konnten.

Bedauerlicherweise sank der Zeitwert für die konzentrierte Arbeit jedoch auf 20 Prozent, als die Teams in das neue Gebäude umgezogen waren. Nachdem man sich die Daten von Wabers schlauen Halsbändern angesehen hatte, wurde der Firma klar, dass das mit der räumlichen Anlage des Büros zu tun hatte. Die Programmierer saßen direkt neben der Kantine. Jedes Mal, wenn jemand sich einen Kaffee holte, schaute er auf einen Schwatz vorbei. Als die BCG-Chefetage die Daten sah, wurden

Wände aus Stoff eingezogen. Bereits in der nächsten Woche hatte sich die Arbeitszeit fast verdoppelt.

Es ist keine leichte Aufgabe, ein kulturelles Betriebssystem zu etablieren, in dem Ihre besten Mitarbeiter sich wohlfühlen. Das lässt sich nicht einfach durch eine bessere technische Ausstattung erreichen oder indem man blind nachahmt, was eine andere Firma vormacht. Was für Sie und Ihr Team funktioniert, ist einzigartig – für Sie und in Ihrer Situation.

Die gute Nachricht ist, dass die Grundlage für Ihren künftigen Erfolg bereits vorhanden ist: Sie liegt in den Interaktionen und Verhaltensweisen Ihrer besten, innovativsten Mitarbeiter. Wenn Sie alles richtig machen – die Werte, das Teamdesign, das Mentoring, die Arbeitsumgebung, die algorithmische Analyse und die Daten –, gelingt es Ihnen vielleicht, diesen Wert noch zu verbessern, bis alle Mitarbeiter zu diesem Kreis gehören.

ZUSAMMENFASSUNG

1 Die technische Entwicklung mag die Hardware Ihrer Geschäftstätigkeit verändert haben, aber die Firmenkultur ist Ihr wahres Betriebssystem. Um eine effektive Kultur zu gestalten, müssen Sie die richtigen Prinzipien identifizieren und großschreiben und nicht Ihre Leute durch komplizierte Abläufe kontrollieren.

2 Algorithmische Führer können mithilfe von Daten und maschinellem Lernen autonome und dezentrale Arbeitsumgebungen für ihre Teams schaffen. Es ist besser, ein Gärtner zu sein, der eine fruchtbare Umgebung für das persönliche Wachstum schafft, als ein Gefängniswärter, der für die Einhaltung der Regeln sorgt.

3 Durch kluges Teamdesign können Sie kulturellen Wandel bewirken. Aldo Dentis Pod-Teams bei Johnson & Johnson sind ein Beispiel dafür, wie Teamstrukturen Innovation, flexibles Management und eine schnelle Entwicklung befördern können, wenn für den Durchbruch Wachstum gefragt ist.

4 Wo Menschen arbeiten und wie Menschen arbeiten, ist gleich wichtig. In der Zukunft werden wir die Datenwissenschaft und das Computerdesign mit der Verhaltenswissenschaft und der Anthropologie verbinden, um unsere Arbeitsumgebungen algorithmisch neu zu erfinden.

5 Es ist schwierig, mit der kulturellen Transformation zu beginnen, wenn man nicht auf der Grundlage von Fakten darüber sprechen kann, was sich ändern muss. Suchen Sie nach Möglichkeiten, Daten darüber zu sammeln, wie bei Ihnen gearbeitet wird, und verändern Sie auf dieser Basis Ihre Firmenkultur prinzipiell.

FRAGE

Welche Aspekte Ihrer Kultur unterstützen die Transformation und welche sind es, die sie vermutlich zurückhalten?

6

ARBEITEN SIE NICHT, GESTALTEN SIE ARBEIT

„Die digitale Welt fragt nicht nach der IT-Abteilung."
Satya Nadella, CEO von Microsoft

Stellen Sie Ihre Daseinsberechtigung infrage

Die Aufgabe eines algorithmischen Führers ist nicht, zu arbeiten. Eigentlich ist er dafür da, Arbeit zu gestalten.

Anstatt sich Gedanken über die eigene Arbeitsleistung, gemessen an Standardkriterien, zu machen, sollten algorithmische Führer einen Schritt zurücktreten und über die Natur der Arbeit selbst nachdenken.

Wenn traditionelle Wirtschaftsführer sich selbst und andere messen, wenden sie ungewollt Verfahren an, die das Fortbestehen des Status quo festschreiben, statt ihn infrage zu stellen: *Erreichen wir die gesetzten Zielvorgaben? Wie stehen wir da, verglichen mit unseren zentralen Leistungsindikatoren? Übersteigt die Leistung des Teams die Erwartungen? Weist die Umfrage zum Mitarbeiterengagement in diesem Monat nach oben oder nach unten? Wie sieht es mit der Kundenzufriedenheit laut Net Promoter Score aus?*

Leider bestand das „Erledigen von Arbeit" in den letzten 50 Jahren überwiegend darin, Aktivitäten und Ergebnisse an standardisierten Richtwerten zu messen. Besonders umstritten war dabei die Vitality Curve, die in den 1980er-Jahren von Jack Welch bei General Electric entwickelt wurde.

Welchs Vitality Curve, auch bekannt als Forced Ranking (oder als Methode „Yank and Rank"), ist eine Managementpraktik, bei der die gesamte Firma in drei Gruppen eingeteilt wird. Welch bat seine Führungskräfte, die Angehörigen ihrer Teams in regelmäßigen Abständen in Mitarbeiter der Gruppen A, B oder C einzustufen. Die A-Gruppe (die oberen 20 Prozent) waren die besten Mitarbeiter; sie erhielten Beförderungen und höhere Vergütungen. Die nächsten 70 Prozent der Gruppe B galten als brauchbare Mitarbeiter und würden ihre Jobs vermutlich behalten. Die C-Mitarbeiter im unteren Bereich (10 Prozent) sollten dagegen umgehend entlassen werden.

Einmal abgesehen von den negativen Auswirkungen auf die Mitarbeiterkultur und das Potenzial für Diskriminierungen und Racheakte, war das größte Problem der Vitality Curve – die es inzwischen auch bei GE nicht mehr gibt – ihre Pseudowissenschaftlichkeit. Mit dieser Einstufung konnte man nicht feststellen, wer besonders begabt oder leistungsstark war. Die Vitaliy Curve beruhte auf einer falschen Vorstellung davon, was überhaupt gute Arbeit kennzeichnet.

Welchs Leitlinien, was einen A-Mitarbeiter ausmacht, waren bekanntermaßen ungenau. A-Mitarbeiter waren nach seiner Vorstellung „leidenschaftlich", sie sorgten dafür, „dass etwas passierte" und hatten „jede Menge Möglichkeiten". Sie verfügten über „viel Energie" und jede

Menge Charisma; und sie konnten „andere für die gemeinsamen Ziele begeistern". Das hört sich mehr nach einem psychologischen Test an, um herauszufinden, wo in der Abteilung die Soziopathen sitzen, als nach Indikatoren für Höchstleistungen.

Bedauerlicherweise spielt es keine große Rolle, ob Sie ein abstraktes Konzept wie „A-Mitarbeiter" oder eine Kennzahl etwa für Mitarbeiterengagement verwenden; das Problem bleibt dasselbe. Ihre Kennzahlen sind eine Momentaufnahme der Prioritäten in Ihrer Organisation zu einem bestimmten Zeitpunkt. Aber was ist, wenn sich die Dinge ändern?

Ein algorithmischer Führer muss in der Lage sein, immer wieder von der aktuellen Aufgabe zurückzutreten, Abstand zu gewinnen und sich zu fragen: *Ist dies die cleverste Art und Weise, die Dinge anzugehen?* Anstatt einfach nur einen Wert zu erhöhen, die Zeit zu verkürzen oder einen anderen Indikator zu beeinflussen, nimmt der algorithmische Führer die Meta-Perspektive ein und hinterfragt die Annahmen, die dem Job zugrunde liegen.

Die Frage, die Sie sich stellen sollten, lautet nicht: *Bekommen wir Ergebnisse?* Sondern: *Haben wir den richtigen Ansatz?*

Als Joshua Browder lernte, Auto zu fahren, bekam er plötzlich jede Menge Strafzettel für Falschparken. Seiner Ansicht nach waren viele dieser Tickets völlig unberechtigt. Manchmal waren die Parkschilder verwirrend aufgestellt, ein anderes Mal waren sie nicht einmal sichtbar. Browder beschloss, einige der Strafmandate anzufechten, und war überrascht, als er niemanden finden konnte, der ihm dabei half. Schön, es gab einige zweifelhafte Gestalten mit einer Zulassung als Anwalt, die in seinem Namen gegen die Bußgelder vorgehen würden, aber sie verlangten die Hälfte der Beträge als Honorar.

Dabei war Browder bestens aufgestellt, um sich selbst dem Problem zu widmen. Im Alter von zwölf Jahren hatte er sich das Programmieren beigebracht und wusste, wie man ein Problem strukturiert angeht. (Er war, könnte man sagen, von Natur aus ein berechnender Denker.) Als er begann, gegen die Strafmandate Widerspruch einzulegen, fiel ihm auf, dass der Vorgang ausgesprochen formalisiert ablief. Es gab feste Fragen und Antworten, die zu weiteren Fragen führten. Eigentlich ein Prozess, der sich ideal automatisieren ließ.

Mittlerweile war er Student an der Stanford University. Und eines Nachts zwischen null und drei Uhr fand er die Zeit, eine Internetseite namens DoNotPay einzurichten. Seine Anwendung war ein einfacher automatischer Anwalt, der den Leuten dabei helfen sollte, gegen Bußgeldbescheide vorzugehen, wie er selbst sie erhalten hatte. Die Internetseite war ein Riesenerfolg. Seit ihrer Einrichtung im Jahr 2015 hat sie

Autofahrern geholfen, Millionen Dollar an Bußgeldern zu sparen, und sie wurde um weitere Dienste erweitert. Menschen, die vom Datendiebstahl bei Equifax betroffen waren, hilft sie, automatisch vor Gericht zu ziehen, oder sie kümmert sich um die Erstattungen von Flugtickets, wenn die Preise sinken.

Browder zählt zu den wenigen Menschen, deren Wikipedia-Seite Links zu ähnlich berühmten Familienmitgliedern aufweist. Sie alle waren berühmte Mathematiker, Politiker oder sogar Spione.

Sein Vater, Bill Browder, war der Mitbegründer von Hermitage Capital Management, einem Investmentfonds, der einst der größte ausländische Investor in Russland war, während der ersten Privatisierungswelle im Land. Er wurde schließlich aus Russland hinausgeworfen, weil er die nationale Sicherheit gefährdete (wohl weil er Korruption aufgedeckt hatte). Felix Browder, Joshs Großvater, erhielt 1999 die National Medal of Science, eine Auszeichnung, die vom Präsidenten der USA einmal im Jahr an bis zu 20 Wissenschaftler verliehen wird. Felix war ein mathematisches Wunderkind, das mit 17 Jahren ans MIT ging, Pionierarbeit im Bereich nichtlinearer Funktionen leistete und eine Bibliothek von 35 000 Büchern besaß. Der Vater von Felix, Joshuas Urgroßvater, war ebenso einflussreich. Earl Russell Browder war Anführer der kommunistischen Partei in den USA. Während der Weltwirtschaftskrise agierte er lautstark für Arbeiterrechte. Er hat sich sogar zweimal um das Amt des US-Präsidenten beworben und, so stellte sich später heraus, in den 1940er-Jahren als Anwerber für KGB-Agenten gedient.

Josh Browders Geschichte ist interessant, weil seine Einstellung und seine Vorgehensweise genau die Art von Strategie darstellen, die ein algorithmischer Führer wählen sollte, wenn er die festgefahrenen Workflows in seiner Organisation in Angriff nehmen möchte. Nach einer schlaueren Art zu suchen, die Dinge zu tun, ist der erste Schritt auf dem Weg zur Transformation.

Digitale Transformation bedeutet nicht nur, dass Sie Ihre Abläufe automatisieren, sondern auch, dass Sie noch einmal neu durchdenken, was Sie tun. Das ist gewissermaßen die Erweiterung der Logik aus dem Buch *Reeingeneering the Corporation*, das Michael Hammer und James Champy 1993 herausgebracht haben. In diesem bahnbrechenden Werk vertreten die Autoren die Ansicht, dass Firmen Abstand zu ihren Arbeitsabläufen gewinnen müssen, um sich auf die tatsächlichen Zielsetzungen zu konzentrieren, die sie erreichen wollen. Nur dann können Wirtschaftsführer die Workflows in Ruhe betrachten und die erforderlichen Aufgabenstellungen so formulieren, dass die gesetzten Ziele erreicht werden. Die Frage, ob daran Computer beteiligt sein sollten, stellt sich erst, nachdem diese Analyse abgeschlossen ist. 1990 hat Hammer tatsächlich einen Artikel mit dem Untertitel „Don't automate, obliterate" (Nicht automatisieren, ausmerzen) geschrieben.

Die digitale Transformation ist eine komplizierte, verzwickte Umgestaltung, die Wirtschaftsführern mehr abverlangt, als es das BPM Business Process Management je getan hat. Beim BPM ging es letzten Endes darum, Arbeit, die auf Regeln beruhte, zu optimieren und zu automatisieren. Die digitale Transformation beginnt beim Kunden und verlangt vom Leader, darüber nachzudenken, wie man angesichts von Daten, Algorithmen und digitalen Plattformen, die heute zur Verfügung stehen, die gesamte Kundenerfahrung neu konzipieren kann.

Hammer und Champy meinen, wir sollten einfach alle Prozesse eliminieren, die keinen Wertzuwachs bringen. Meiner Ansicht nach sollten algorithmische Führer über diesen Schritt hinausgehen und ihre Zielsetzungen und Prozesse aus der Perspektive des Kunden grundsätzlich neu konzipieren.

Es kann nicht sein, dass die Leute die zugrunde liegenden Strukturen einer Organisation verstehen müssen, um die Dinge zu erledigen. Ob sie eine Finanzierung für ein Auto beantragen, eine Versicherungspolice abschließen oder die Gasrechnung bezahlen – der Vorgang sollte immer intuitiv verständlich sein. Das Gleiche gilt für Ihre Angestellten. Ob Sie einen neuen Computer bestellen, einen Kunden ins System eingliedern oder einen Angestellten befördern, lässt sich mithilfe prädikativer Analyse umgestalten, so dass die Entscheidungen zu den Leuten finden, die sie treffen sollen – und nicht die Mitarbeiter auf die Suche nach der Arbeit gehen müssen.

Die gute Nachricht ist, dass es für Wirtschaftsführer einfacher wird, ihre Arbeit neu zu gestalten, selbst wenn sie kein technisches Fachwissen haben. Die Arbeit entwickelt sich von einer höchst unstrukturierten Aktivität, bei der E-Mails und Tabellen zur Kommunikation und Problemlösung dienten, zu einer strukturierten Erfahrung, einem System, in dem Leader Module zur automatischen Interaktion entwickeln und kombinieren können.

Der Ansatz des „Workdesign" stammt aus dem IT-Bereich, wo die bloße Menge der Hilfeersuchen die Mitarbeiter dazu veranlasste, strukturierte Möglichkeiten zu schaffen, um Nutzern Tickets zuzuweisen, die ihnen die automatische Beantwortung ihrer Anfrage zusicherten. In anderen Geschäftsbereichen – etwa im Marketing, der Finanz- oder Personalabteilung – wird immer noch unstrukturiert gearbeitet, ab man nun telefoniert, Notizen hinterlässt, zu einem Meeting geht oder informell zusammenarbeitet. In einer algorithmischen Organisation gilt, dass

Ihre Algorithmen umso schlauer werden, je mehr Aktivitäten ins System eingehen – und umso leichter wird es für den cleveren Leader, bessere Arbeitsweisen zu gestalten.

Streben Sie nach der großen Lösung

Wenn Sie sich die Zeit nehmen, über eine clevere algorithmische Vorgehensweise nachzudenken, hilft Ihnen das auch, eine möglichst große Lösung zu finden.

Analoge Führer suchen nach einem profitablen Weg, ihre Geschäfte zu führen, um eine vernünftige Rentabilität zu erreichen. Algorithmische Führer versuchen, ein Modell zu entwickeln, das ihnen erlaubt, ihre Dienstleistung weltweit anzubieten.

Die Geschichte von Babylon Health, einem führenden Anbieter von KI-basierten Dienstleistungen im Gesundheitswesen, illustriert in beeindruckender Weise die Vorteile der Algorithmen für eine große Lösung. Zu einer Zeit, in der viele Anbieter medizinischer Dienstleistungen Mühe haben, die Bewohner ihrer Heimatländer ausreichend zu versorgen, begann Babylon als online-basierter Dienstleister, KI-basierte Leistungen in allen Ecken der Welt anzubieten, von Ruanda bis Saudi-Arabien, China oder Großbritannien. Wie konnte die Firma einen solchen Wirkungskreis aufbauen? Am besten versteht man, wie Babylon zu weltweiter Größe gelangte, indem man sich die Geschichte ihres Gründers Ali Parsa anschaut.

Als ich Parsa in seinem Londoner Büro in Chelsea besuchte, erklärte er mir, seine Firma spiegle seine Lebenserfahrung wider. Parsa wurde in Teheran geboren und zog noch als Kind mit seiner Familie an einen Ort am Kaspischen Meer. Sein Vater war Bauingenieur und seine Mutter Kartographin für die Regierung. Ende der 1970er-Jahre war das Leben in diesem Teil des Landes relativ ruhig und friedlich, doch in anderen Landesteilen bahnten sich bereits Veränderungen an. Demonstrationen und Proteste gegen die Regierung nahmen zu.

1979 ging der Schah, der letzte persische Monarch, ins Exil und das Land wurde zu einer islamischen Republik mit Ayatollah Khomeini an der Spitze. Parsa war damals ein junger Teenager und erinnert sich, wie er mit den Menschen auf der Straße feierte, erfüllt von Begeisterung über die bevorstehenden Veränderungen. Als jedoch im Zuge der Revolution Universitäten, Schulen und andere Einrichtungen geschlossen wurden, sah Parsa ein, dass er das Land verlassen musste, wenn er studieren wollte. So emigrierte er, ganz auf sich allein gestellt, mit wenig Geld und ohne Englischkenntnisse nach London. Mit 16 Jahren.

Während der Revolution, als die Schulen geschlossen waren, hatte Parsa sich daran gewöhnt, zu Hause zu lernen. Um einen Weg in das britische Bildungssystem zu finden, tat er das Gleiche. Zwei Jahre lang lernte er zu Hause Englisch und bereitete sich auf die Aufnahmeprüfung an der Universität vor. Mit 18 Jahren schrieb er sich dann am University College London ein, um Bauingenieurwesen zu studieren. Sein Studium schloss er mit einem Doktorgrad in Engineering Physics ab.

Parsa fand nur zu bald heraus, dass es ihm zwar Prestige einbrachte, ein promovierter Akademiker zu sein, aber kein Geld. Daher baute er nebenbei eine Medien- und Eventagentur auf, um seine Lebenshaltungskosten zu decken. Einige Jahre später konnte er sie gut verkaufen. Bei der Transaktion stellte er überrascht fest, dass der Banker, der das Geschäft abwickelte, deutlich mehr pro Stunde verdiente als die Leute, die ihre Arbeitszeit in die Firma gesteckt hatten. Folglich wurde er Banker. Und hasste den Job. Der Bauingenieur in ihm, so sagte er, war frustriert vom Projektcharakter der Arbeit und dem Umstand, dass sich alles nur ums Geld drehte. In seiner Kindheit war es immer nur darum gegangen, Dinge zu bauen. Sein Vater entwarf und baute Straßen und Fabriken, seine Mutter erstellte wunderschöne, detaillierte Karten.

Etwa zu der Zeit, als Parsa auf der Suche nach einer lohnenden Idee war, der er sich verschreiben konnte, musste er sich mehreren Knieoperationen unterziehen – und war schockiert über die Bedingungen selbst in erstklassigen Londoner Privatkliniken. Die durchschnittliche britische Klinik in jener Zeit war 50 Jahre alt, wenn es eine Privatklinik war, und ungefähr 70, wenn es sich um eine öffentliche Einrichtung handelte. Folglich entwickelte er den Plan, Krankenhäuser zu bauen, die modern waren, auf dem neuesten Stand der Technik, und die über eine hochmoderne Verwaltung verfügen würden. Diese neue Firma nannte er Circle und überredete Lehman Brothers und die Royal Bank of Scotland, ihm 500 Millionen Dollar zur Verfügung zu stellen. Dann kam die Finanzkrise von 2008 und seine Geldgeber machten einen Rückzieher.

Plötzlich standen Parsa und sein Team ohne Geld für ihre Bauvorhaben da und mussten sich etwas einfallen lassen. Sie beschlossen, bestehende Krankenhäuser zu verwalten, die hinter ihren Möglichkeiten zurückblieben. Anfangs übertrug ihm der National Health Service nur eine kleine chirurgische Tagesklinik. Als er damit positive Ergebnisse erwirtschaftete, gaben sie ihm die größte chirurgische Abteilung des Landes. Und schließlich wurde Parsas Team zur allerersten Gruppe außerhalb des NHS, die ein ganzes Krankenhaus verwaltete.

Jenes Krankenhaus, Hinchingbrooke, war eines der britischen Krankenhäuser, die besonders schlecht dastanden. Um die Lage zu verbessern, so viel war Parsa klar, musste er dafür sorgen, dass alle, die dort arbeiteten, das Problem zu ihrem eigenen machten. Und so wurden aus Mitarbeitern Mitbesitzer: Parsa nahm 50 Prozent seiner Circle-Anteile und schenkte sie der Belegschaft. „Jetzt sind wir Partner", sagte er. „Alles, was wir besser machen, verbessern wir gemeinsam."

Parsa hatte Erfolg damit, das Betriebsmodell seiner Krankenhäuser neu zu gestalten und die Unterstützung seiner wichtigsten Mitarbeiter zu gewinnen. Aber etwas störte ihn dennoch. Er hatte den Eindruck, die Auswirkung seiner Geschäftstätigkeit auf das Gesundheitssystem insgesamt sei zu begrenzt, und ohne deutlich mehr Kapital würde sich daran auch nichts ändern. Er musste einen anderen Weg finden, seinen Bemühungen einen größeren Rahmen zu geben. 2011 ging Circle an die Börse und Parsa nutzte die Gelegenheit, Verantwortung abzugeben und nach einer neuen Aufgabe zu suchen.

Und diese neue Aufgabe war Babylon, eine mobile Healthcare-App, die ihren Nutzern gegen eine monatliche Gebühr virtuelle Beratung bei Ärzten und anderen Gesundheitsprofis anbietet. Parsa dachte an seine eigene Kindheit und wollte eine Dienstleistung anbieten, die sich über Großbritannien hinaus ausdehnen ließ. Babylon Health sollte auch an anderen Orten der Welt beratend zur Verfügung stehen, wo die Bürger keinen Zugang zu adäquater Gesundheitsfürsorge hatten.

Durch seine Verwaltungserfahrung mit den Krankenhäusern von Circle wusste Parsa, dass 70 Prozent des Geldes im Bereich der Gesundheitsfürsorge für Personalkosten ausgegeben werden. Wenn er mehr Menschen Betreuung durch Ärzte und Krankenschwestern anbieten wollte, würden die Kosten nicht weit genug sinken, um eine Lösung im großen Maßstab anbieten zu können.

„Und bedenken Sie", sagte Parsa, „die 10 Billionen Dollar, die wir heute für Gesundheitsfürsorge ausgeben, erreichen nur die Hälfte der Weltbevölkerung." Er machte eine emphatische Geste. „Die Hälfte der Weltbevölkerung hat gar keinen Zugang zu gesundheitlicher Versorgung. Selbst wenn wir genug Geld hätten, würde es nicht genug Ärzte geben. Die Lösung muss also anders aussehen. Und die einzige andere Lösung ist das, was Google mit Informationen gemacht hat. Google ist nicht losgegangen und hat überall auf der Welt kostenlose Bibliotheken gegründet. Google hat eine kostenlose Bibliothek für alle geschaffen."

Und um entsprechend eine „kostenlose Bibliothek" für den Bereich der Gesundheitsfürsorge ins Leben zu rufen, musste Babylon einen Weg finden, menschliches Erfahrungswissen nutzbar zu machen, ohne jede Menge Menschen einzustellen. Parsa und sein Team fingen an, mithilfe von Algorithmen und KI Patienten einzustufen und Erkrankungen zu diagnostizieren, während komplexe Beschwerden und sensible Gespräche menschlichen Ärzten vorbehalten blieben. Sie sammelten Erfahrungen und begannen zu verstehen, dass ihr Modell neben der Möglichkeit zur globalen Erweiterung ein weiteres Problem im Bereich der Gesundheitsfürsorge lösen könnte: die Weiterverbreitung der besten Vorgehensweise.

„Bei menschlichen Ärzten dauert es 17 Jahre, bis aus einem erfolgreichen Verfahren ein allgemein verbreitetes Verfahren wird", kommentierte Parsa mit einem Kopfschütteln. „Eine Maschine kann das von einer Sekunde auf die andere. Wenn etwas die bestmögliche Vorgehensweise ist, sagt man es der Maschine einfach, und das war's."

Was Ali Parsa zu einem erfolgreichen algorithmischen Führer macht, ist nicht nur der Einsatz von KI in seiner Firma, sondern darüber hinaus die Fähigkeit, sein Ziel – das weltweite Angebot einer bezahlbaren Gesundheitsfürsorge – immer wieder neu durch die Brille technischer Verfahren und Entwicklungen zu betrachten, die eine Anwendung im großen Stil erlauben.

Bewahren Sie Ihre Talentstrukturen

Beim Gestalten von Arbeit geht es nicht allein darum, ständig neue, innovative Wege einzuschlagen. Mitunter kann es genauso wichtig sein, bereits vorhandenes Wissen zu bewahren.

Jedes Jahr kehrt ein erheblicher Teil Ihrer besten Mitarbeiter Ihrer Organisation den Rücken. Manche bekommen bessere Angebote von der Konkurrenz, manche schlagen einen anderen beruflichen Weg ein und machen etwas Neues, manche hören einfach auf zu arbeiten. Allein in den USA gehen jeden Tag geschätzte 10 000 Babyboomer in den Ruhestand und nehmen das gesamte organisatorische und zwischenmenschliche Wissen mit, das sie in einem 30- oder 40-jährigen Berufsleben angesammelt haben. Dieses Wissen darüber, wie die Dinge ablaufen und wie man dafür sorgt, dass etwas erledigt wird, ist differenziertes Kontextwissen, das es so nicht in Form von Tabellen, Datenbanken oder PDFs gibt, sondern nur in menschlichen Köpfen. Das sind für mich *Talentstrukturen*.

Ganesh Padmanabhan ist der Vizepräsident von CognitiveScale, einem KI-Startup im Bereich erweiterte Intelligenz (AI). Zunächst hatte Padmanabhan ein Projekt ins Leben gerufen, bei dem es um erklärbare KI ging; er war fasziniert vom Problem der Erklärbarkeit. Wie erklärt man die Entscheidung, die eine KI getroffen hat, dem Nutzer, der sich darauf verlassen muss?

Das Projekt wurde kein Erfolg, aber es brachte Padmanabhan zu CognitiveScale, wo er anfing, an dem verwandten Problem zu arbeiten, wie man Menschen mit Systemen ausstattet, die lernen können und mit der Zeit besser werden. Für Padmanabhan liegt darin ein wesentlicher Unterschied zu simpleren algorithmischen Systemen, etwa zu Robotern in der Prozessautomatisierung.

Robotergesteuerte Prozessautomatisierung (RPA), die im Wesentlichen einen menschlichen Bediener durch einen Algorithmus ersetzt, der die Handlungsweise dieser Person per Computerterminal nachahmt, ist ein regelbasiertes System. Sie übernimmt eine Routineaufgabe, die normalerweise von einem Menschen ausgeführt wird, ob es sich um das Ablegen von Dokumenten oder das Ausfüllen von Formularen handelt, und automatisiert diese Aufgabe. Will man jedoch darüber hinausgehen und einen komplexen Zusammenhang oder einen kognitiven Entscheidungsprozess bearbeiten lassen, weiß das automatische System nicht weiter. Wie auch immer die programmierte Aufgabe aussieht, das automatische System wiederholt sie ständig – zehnmal, hundertmal oder eine Million Mal. Es wird nicht und kann nicht davon abweichen.

„Was wir uns unter erweiterter Intelligenz vorstellen, ist etwas anderes", erläuterte mir Padmanabhan und deutete zu einer Gruppe von Programmierern, die durch die gläserne Wand des Konferenzraums zu sehen waren. „Erweiterte Intelligenz ist, wenn man versucht, menschliche kognitive Funktionen nachzuahmen, indem man eine Feedbackschleife einbaut. Wenn ein Mensch an dem Prozess beteiligt ist und eine bestimmte Struktur auftaucht, sagt man: ‚Dies ist die Entscheidung, die ich Ihnen zu diesem speziellen Prozess empfehlen würde.' Dazu gibt man die Gründe und die gefundenen Belege an. Der Mensch kann dann zustimmen oder nicht, je nach seiner Intuition oder Erfahrung."

„Das System lernt also mit der Zeit, dass der Output etwas ist, das nicht gewichtet werden sollte?", fragte ich.

„Genau", sagte Padmanabhan. „Das Vorhandensein eines Menschen in der Schleife sorgt außerdem dafür, dass das System bei jeder Wiederholung besser wird. Das unterscheidet eine erweiterte Intelligenz von einer regulären KI."

Padmanabhans Vision vom Menschen in der Schleife wird noch wichtiger, wenn man aufhört, sich darüber Gedanken zu machen, dass Algorithmen den Menschen die Jobs wegnehmen könnten, und stattdessen anfängt, sich vorzustellen, wie man die Wissensstrukturen bewahren kann, die Bestandteil einer Organisation sind. Was eine großartige Kundenerfahrung ausmacht, eine positive Interaktion im Callcenter oder einen Moment der Fürsorge in einer medizinischen Einrichtung, das beruht einzig und allein auf menschlichen Strukturen, die Maschinen ohne unsere Hilfe nur schwer verstehen oder einschätzen können.

Padmanabhan hat mir ein Beispiel gegeben, wie es möglich wäre, die Verhaltensmuster von Pflegekräften festzuhalten, die Krebspatienten betreuen. Ein neuer Mitarbeiter könnte von einem Empfehlungssystem angeleitet werden, das beispielsweise sagt: „Diese Schritte sind richtig, weil Joe Smith das 30 Jahre lang so gemacht hat. Er war der Überzeugung, das ist der beste Weg, mit dieser speziellen Funktion umzugehen."

Man muss nicht bis zum Ende des Arbeitslebens warten, um die Talentstrukturen einer Person festzuhalten. Algorithmische Führer sollten nicht bloß das Offensichtliche automatisieren, sondern die besten Verhaltensmuster in ihren Organisationen identifizieren, aufzeichnen und wiederholbar machen. In einer datengesteuerten Organisation kann man Dinge ständig wiederholen und ausprobieren, und indem man das tut, entsteht nach und nach ein Bild vom Idealzustand der Organisation oder des Prozesses. Indem wir das Beste von dem festhalten, was Menschen tun, können wir eine bessere Organisation schaffen.

Die Arbeit soll Ihrem Team gehören

Wem gehört die Arbeit? Das ist vielleicht eine Frage, die seltsam anmutet, aber in vielen großen Firmen gibt es eine klare Grenze zwischen den Technikern, die für die Konstruktion von Anwendungen zuständig sind, für das Sammeln von Daten und die Automatisierung von Prozessen, und denjenigen Menschen, die Entscheidungen treffen, Probleme lösen und Aufgaben erledigen.

Das führt dazu, dass sehr viel Arbeit außerhalb des Systems geleistet wird. Die Leute laden Daten vom Firmenserver herunter und fügen sie in eine Tabelle ein, die sie dann als Anhang herumschicken. Teamangehörige nehmen daran Veränderungen vor und speichern ihre eigene Version. Andere drucken das Ganze aus, kritzeln etwas darauf und bekleben es mit Notizzetteln. Der ursprüngliche Verfasser des Dokuments organisiert ein Meeting, um das Projekt zu diskutieren, und bringt eine quälend große PowerPoint-Präsentation mit – der selbstverständlich nicht alle aufmerksam folgen. Sämtliche Projektmitarbeiter haben ihre eigene Version des Dokuments dabei und anschließend wird diskutiert, welche Version die aktuelle ist. Blankes Chaos.

Die Tabelle als Fixpunkt im Geschäftsleben ist eine eher junge Errungenschaft. Früher gab es ganze Büros voll menschlicher Buchhalter, die Daten über die Firma in Zeilen und Spalten eintrugen. Heute arbeiten wir mit Prozessdaten und adaptiven Algorithmen und brauchen neue, differenziertere Instrumente. Grundsätzlich braucht Ihr Team die Möglichkeit, Prozesse zu verfolgen, zu teilen und zu automatisieren, und zwar so, dass sie selbst Anpassungen vornehmen können, wenn Ihre Geschäftstätigkeit und die Daten sich ändern, ohne dass die IT-Abteilung hinzugezogen werden muss.

„Vor fünf bis zehn Jahren gab es große Veränderungen bei der Softwareentwicklung, und zwar bei der Agilen Softwareentwicklung", erklärte mir Rick Willett, als wir uns zum Gespräch hinsetzten. „Ich glaube tatsächlich, dass *no-code* die agilste Form der Softwareentwicklung ist. Heute ist es nicht mehr nötig, dass die Entwicklungsteams alle zwei Wochen regelmäßig mit den Kunden sprechen. *No-code* macht das überflüssig. Letztlich konstruiert der Kunde seine Software selbst."

Die Vorstellung, dass die Angestellten oder eben die Klienten einer IT-Abteilung ihre eigenen Anwendungen entwickeln, die dann die Daten der Firma nutzen und verändern, hört sich für Leute mit einem traditionellen technologischen Hintergrund vielleicht verrückt an. Die Mehrzahl Ihrer Mitarbeiter wird nicht in der Lage sein, zu programmieren. Aber sie sind in der Lage, ihre persönlichen Einsichten und ihr Urteilsvermögen einzubringen, wenn es darum geht, ihre Arbeit schlauer zu organisieren.

Willett ist der CEO von Quick Base, einer Plattform, die technisch nicht ausgebildeten Angestellten ermöglichen will, eigene Anwendungen zu konstruieren. Quick Base ist ein Hilfsprogramm, um Daten aus einer Cloud zu manipulieren und zu verarbeiten. Anstatt Tage – oder sogar Monate – mit der Eingabe von Daten per Hand zu verbringen und Inhalte zwischen Tabellen hin und her zu schieben, können die Teamangehörigen Prozesse mit Live-Informationen entwickeln und gestalten.

Willett, der seine berufliche Laufbahn bei GE begonnen hat, kennt die Gefahren der Bürokratie mit ihren Kommunikationsproblemen aus erster Hand – wenn Firmen wachsen und die verschiedenen Managementebenen anfangen, Informationen zu horten und voreinander zu verstecken. Für Willett ist dies der Weg, die Hierarchieebenen aufzubrechen, unter denen traditionelle Organisationen leiden: Man gibt den Angestellten die Plattformen, die sie brauchen, um ihre eigene Software zu konstruieren und Abläufe zu automatisieren – und macht sie so zu Citizen Developern.

Wenn man sein Team dazu auffordert, selbst aktiv zu werden und Programme zu entwickeln, ist das ein Schritt in Richtung auf die Gestaltung von Arbeit, aber Hilfsprogramme allein reichen nicht aus. Einer der Gründe, warum Citizen Development bisher keine breite Anwendung findet, ist die Notwendigkeit, einerseits flexibel, andererseits kontrolliert vorzugehen.

Wer eine Firma führt, konstruiert keine Anwendungen und versteht nicht unbedingt etwas von IT-Konzepten wie Zugangskontrolle, Sicherheit und Testverfahren. Wenn man sein Team ermächtigt, Arbeit zu gestalten, muss man auch Fortbildungen anbieten, was die Sensibilität von Daten und den verantwortungsbewussten Umgang mit Programmen angeht, die sich als betriebsnotwendig erweisen könnten.

Konstruieren Sie einen digitalen Zwilling

Viele männliche Teenager, die in den 1980er-Jahren groß wurden, hatten das Bild eines Lamborghini Countach an der Wand. Bei mir war es etwas anderes: die SR-71 Blackbird. Sie sah aus wie von Außerirdischen konstruiert (und es gibt Leute, die behaupten, genau das sei der Fall gewesen): Ihre Tragflächen waren hauchdünn und sie ist immer noch das schnellste bemannte Turbojet-Flugzeug, das je gebaut wurde. Für die Strecke von New York nach Los Angeles benötigte sie gerade mal eine Stunde und flog dabei auf einer Höhe von 85 000 Fuß, an der Grenze zum Weltraum. Der verrückte Teil der Geschichte ist, dass das Flugzeug in den 1950er-Jahren entwickelt wurde, mit Stift und Papier, ohne Computer oder Algorithmen.

Wenn die Blackbird das Bravourstück des analogen Zeitalters war, dann ist ihre digitale Entsprechung, wenngleich weniger augenfällig, das heute gebräuchliche digitale Jet-Triebwerk. Die Trent-Triebwerke von Rolls-Royce werden in eine ganze Reihe von Flugzeugen eingebaut, vom Airbus A330 bis zur Boeing 787 Dreamliner. Früher war es so: Wenn das Triebwerk eines Flugzeugs sich dem Ende seines Lebenszyklus näherte, kaufte die Gesellschaft ein Ersatztriebwerk, das sie einbauen und warten musste. Angesichts der vielen verschiedenen Flugzeugtypen in einer Flotte, die häufig mit ganz unterschiedlichen Triebwerksmodellen ausgestattet sind, fiel es den Wartungsabteilungen der Fluggesellschaften nicht gerade leicht, die Lebensdauer der Triebwerke möglichst exakt auszureizen. Entweder wurden sie zu früh ausgetauscht oder aber sie liefen zu lange, mit allen Risiken, die das in sich barg.

Genau deswegen gibt es bei Rolls-Royce jetzt ein „Abo-Modell", bei dem die Fluggesellschaften Triebwerksleistung stundenweise kaufen. Für eine Flatrate pro Triebwerksstunde kümmert sich Rolls-Royce um alles – von der Installation bis zur Wartung. Das neue Geschäftsmodell war eine Transformation: für die Fluggesellschaften, deren Wartungsaufgaben deutlich weniger komplex wurden, und für Rolls-Royce, die jetzt ein berechenbares, wiederholungsfähiges Ertragsmodell hatten. Es gab nur ein Problem. Um den Übergang zu bewältigen, musste Rolls-Royce aufhören, einfach nur Triebwerke zu produzieren, und anfangen, gleichzeitig Daten über diese Triebwerke zu sammeln.

Bei Rolls-Royce begann man, die Triebwerke mit Sensoren vollzustopfen, die ihre eigene Leistung ständig mit einer Prozessdatenanalyse begleiteten. Selbst mitten im Flug konnten Daten an das F&E-Zentrum übertragen und dort analysiert werden, um gegebenenfalls einzugreifen. Jetzt, mit der Betreuung Hunderttausender Triebwerke, konnte man bei Rolls-Royce beginnen, die digitale Leistungsfähigkeit der eigenen Produkte im großen Maßstab zu untersuchen: Es galt, Ausfälle zu verstehen und vorherzusagen, die effektivsten Wartungsmaßnahmen zu ermitteln und herauszufinden, wie sich der Treibstoffverbrauch optimieren ließ. Durch die Entwicklung und Verwaltung der digitalen Version ihrer physikalischen Produkte durchlief Rolls-Royce die Transformation von einem Hersteller, der mit anderen um den günstigsten Preis konkurrierte, zu einem algorithmischen Partner der Fluggesellschaften und unverzichtbaren Bestandteil eines effizienten Flugbetriebs.

Das Trent-Triebwerk von Rolls-Royce ist ein frühes Beispiel für einen *digitalen Zwilling*. Ein digitaler Zwilling ist das digitale Modell eines physischen Objekts oder Vorgangs, das Ihnen erlaubt, dessen Leistung zu optimieren. Sie können einen digitalen Zwilling einer Fertigungslinie erstellen oder einer Fabrik, eines selbstfahrenden Autos oder einfach nur einer kleinen Komponente in einem großen System. Mit den richtigen Sensoren und Daten könnte man sogar den digitalen Zwilling eines Logistikzentrums, eines Windparks oder einer Organisationsabteilung erstellen. Und genau wie beim Trent-Triebwerk ist ein digitaler Zwilling in der Lage, immer weiter zu lernen und sich selbst auf den neuesten Stand zu bringen mithilfe der Daten von den Sensoren. Das ermöglicht Ihnen dann wiederum, Simulationen durchzuführen, Ergebnisse zu prognostizieren und komplexe Szenarien auszuloten.

Der letzte Schritt bei der Gestaltung von Arbeit anstelle des Arbeitens selbst besteht darin, über die digitale Versionen dessen nachzudenken, was Sie tun. Indem Sie einen Schritt zurücktreten und sich Gedanken machen, entweder über das Produkt oder über den Prozess insgesamt als etwas, das man abstrahieren, beobachten und virtuell konfigurieren kann, werden Sie nicht nur Chancen und Möglichkeiten für die Automatisierung entdecken, sondern auch völlig neue Geschäftsmodelle.

Der Wirtschaftswissenschaftler W. Brian Arthur glaubt, je digitaler und modularer die Abläufe und Produkte in unseren Firmen werden, desto mehr werden Wirtschaftsführer in der Lage sein, auf eine ganze Bibliothek bestehender virtueller Strukturen zuzugreifen, die sie wie

Lego-Bausteine verwenden, um gänzlich neue Organisationsmodelle zu entwickeln.

Die Intelligenz der Maschinen kann uns dabei helfen, Daten zu sammeln, zu analysieren und für Simulationen zu nutzen, aber letztlich liegt es bei Ihnen, dem algorithmischen Führer, smartere Wege zu finden, wie Sie diesen Output nutzen.

ZUSAMMENFASSUNG

1 Die wahre Aufgabe eines algorithmischen Führers ist nicht die Arbeit, sondern die Gestaltung der Arbeit. Die Frage, die Sie stellen sollten, ist nicht: *Wie sehen unsere Ergebnisse aus?* Sondern: *Haben wir den richtigen Ansatz?*

2 Streben Sie nach der großen Lösung. Die Geschichte von Ali Parsa und Babylon Health veranschaulicht nicht nur, wie KI eine traditionelle Branche auf den Kopf stellen kann, sondern auch die Rolle der KI beim Aufbau einer Dienstleistung im globalen Maßstab.

3 Arbeit gestalten heißt nicht nur, innovative Wege zu finden, die Dinge zu tun. Dazu gehört auch, Talentstrukturen zu identifizieren, zu bewahren und zu replizieren, also das implizite Wissen und die Erfahrung Ihrer besten Leute, ehe sie die Firma verlassen oder in den Ruhestand gehen.

4 Ermächtigen Sie Ihre Teams und machen Sie sie zu Citizen Developern. So stellen Sie sicher, dass die Menschen, die der Arbeit am nächsten sind, bei der Gestaltung den Ton angeben. Mitarbeiter sollten die Möglichkeit haben, Arbeit zu gestalten, selbst wenn ihnen formale Programmierkenntnisse fehlen.

5 Ein großartiges Beispiel für den Einsatz von Algorithmen bei der Gestaltung von Arbeit ist der Aufbau eines digitalen Zwillings oder einer digitalen Version Ihres Produkts, Ersatzteils oder Prozesses. Wenn Sie das tun, entdecken Sie nicht nur Möglichkeiten der Automatisierung, sondern auch völlig neue Geschäftsmodelle.

FRAGE

Wenn Sie Ihre Firma noch einmal neu aufbauen könnten, mit einem leeren Blatt Papier vor sich und der Möglichkeit, KI, Algorithmen und Automatisierung zu nutzen, was würden Sie anders machen?

7

AUTOMATI-SIEREN UND AUFWERTEN

„Der Mensch ist das kostengünstigste, 150 Pfund schwere, nichtlineare Allzweck-Computersystem, das durch ungelernte Arbeitskräfte in Massen produziert werden kann."

NASA, 1965

Entdecken Sie den neuen Job im alten

In den nächsten Jahren wird es unmöglich sein, über Produktivität nachzudenken, ohne dabei die Auswirkungen der Automatisierung zu berücksichtigen. Sie können mit Sicherheit davon ausgehen: Was automatisiert werden kann, wird automatisiert werden – wenn nicht von Ihnen, dann fast zwangsläufig von einem Mitbewerber.

Das Thema für den algorithmischen Führer ist dabei nicht die Automatisierung selbst, sondern das, was danach kommt. Gibt Ihnen Ihre neue Roboterarmee endlich die Möglichkeit, die Firma gründlich durchzurationalisieren und die Zahl Ihrer Mitarbeiter zu dezimieren?

Das Wort „dezimieren" kommt vom lateinischen *decemare* und bedeutet wörtlich „einen von zehn töten". In römischer Zeit galt das als eine pragmatische Form der Bestrafung bei schweren Vergehen großer Gruppen. Die betroffenen Menschen, häufig Einheiten des römischen Heeres, wurden zu zehnt aufgestellt und mussten Lose ziehen. Wer verlor, wurde von den übrigen neun umgebracht, häufig durch Steinigung oder Prügel.

Anstatt sich zu fragen, ob Ihr Job verschwinden wird, fragen Sie sich lieber: *Was ist der neue Job in meinem alten?* Und als Führer: *Will ich die Leute in meinem Umfeld dezimieren oder aufwerten?*

Die Frage, ob die Automatisierung zu Dezimierung oder zu Aufwertung führen soll, gewinnt an Relevanz, sobald Firmen anfangen, Algorithmen und maschinelles Lernen auf Aufgaben anzuwenden, die bisher von Menschen erledigt wurden. Die Automatisierung hat bereits zum vollständigen Verschwinden bestimmter Aufgaben geführt, beispielsweise derjenigen des Fahrstuhlführers. Meist bedeutet jedoch die teilweise Automatisierung eines Jobs, dass weitere Jobs entstehen, besonders wenn es eine unbefriedigte Nachfrage nach dem betreffenden Produkt oder der betreffenden Dienstleistung gibt.

James Bessen, Wirtschaftswissenschaftler und Dozent an der Boston University School of Law, beschäftigt sich mit der Beziehung zwischen Automatisierung und Beschäftigung. Seiner Ansicht nach ist die entscheidende Frage, wie die technische Entwicklung die Produktivität steigert – also wie die Wirtschaft Waren und Dienstleistungen auf möglichst effiziente Weise produzieren kann. Weil sowohl Kapital als auch menschliche Arbeitskraft begrenzte Ressourcen sind, sollten die Preise sinken, wenn man mit weniger mehr produzieren kann. Und wenn die Preise sinken und mehr Menschen sich Dinge leisten können, wird der Markt expandieren – und die Firmen werden neue Mitarbeiter einstellen müssen, um die neue Nachfrage zu befriedigen.

Die Geschichte scheint Bessens Theorie zu bestätigen. Während der Industriellen Revolution, als die Baumwollherstellung automatisiert wurde, konnten die Weber an mechanischen Webstühlen plötzlich 2,5-mal so viel grobes Tuch produzieren wie Weber an Handwebstühlen. Später sollten technische Verbesserungen dazu führen, dass sich der Ausstoß pro Stunde noch einmal um das 20-Fache erhöhte. Der Aufwand an menschlicher Arbeitskraft pro Meter Tuch sank, das Tuch wurde billiger und die Menschen kauften mehr, was die Nachfrage erhöhte. Dadurch vervierfachte sich die Zahl der Weber in den USA zwischen 1830 und 1900; sie sank nicht.

Bessen fand heraus, dass etwas Ähnliches geschah, als im Bankwesen die Geldautomaten eingeführt wurden. Alle Welt nahm an, die automatischen Kassen würden per Definition die menschlichen Kassierer überflüssig machen, und bestimmt haben auch einige Bankkassierer ihre Arbeit verloren. Anfang der 1990er-Jahre, als sich die Geldautomaten im großen Stil durchsetzten, hatte eine städtische Bank im Durchschnitt 21 Kassierer. Mit der Einführung der Geldautomaten sank diese Zahl auf 13. Doch im Gegenzug wurde es billiger, Filialen zu eröffnen – und die Banken nutzten die Gunst der Stunde, um dem Kunden besser zu dienen, Präsenz zu zeigen und Werbung zu machen.

Der Bedarf an Kassierern nahm zu, aber ihr Job hatte sich verändert. Sie mussten nicht mehr den ganzen Tag Geld zählen und Routinetransaktionen durchführen, die sich automatisieren oder durch Selbstbedienung ersetzen ließen. Jetzt ging es darum, Kundenbeziehungen aufzubauen, zusätzliche Produkte zu verkaufen und andere Aufgaben zu übernehmen, für die Soft Skills wie menschliches Engagement, Empathie und Urteilsvermögen erforderlich waren.

Ich war neugierig, warum Bessen sich nicht nur für die Auswirkung der Automatisierung auf die Beschäftigung, sondern auch für seinen anderen Schwerpunkt, die Innovationskraft von Patenten, interessierte. Bessen erklärte, ehe er an die Universität ging, habe er das erste WYSIWYG-Desktop-Programm für Verlage entwickelt, 1983 bei einer Regionalzeitung in Philadelphia. Dadurch habe er einen ganz persönlichen Eindruck von den Auswirkungen der technischen Entwicklung auf den Beruf des Schriftsetzers gewonnen.

„Ursprünglich waren die Schriftsetzer von entscheidender Bedeutung für das Verlagswesen", sagte er, als ich ihn nach seinem Werdegang fragte. „Das war ein hoch qualifizierter Beruf. In den USA dauerte die Lehrzeit, glaube ich, vier Jahre. Man brauchte besondere Fähigkeiten, gleichzeitig war man nur dafür da, den Schriftsatz zu erstellen. Dann gab es plötzlich Desktop Publishing und Grafikdesign, Programme wie Photoshop.

Plötzlich waren ganz neue Fähigkeiten gefragt. Manche Leute schafften den Übergang. Wer an der Schriftsetzmaschine gearbeitet hatte, wurde Grafikdesigner. Aber es gab auch Fälle, wo die Schriftsetzer Schwierigkeiten mit der Umstellung hatten. Besonders im Zeitungswesen. Dort gab es dramatische Veränderungen. Etwa in Großbritannien, bei Rupert Murdoch, wo massive Streiks die Einführung der Automatisierung begleiteten."

Nach Bessens Ansicht ist die Frage, ob auf eine Phase der Automatisierung eine stabile und nachhaltige Arbeitsplatzzunahme folgt, von drei Faktoren abhängig: der Nachfrage; der Frage, ob die Fähigkeiten der Menschen und die technische Entwicklung zueinander passen; und von den Institutionen des Arbeitsmarktes und ihrer Entwicklung. Meistens geht es bei der Automatisierung nicht einfach darum, Menschen durch Maschinen zu ersetzen. Vielmehr sind es Menschen mit der Fähigkeit, sich technische Entwicklungen zunutze zu machen, die andere Menschen ersetzen, so Bessen.

Manche Arbeitnehmer sorgen mittels KI dafür, dass ihre Kollegen überflüssig werden. Das spricht eindeutig für den Wert von Bildung und Fortbildung. Die Weiterentwicklung der Fähigkeiten von Mitarbeitern ist im algorithmischen Zeitalter eine strategische oder ökonomische Notwendigkeit, kein freundlicher Bonus, um Mitarbeiter persönlich zu fördern.

„Meine Kinder sind Grafikdesigner", fuhr Bessen fort, als wir das Gespräch beendeten. „Es wird nicht leicht werden, selbst für sie. Die Unruhe ist immer noch groß und es gibt massive Veränderungen. Vielen Designern fällt es schwer, mit der technischen Entwicklung Schritt zu halten. Sie haben eine Ausbildung im Druckdesign, jetzt gibt es Webdesign, mobiles Design und andere neue Formate. Ich habe den Eindruck, wir werden noch einmal die gleiche Dynamik erleben wie früher. Manche Fähigkeiten werden wertvoller sein als andere und das wird zur Abwertung der nicht benötigten Fähigkeiten führen. Solange es genug von den benötigen Fähigkeiten gibt, sollten wir zurechtkommen."

Manish Singh, EVP bei Oversight Systems (einer Technologiefirma, die KI einsetzt, um Firmen bei der Regelkonformität und der operativen Analyse zu unterstützen), hat mir ein interessantes Beispiel erzählt, wie sich die Büroarbeit in den Finanzabteilungen im algorithmischen Zeitalter verändern wird.

In großen Firmen gibt es meist ganze Teams, die damit beschäftigt sind, Ausgaben zu kontrollieren, beispielsweise Reisekosten. Bei dieser Aufgabe schaut man sich meist eine Abrechnung nach der anderen an, um zu prüfen, ob die Regeln eingehalten sind oder ob möglicherweise mit der Regel selbst etwas nicht stimmt. Mit maschinellem Lernen und

KI kann heute die Software einen Großteil dieser Arbeit übernehmen. So kann man nicht nur eine Abrechnung nach der anderen auf Fehler durchsehen, sondern den einen Antrag auf Kostenerstattung gleich mit allen anderen Anträgen vergleichen, die der Betreffende möglicherweise in der Vergangenheit eingereicht hat. Und man kann ihn den Anträgen gegenüberstellen, die von anderen Angestellten in einer vergleichbaren Situation eingereicht wurden. Sinn und Zweck einer solchen multidimensionalen Analyse ist nicht nur, den betreffenden Antrag zu bewilligen oder abzulehnen, sondern, wenn nötig, weil eine entsprechende Vermutung vorliegt, Hinweise auf ein Muster zu sammeln und abschließend eine allgemeine Empfehlung auszusprechen. Sollte beispielsweise jemand mit der Firmenkarte Schmuck gekauft und das auf der Reisekostenabrechnung als Hotelübernachtung aufgeführt haben und sollte er das im letzten Jahre bereits dreimal getan haben, wird das KI-gestützte System darin ein Muster erkennen, das ein sofortiges Eingreifen verlangt.

So gesehen erlaubt die Automatisierung den Mitarbeitern, die Dinge aus einem neuen Blickwinkel zu betrachten, was in der Vergangenheit so nicht möglich war. Die Rolle der Mitarbeiter in der Finanzabteilung kann jetzt aufgewertet werden vom reinen Überprüfen und Abstimmen der Transaktionen zu einer strategischen Rolle, die Risiken begrenzt und Verhalten verändert. Sobald ein Muster erkannt wird, kann jemand ein Gespräch mit dem betreffenden Angestellten führen und auf eine Verhaltensänderung hinwirken, anstatt zunächst nur zu versuchen, Transaktion für Transaktion das Problem zu ermitteln.

Die Idee besteht darin: Wenn Firmen die Risiken bei ihren Geschäftsabläufen verringern können, indem sie die Risikominimierung einer KI übertragen, werden bestimmte manuelle Schritte überflüssig, beispielsweise Ausgaben von einem Manager genehmigen zu lassen oder gewisse Transaktionen einzeln abzustimmen. Prinzipiell kann so mehr vom Geschäftsablauf automatisiert werden, was die Erfahrung für alle Beteiligten angenehmer macht und es den Angestellten ermöglicht, interessantere Aufgaben zu übernehmen.

Neu ausbilden, neu ausstatten und neu beflügeln

Die Automatisierung wird vielleicht nicht alle traditionellen Jobs in Ihrer Firma eliminieren, aber sie wird den Charakter dieser Jobs und die dafür benötigten Fähigkeiten total verändern.

Stellen Sie sich vor, Ihre Aufgabe ist, bei Coca-Cola den Einzelhandel zu betreuen. Sie sind dafür verantwortlich, Läden und Kioske zu besuchen, die Händler zu beraten, wie sie ihre Produkte präsentieren sollen, und darauf achten, dass das Ergebnis mit den Markenrichtlinien übereinstimmt. Heute können Ihre Kunden mithilfe einer Plattform wie Einstein von Salesforce einfach ein Bild vom Kühlschrank in ihrem Laden machen und der Algorithmus sagt ihnen, was sie tun und wo sie das Produkt platzieren sollen. Was bleibt Ihnen als Betreuer dieser Klientel jetzt noch zu tun, nachdem Ihr Job durch KI verändert wurde? Welche Ihrer Fähigkeiten sind weiterhin relevant und wie könnte eine Karrieremigration aussehen?

Der Aufstieg der Massenautomatisierung hat unvermeidliche, aber nicht unlösbare politische und soziale Konsequenzen. Wir haben bereits ähnliche Situationen erlebt. Der Ökonom David Autor sagt, dass gegen Ende des 19. Jahrhunderts die US-amerikanischen Agrarstaaten vor einer Massenarbeitslosigkeit standen, weil die Landwirtschaft immer weiter automatisiert wurde. Anstatt abzuwarten, was wohl passieren würde, trieben jene Staaten die Highschool-Bewegung voran: Alle würden bis zum Alter von 16 Jahren zur Schule gehen. Damit wurde die Basis des K-12-Bildungssystems geschaffen, das bis heute Bestand hat.

Gut möglich, dass dieses Bildungssystem der Aufgabe, vor der wir heute stehen, nicht gewachsen ist. Andrew Ng, als Mitbegründer von Coursera auch ein Pionier der Online-Bildung, glaubt, die Herausforderung bestehe darin, einen Weg zu finden, wie man den Leuten beibringt, Arbeit zu tun, die sich nicht gewohnheitsmäßig wiederholt. Bisher war unser Bildungssystem nicht gut darin, das zu tun, nicht im großen Maßstab und nicht schnell genug, um mit dem schnellen Wandel in der Industrie Schritt zu halten.

Damit ruht ein großer Teil der Bildungsverantwortung in den Händen der Arbeitgeber. Manche von ihnen stellen sich dieser Verantwortung bereits. United Technologies beispielsweise zahlt Studiengebühren für seine Mitarbeiter bis zu einer Höhe von 12 000 Dollar im Jahr. Facebook bietet allen Mitarbeitern kostenlose KI-Kurse an, egal ob sie im IT-Bereich arbeiten oder nicht, während es bei Microsoft zur Leistungsbewertung gehört, wie Angestellte von anderen lernen und ob sie dieses Wissen anwenden.

Doch Weiterbildung allein reicht nicht aus, wenn sie nicht dazu führt, dass Angestellte eine neue Art des Arbeitens und des Denkens entwickeln. Ein gutes Beispiel für eine berufliche Migrationsinitiative im großen Stil sind zwei Programme von AT&T: das Workforce-Reskilling-Program und das Pivot Program. At&T ist einer der größten Arbeitgeber weltweit. Die durchschnittliche Beschäftigungsdauer bei dieser Firma beträgt zwölf Jahre – 22, wenn man die Leute in den Callcentern nicht mitrechnet. Interne Untersuchungen aus dem Jahr 2013 haben gezeigt, dass 100 000 von AT&Ts 240 000 Mitarbeitern Funktionen innehatten, die man in zehn Jahren nicht mehr brauchen würde. Schlimmer noch, als die Geschäftsführung zu analysieren begann, welche Funktionen stattdessen benötigt werden würden, stellte man fest, dass es ernst zu nehmende Qualifizierungslücken gab. So würde die Firma beispielsweise einen deutlich höheren Bedarf an fähigen Programmierern und an Abteilungsleitern haben, die smarte Entscheidungen auf der Grundlage von Daten und Analysen treffen konnten.

Um dem Problem zu begegnen, wurde eine große Initiative zur Reorganisation in Gang gesetzt. Die unzähligen Jobbezeichnungen, die es bei AT&T gab, wurden zu deutlich weniger Kategorien zusammengefasst, die Aufgaben mit ähnlichen Fähigkeiten bündelten. Diese einfachere Klassifizierung ermöglichte den Angestellten, einen abwechslungsreicheren Berufsweg durch die Firma ins Auge zu fassen und sich stärker auf die neuen, in Zukunft benötigten Fähigkeiten zu konzentrieren.

Als Teil dieser Revision schuf man bei AT&T ein Online-System namens *Career Intelligence*, das den Angestellten ermöglicht, Jobalternativen zu finden; nachzuschauen, welche Fähigkeiten im jeweiligen Job benötigt werden; herauszufinden, wie viele solche Positionen es gibt; zu ermitteln, ob das Segment voraussichtlich wachsen oder schrumpfen wird; und zu erfahren, was sie dort vermutlich verdienen werden. Doch das System hat einen Nachteil: Die Fortbildungen sind kostenlos und manche Lernmodule können während der Arbeitszeit absolviert werden. Dennoch müssen die Angestellten einen Großteil des Lernaufwands in ihrer Freizeit erledigen.

Die Herausforderung für Firmen, die Weiterbildungs- und Umschulungsprogramme anbieten, liegt darin, dass die KI sich so schnell entwickelt. Es ist nicht leicht, die Fähigkeiten und Möglichkeiten zu definieren, die ein Mitarbeiter künftig benötigt. Und schlimmer, als einen Mitarbeiter für einen zukünftigen Job auszubilden, ist es, ihn für einen Job auszubilden, den es nicht mehr gibt, wenn er mit der Ausbildung fertig ist. Arbeitskräfte müssen sich ständig fortbilden, um mit der Entwicklung der Maschinen Schritt zu halten. Algorithmische Führer haben eine Verantwortung und den Ansporn, dass sowohl sie selbst als auch die Menschen in ihrem Umfeld es schaffen, der Kurve der KI-Revolution immer ein wenig vorauszueilen, damit ihre Arbeit relevant und wertvoll bleibt.

Das Schlagwort vom lebenslangen Lernen ist in großen Organisationen längst zum Klischee geworden. Im Zeitalter der maschinellen Intelligenz gewinnt es noch einmal eine völlig neue Bedeutung.

Bilden Sie ein Team, das über die Teamstruktur nachdenkt

Eine andere Möglichkeit, die Menschen in Ihrem Umfeld aufzuwerten oder neu zu beflügeln, besteht darin, Teams zu bilden, die über die Teambildung nachdenken.

Die Hauptaufgabe solcher Meta-Teams besteht darin, traditionelle Betriebsfunktionen mit Daten, Algorithmen und technischer Infrastruktur zu versorgen. Meist tragen solche Teams das Wort „operativ" im Namen. So unterstützt beispielsweise das „Operative Vertriebsteam" die Marketingabteilung durch das Sammeln und Analysieren von Kundendaten und die Pflege der automatischen Marketingplattformen sowie durch die Gestaltung digitaler Workflows rund um Kommunikation und Inhalte.

In ähnlicher Weise kann ein operatives Team im Personalwesen Daten über die Belegschaft sammeln und verwalten sowie das Berichtswesen und die Analysen in verschiedenen Teams und Abteilungen organisieren und Ausschau nach Möglichkeiten halten, mit technischer Unterstützung Aufgaben wie das Onboarding, interne Umbesetzungen oder Beurlaubungen zu automatisieren. Bei Amazon gibt es beispielsweise ein Team, das sich um diese Dinge kümmert, das *Global HR Operations and Analytics* heißt.

Ein gutes operatives Team bemüht sich nicht nur um betriebliche Effizienz und die Automatisierung von Prozessen, es spielt auch eine aktive Rolle bei der Neugestaltung der Funktion, die es unterstützt. Ein gutes Beispiel dafür ist das Rechtsteam bei Google.

Mary O'Carroll ist die Chefin der dortigen Legal Operations, einer der größten und aktivsten internen Rechtsabteilungen der Welt mit mehr als 1000 Mitarbeitern rund um den Globus. Sie müssen sich um alles kümmern, von Anfragen nach vertraulichen Informationen bis hin zu Patentanmeldungen, von komplizierten Steuervorschriften bis hin zu den rechtlichen Implikationen innovativer Technik.

„Sie kennen vielleicht den Spruch: ‚Seht zu, dass ihr die Rechtsabteilung kaufmännisch führt.' Anders als die meisten betrieblichen Funktionen – etwa das Personalwesen, die IT-Abteilung oder die Finanzierung – wird die Rechtsabteilung nicht ähnlich genau unter die Lupe genommen, was Effizienz, Haushaltsdisziplin oder das Kosten-Nutzen-Verhältnis angeht", erläuterte O'Carroll, als ich Gelegenheit hatte, sie nach den Prinzipien zu fragen, die dem Team der Rechtsabteilung bei Google zugrunde liegenden.

„Die Rechtsabteilung wurde geschaffen, um unsere finanziellen Beziehungen zu regeln (zu unseren Technologiezulieferern und den Rechtsanwaltskanzleien), alle unsere Systeme und Tools, die wir im Haus haben, und das, was ich Strategie nenne. Strategie betrifft die internen Betriebsabläufe. Wir sind dafür verantwortlich, dass die Züge pünktlich fahren und dass unsere Prozesse optimal ablaufen, was die Qualität, den zeitlichen Rahmen und die Kosten angeht."

Weil es sich um Google handelt, bestehen die Aufgaben von O'Carroll und ihrem Team großenteils darin, mithilfe von Technologie, Daten und Algorithmen Rechtswissen innerhalb der Firma zugänglich zu machen, ohne dass allzu viele Anwälte eingestellt werden müssten. Beispielsweise hat ihr Team Selbstbedienungs-Tools entwickelt, die auf Entscheidungsbäumen beruhen, um den internen Klienten zu helfen, die richtigen Antworten zu finden. Diese Tools machen es dann überflüssig, einen Anwalt zu kontaktieren, oder aber sie erleichtern die Zusammenstellung der Daten, die ein Anwalt braucht, um bei einem bestimmten Thema weiterzuhelfen.

Außerdem greift das Team der Rechtsabteilung auf Vertragsanalysen und maschinelles Lernen zurück, um Metadaten und Klauseln aus Verträgen herauszusuchen, was andernfalls einen hohen Leseaufwand bedeuten würde. Maschinelles Lernen dient dazu, automatisch die Eigenschaften von Patenten zu verschlagworten, sodass die Angestellten von Google ohne viel menschliche Handarbeit schnell ganze Portfolios durchsehen können.

Als ich sie fragte, ob das dazu führen würde, dass am Ende bei Google weniger Anwälte beschäftigt seien, antwortete O'Carroll: „Das ist nicht unser Ziel. Wir eliminieren einen Teil der niedrig eingestuften Arbeit, die zurzeit von Hand gemacht werden muss. Wir konzentrieren uns darauf, das zu automatisieren, was die Leute nicht machen wollen."

Genau wie die Software eDiscovery Veränderungen für den Berufsstand der Anwälte mit sich gebracht hat (siehe Einleitung), mag die zunehmende Verfügbarkeit professioneller Beratung durch Automatisierung bei Google insgesamt den Bedarf nach Rechtsberatung innerhalb der Firma vergrößern.

Eine der wichtigsten Initiativen, die O'Carroll in Gang gesetzt hat, als sie zu Google kam, war ein datengesteuertes Dashboard zur Verwaltung der externen Anwaltskanzleien. Dazu werden sämtliche Daten aus dem elektronischen Abrechnungssystem entnommen, um die Ausgaben nach Region aufzuschlüsseln, mit Analysen, wie weit diese Ausgaben von den Kostenvoranschlägen abweichen. Für O'Carroll ist das Dashboard eine Plattform, die Transparenz ermöglicht. Allgemein rät sie dazu, immer Fragen zu stellen wie: *Bekommen wir etwas für unser Geld? Wie viel geben wir im Durchschnitt aus, wie viel für Recherchen? Wie viel mussten wir ausgeben, um dieses Patent bis zu diesem Punkt zu bringen? Wie viel geben wir in einem bestimmten Land oder für eine bestimmte Firma aus?*

Mit dem Dashboard hat sie die Antworten auf diese Fragen immer parat und sie kann tiefer graben, wenn sie möchte. Beispielsweise kann ihr Team besser mit den Zulieferern über den Charakter ihrer Aktivitäten diskutieren, wenn sie wissen, wie hoch die Ausgaben insgesamt waren. Sie können hinterfragen, was hinter bestimmten Ausgaben steckt, worum es dabei im Einzelnen ging, wie viele Personen an einem bestimmten Fall beteiligt waren, und über die Rangordnung der Leute im Team recherchieren.

Für mich war es interessant, zu erfahren, dass die Aufgaben des Teams der Rechtsabteilung bei Google darüber hinausreichen, Anwälte heranzuziehen, die dort arbeiten – man will außerdem Veränderungen im Rechtswesen insgesamt herbeiführen. O'Carroll glaubt, einer der besten Wege, die Branche umzukrempeln, sei die Standardisierung. In vielerlei Hinsicht hat das Rechtswesen es bisher vermeiden können, sich grundsätzlich zu verändern. Jede Firma hat eigene Vorgehensweisen, Anwaltskanzleien erarbeiten jeweils individuelle Lösungen, Verträge oder Beratungskonzepte, die dann ganz unterschiedlich ausfallen.

Neben ihrer Rolle bei Google gehört O'Carroll zum Leitungsteam des Corporate Legal Operations Consortium (CLOC). Als die Angehörigen dieser Gruppe begannen, miteinander zu reden, stellten sie fest, dass das allgemein übliche Maß der Anpassung an Kundenwünsche häufig gar nicht nötig war. Man verfolgte die gleichen Ziele und gelangte nur deshalb zu unterschiedlichen Lösungsansätzen, weil es keine Standards gab. Standardisierung ist für CLOC und Google eine der Möglichkeiten, den hochgradig maßgeschneiderten Charakter von Rechtsdienstleistungen heute zu hinterfragen.

Für O'Carroll sind Rechtsanwälte Wissensarbeiter. Sie wollen interessante, hochkarätige Aufgaben übernehmen und nicht das Rad neu erfinden – und genau das erwarten auch ihre Klienten von ihnen. Sie hält ihre Partner in Rechtsangelegenheiten dazu an, ihr Wissen smarter zu managen und Systeme der Zusammenarbeit zu entwickeln, um Routineaufgaben zu automatisieren mit dem Ziel, die Rolle des Anwalts aufzuwerten.

Denken Sie Arbeit neu, anstatt sie einfach zu ersetzen

Die Automatisierung ist nicht nur eine Möglichkeit, Ihre Teams aufzuwerten, sie ist auch ein Einladung, grundsätzlich neu darüber nachzudenken, was Sie tun.

Stellen Sie sich der Herausforderung, über das Offensichtliche hinauszublicken. Was können Sie jetzt tun, was früher einfach nicht möglich war? Welche neuen Möglichkeiten gibt es, Probleme zu lösen und Produkte zu entwickeln, die ohne smartere Algorithmen einfach nicht vorhanden waren?

Lassen Sie uns einen Blick auf Goldman Sachs werfen. Vielleicht denken Sie, wer bei Goldman Sachs arbeitet, tritt in die exklusive und konservative Welt des Investmentbankings an der Wall Street ein: Wertpapierhandel, Beratung bei geschäftlichen Transaktionen und Begleitung beim Börsengang. Vielleicht war das in der Vergangenheit so, aber die Dinge ändern sich – wegen der Möglichkeiten, die Automatisierung und Algorithmen bieten.

Vor der Finanzkrise von 2007 waren im US-Devisenkassageschäft im New Yorker Hauptquartier von Goldman Sachs 600 Händler beschäftigt. Heute sind es nur noch zwei. (Als ich diese Zahl gegenüber Manoj Narang erwähnte, dem Hedgefonds-Manager weiter vorn in diesem Buch, war er offensichtlich überrascht, dass es überhaupt so viele sind.) Plötzlich, mit 600 Händlern weniger, gab es jede Menge freien Platz. Goldman beschloss, die verfügbare Immobilie zu nutzen, um kleine Gruppen interner Technologie-Startups unterzubringen, die geschaffen wurden, um im Bereich Daten und maschinelles Lernen etwas Neues auf die Beine zu stellen.

Ein interessantes Beispiel für ein solches Startup ist Marcus, eine Privatkundenbank, benannt nach dem Gründer von Goldman Sachs. Marcus war ursprünglich ins Leben gerufen worden, um Kunden zu helfen, ihre Kreditkarten wieder auszugleichen. Die Bank wird komplett von einem Softwareprogramm verwaltet, ohne menschliche Eingriffe, und es dauerte weniger als ein Jahr, sie ins Leben zu rufen. In den ersten 18 Monaten ihrer Geschäftätigkeit, gab sie neue Kredite im Wert von 3 Milliarden Dollar aus. Interessant ist, dass es Goldman Sachs durch Firmen wie Marcus, die automatisch mithilfe von Algorithmen operieren, möglich wurde, in den Privatkundenbereich vorzudringen – etwas, das früher völlig undenkbar schien.

Ähnliche Beispiele sind in vielen Branchen zu finden. Bei der Automatisierung geht es nicht nur darum, Kosten zu senken. Sie hat auch zu radikal neuen Wegen geführt, Produkte zu entwickeln. Nike beispielsweise hat nicht nur die Stanzen und hydraulischen Pressen automatisiert, die traditionell zur Herstellung von Schuhen dienen. Sie haben sich außerdem mit Flex zusammengetan, einer Technologiefirma, die elektronische Konsumartikel wie Fitbits produziert.

Als Flex sich mit Nike geeinigt hatte, bestellte die Firma 50 verschiedene Paar Schuhe online, um sie auseinanderzunehmen und zu schauen, wie sie gemacht waren. Die Anregung zu dieser brutalen Vorgehensweise stammte von Nike selbst: Mitbegründer Bill Bowerman, ein Leichtathletik-Trainer, hatte angefangen, Laufschuhe herzustellen, indem er vorhandene Schuhe buchstäblich zersägte und sich das Innenleben ansah, auf der Suche nach überflüssigen Bestandteilen, die er weglassen könnte. Seine Schuhe wurden um wenige Gramm leichter, und die Zeiten der Sportler verbesserten sich. Jetzt ging es darum, dass Nike die Wartezeit auf maßgefertigte Schuhe verkürzen wollte. Um die Nachfrage nach personalisierten Schuhen zu befriedigen, sollte die Herstellungszeit für ein einzelnes Paar Schuhe von Wochen auf Tage verkürzt werden.

Bei der Schuhherstellung kommen traditionell viele verschiedene Materialien zum Einsatz, und der Arbeitsaufwand ist hoch. Es können bis zu 200 verschiedene Teile in zehn verschiedenen Größen sein, die oft von Hand zugeschnitten und verklebt werden. Flex, die bisher mit der Produktion von Schuhen nichts zu tun gehabt hatten, sahen die Welt mit anderen Augen. Sie setzten zwei Ideen um, die zuvor als unmöglich galten: das automatische Verkleben der Materialien und den Einsatz von Lasern beim Zuschneiden. Die Ingenieure bei Flex, die geübt darin waren, Lieferkettenprobleme komplizierter elektronischer Produkte zu lösen, erfanden einen Prozess, mit dem jedes Material, ob weich oder hart, mit Lasern in die benötigt Form geschnitten werden konnte, direkt in der Fabrik. Nike-Schuhe wurden jetzt nicht mehr nach einem Schnittmuster angefertigt, sondern jeweils auf Anfrage nach einer digitalen Datei.

Egal ob Sie auf einen neuen Markt vordringen oder mit einem neuen Partner zusammenarbeiten wollen – die Automatisierung ist eine Chance, das, was Sie tun, zu überdenken und aufzuwerten.

Konzentrieren Sie sich auf die Ausnahmen

Wenn Sie die routinemäßigen, vorhersagbaren Teile der Führungstätigkeit automatisieren, was bleibt dann für den Leader zu tun? Wie lassen sich die kognitiven Möglichkeiten eines Geschäftsführers oder Abteilungsleiters am besten einsetzen? Kurz gesagt: mit der Bewältigung von Ausnahmesituationen.

Hyderabad im Süden Indiens ist ein schnell wachsendes IT-Zentrum. Als ich dort einmal einen Vortrag hielt, zeigte mir jemand ein Bild von der dortigen Betriebszentrale einer großen australischen Bank. Die Firma hatte gerade in robotergesteuerte Prozessautomatisierung investiert. Um die Mitarbeiter nicht zu erschrecken, hatte die Bank für ihre neuen Algorithmen Computerterminals und Schreibtische aufgestellt und sie mit „Roboter" beschriftet. Die Angestellten in der Betriebszentrale waren so beeindruckt vom Fleiß und der Effizienz ihrer neuen Kollegen, dass sie dafür stimmten, ihnen die besten Schreibtische zu geben – am Fenster. Ein ausgesprochen seltenes Beispiel für die positive Reaktion der Mitarbeiter auf einen Fall von Automatisierung!

In den nächsten Jahren wird die RPA-Software einen Großteil der Verwaltungs- und Büroarbeit übernehmen, die normalerweise Menschen vorbehalten blieb. Mithilfe dieser Form der Automatisierung lassen sich geschäftliche Routineabläufe ersetzen, indem man mit einem Standard-Nutzerinterface und einfachen Regeln für anfallende Entscheidungen den Umgang von Mensch und Anwendung nachahmt. Sie werden erleben, wie diese Technologie Prozesse wie die Aufnahme neuer Mitarbeiter oder Kunden automatisiert, wie sie Kreditorenkonten verwaltet, Rechnungen versendet und zur Überprüfung von Regelkonformität oder Risiken dient.

Für traditionelle Servicecenter weltweit, wie das in Hyderabad, ist die Prozessautomatisierung ein Riesenproblem. Selbst billige Arbeitskräfte können nicht mit der Effizienz deutlich billigerer Algorithmen konkurrieren, wenn sie den Wertzuwachs, den sie erbringen, nicht neu überdenken. Menschen sind unverzichtbare Ressourcen, selbst in einem hochgradig automatisierten Backoffice, doch ihre Rolle muss sich verändern: von der Ausführung einfacher Arbeiten zur Erledigung von Aufgaben, die Maschinen nach Regeln nicht ausführen können – nämlich hin zu den Ausnahmen von den Regeln. Und das möglichst bald.

Schnelles Handeln ist dabei entscheidend. Die Plattformen werden immer besser darin, Probleme zu identifizieren. Die menschlichen Führer müssen im Gegenzug lernen, proaktiv zu reagieren, um eine Krise zu verhindern oder eine Gelegenheit zu ergreifen. Martin Dewhurst und Paul Willmott von McKinsey & Company drücken das in ihrem Report *Manager and Machine: The New Leadership Equation* folgendermaßen aus: Zwar mögen Führungskräfte heute weniger Zeit mit ganz alltäglichen Managementaufgaben verbringen, aber wenn ein Bericht auf Schwierigkeiten hinweist, ist es ihre Fähigkeit, sofort einzugreifen, die es menschlichen Führungskräften und der Gesundheit ihrer Organisation ermöglicht, sich von Mitbewerbern abzuheben (ob sie nun menschlicher Natur sind oder nicht).

Ausnahmesituationen gibt es nach Ansicht von Dewhurst und Willmott in zweifacher Hinsicht: diejenigen, bei denen man wissen muss, wann es einzuschreiten gilt (um beispielsweise einem Großkunden eine neue Kreditlinie anzubieten), und diejenigen, zu deren Lösung Inspiration nötig ist (um beispielsweise die Organisation wachzurütteln, damit sie schnell reagiert, anders arbeitet oder etwas Innovatives tut).

Wenn wir die Leute in unseren Teams aufwerten wollen, müssen wir unsere eigenen Stärken und Schwächen kennen. Als Menschen streben wir nach Strukturen, aber angesichts großer Datenmengen tun wir uns schwer damit. Außerdem leiden wir unter kognitivem Rauschen, was uns unzuverlässig oder mindestens inkonsequent macht, wenn wir unter Wiederholungsbedingungen immer gleiche Entscheidungen fällen sollen. Wir besitzen jedoch die Fähigkeit, verschiedene Trends, die sich herauskristallisieren, zu unterscheiden und „neue Wahlmöglichkeiten" zu finden, auf eine Art und Weise, die man nicht linear, intuitiv oder initiativ nennen könnte.

Im Hinblick auf unsere Zukunft sind das gute Nachrichten. Man muss nicht weit um sich blicken, wenn man automatisieren und aufwerten will. Menschen, so stellt sich heraus, sind gut darin, Ausnahmesituationen zu bewältigen und den Kontext eines Problems zu verstehen, besonders wenn nur wenige Daten zur Verfügung stehen, die Situation mehrdeutig ist oder es Widersprüche gibt.

ZUSAMMENFASSUNG

1 Automatisierung führt nicht notwendig zur Abschaffung von Arbeitsplätzen, sondern zu ihrer Veränderung. Die Frage, die Sie sich stellen sollten, lautet nicht: *Wann wird mein Job verschwinden?*, sondern *Wie sieht mein neuer Job im alten aus?*

2 Wenn die Aufgaben sich verändern, werden neue Fähigkeiten benötigt. Algorithmische Führer müssen in ihre eigenen Fähigkeiten investieren, um der KI-Revolution immer eine Nasenlänge voraus zu sein und relevant und wertvoll zu bleiben.

3 Die Geschichte der Rechtsabteilung bei Google zeigt, wie man Menschen aufwerten kann, indem man ein Team bildet, das über die anderen Teams nachdenkt. Ein gutes operatives Team sorgt nicht nur für größere Effektivität, sondern strebt danach, die Funktion selbst immer wieder neu zu erfinden.

4 Die Automatisierung ist nicht nur eine Chance, Ihre Teams aufzuwerten, sondern auch eine Einladung, das, was Sie tun, grundsätzlich zu überdenken. Fragen Sie sich selbst, was es ist, das Sie heute tun können, aber vor Beginn des algorithmischen Zeitalters noch nicht.

5 Wir automatisieren zunehmend diejenigen Teile unserer täglichen Arbeit, die sich wiederholen. Dann können wir uns um die Ausnahmen kümmern und nicht lineare Lösungen für komplexe Probleme finden.

FRAGE

Welche Rollen oder Aufgaben innerhalb von Rollen wird es in den nächsten fünf Jahren in Ihrem Team nicht mehr geben, und welche neuen Fähigkeiten oder Befähigungen werden in erster Linie gefragt sein?

Teil 3

VERÄNDERN SIE DIE WELT

8

WENN DIE ANTWORT X IST, FRAGEN SIE Y

„Wenn eine Online-Dienstleistung nichts kostet, sind Sie nicht der Kunde. Dann sind Sie das Produkt."

Tim Cook, CEO von Apple

Entscheiden Sie sich für den richtigen moralischen Weg

Eine besonders wichtige Verantwortung im algorithmischen Zeitalter besteht darin, *Warum?* zu fragen. Wenn der Algorithmus sagt, die Antwort ist X, müssen Sie fragen: *Warum X?*

Warum hat der Algorithmus sich für diese Prognose entschieden? Warum haben wir auf dieses Ergebnis hin optimiert? Warum haben wir unsere Kundendaten so und nicht anders gehandhabt? Warum ist die Endnutzervereinbarung in unserer Rechtsabteilung 20 Seiten lang geworden?

Vielleicht bemerken Sie es schon: Diese Fragen sind schwierig, weil sie mit Ethik und Werthaltungen zu tun haben. Um sinnvolle Antworten zu bekommen, müssen Sie sich komplexen moralischen Dilemmas stellen. Was genau ist Ihre moralische Richtschnur? Reicht es aus, sich an Recht und Gesetz zu halten, oder brauchen Sie eine weitere Orientierungshilfe, was Richtig und Falsch angeht?

Die Auseinandersetzung mit ethischen Fragen im digitalen Zeitalter ist eine Herausforderung. Als Führer im 21. Jahrhundert werden Sie und Ihre Organisation vor schwierigen Entscheidungen stehen. Ihre Kunden werden von Ihnen erwarten, dass Sie mithilfe von Kundendaten personalisierte und vorausschauende Dienstleistungen anbieten, während Sie gleichzeitig die unangemessene Verwendung dieser Daten und ihre Manipulation verhindern. Hacker, Terroristen und Schurkenstaaten werden Einfluss auf die Dinge nehmen und die digitale Bedrohung erhöhen. Regulierer, Politiker und andere staatliche Behörden werden eigene Positionen definieren und schützen wollen, je mehr das öffentliche Problembewusstsein wächst.

Angesichts solcher Herausforderungen wirkt Googles früheres Motto „Don't be evil" sowohl vorausschauend als auch naiv. Wenn wir Systeme entwickeln, die besser in der Lage sind, den Nutzer zu verstehen und individuelle Dienstleistungen anzubieten, wächst gleichzeitig unsere Fähigkeit, Böses zu tun. Und dabei stellt sich immer noch die Frage: Was ist eigentlich böse? Heißt das Gesetze brechen, den Branchenkodex verletzen oder das Vertrauen der Nutzer missbrauchen?

2013 haben die Forscher Michal Kosinski, David Stillwell und Thore Graepel einen Aufsatz in den *Proceedings of the National Academy of Sciences* veröffentlicht, der zur nützlichen Fallstudie wurde, was die Untersuchung der Ethik im algorithmischen Zeitalter angeht, und zum Wegbereiter für einen ganz entscheidenden Moment im Hinblick auf die digitale Privatsphäre.

Unter dem Titel „Private Traits and Attributes Are Predictable from Digital Records of Human Behavior" zeigte die Abhandlung, dass „Likes" auf Facebook (die zu jener Zeit grundsätzlich öffentlich zugänglich waren) dazu dienen konnten, automatisch und sehr genau eine Reihe hochsensibler persönlicher Eigenschaften zu prognostizieren, darunter das Geschlecht, die sexuelle Orientierung, die ethnische Zugehörigkeit, religiöse und politische Überzeugungen, persönliche Charakterzüge, Drogennutzung, ob die Eltern getrennt oder zusammen lebten und das Alter. Hohe Intelligenz beispielsweise ließ sich aus den Ansichten eines Nutzers oder einer Nutzerin über Gewitter und Spiralpommes ablesen; geringe Intelligenz äußerte sich in einer Vorliebe für Sephora und Harley-Davidson.

Besonders verblüffend war die Entdeckung der Forscher, dass Menschen zwar beschließen konnten, bestimmte Informationen über ihr Leben nicht preiszugeben, beispielsweise ihre sexuelle Orientierung oder ihre politischen Vorlieben, aber dass diese Informationen sich aus anderen Aspekten ihres Lebens, die sie offenlegten, mit einer gewissen statistischen Wahrscheinlichkeit dennoch vorhersagen ließen. Das spielte eine große Rolle, denn nur wenige Nutzer waren über Likes verbunden, die ihre Eigenarten explizit preisgaben. Beispielsweise waren weniger als fünf Prozent der Nutzer, die man als schwul identifiziert hatte, ausdrücklich mit schwulen Gruppen verbunden. In ähnlicher Weise lässt sich Ihre Bereitschaft, die Demokraten zu unterstützen, präziser danach vorhersagen, ob ihnen Hello Kitty gefällt, als durch einen „Like" für Barack Obama.

Als sie ihre Studie veröffentlichten, räumten die Forscher ein, dass ihre Ergebnisse Gefahr liefen, durch Dritte missbraucht zu werden, beispielsweise um zur Diskriminierung aufzufordern. Doch da, wo andere Gefahren und Risiken sahen, erblickte Aleksandr Kogan, einer von Kosinkis Kollegen an der Cambridge University, Chancen. Anfang 2014 unterzeichnete Cambridge Analytica, eine britische Beratungsfirma aus dem politischen Bereich, einen Vertrag mit Kogan: Mittels einer privaten Unternehmung wollte man aus der Arbeit von Kosinski und seinem Team Kapital schlagen.

Kurz darauf entwickelte Kogan ein Persönlichkeitsquiz, das er thisisyourdigitallife nannte; Cambridge Analytica bezahlte Menschen, die daran teilnahmen. Wie bei vielen beliebten Tests in Lifestyle-Magazinen forderte die App die Nutzer dazu auf, Fragen zu beantworten. Im Gegenzug erhielten sie ein psychologisches Profil. Um den Test zu absolvieren, mussten die Nutzer ein Facebook-Konto haben und in den USA als Wähler registriert sein, damit das Profil gegen das Wählerverzeichnis abgeglichen werden konnte. Dann kombinierte die App die Ergebnisse des jeweiligen Quiz mit den Daten aus dem Facebook-Account des Nutzers – und mit den Daten aus den Konten seiner Freunde.

Kogan konnte die Befragung überhaupt nur entwickeln, weil es bei Facebook eine Initiative gab, die es Dritten ermöglicht, auf Facebook-Daten zuzugreifen. Mehrere Jahre zuvor, im April 2010, hatte Facebook eine Plattform namens Open Graph geschaffen, über die externe Entwickler mit Facebook-Nutzern kommunizieren und um die Erlaubnis bitten konnten, ihre persönlichen Daten zu nutzen – und, wichtig für diese Geschichte, auch die Daten ihrer Freunde. Geschätzt haben rund 300 000 Facebook-Nutzer den Test absolviert. Später stellte sich heraus, dass Cambridge Analytica die Daten, die mithilfe des Tests abgefragt worden waren, dazu benutzte, auf die Konten von 87 Millionen Facebook-Nutzern zuzugreifen und Profile zu erstellen.

Es war nicht das erste Mal, dass soziale Medien eine Rolle im Kontext der US-Politik spielten. Anfänglich benutzten politische Parteien Facebook als Hilfsmittel, um die Unterstützung durch die Basis zu koordinieren. Chris Hughes, Mitbegründer von Facebook, verließ die Firma Anfang 2007, um für den damaligen Senator Barack Obama und seine neue Medienkampagne zu arbeiten. Im Team war er für die Entwicklung von My.BarackObama.com zuständig, einer Plattform, auf der sich mehr als zwei Millionen Freiwillige eintrugen. Sie unterstützen die Partei bei der Planung und Vermarktung von 200 000 Offline-Events und sammelten über 30 Millionen Dollar an Spenden.

Bei der Kampagne zu seiner Wiederwahl 2012 stützte sich Obamas Team noch stärker auf neue Technologien. Sie heuerten Analysten, Techniker und Spezialisten für digitales Marketing an, die vorher für Online-Händler und Internetfirmen gearbeitet hatten. Bei seiner ersten Wahl hatte Obama sechs Datenanalysten. Bei der zweiten Wahl hatte er ungefähr 80. Das neue Datenteam war besonders von A/B-Tests begeistert. Dieses Werkzeug aus dem Online-Einzelhandel ist eine datenbasierte Möglichkeit, unter mehreren Optionen die beste auszuwählen. Jedes Mal, wenn Obamas Team eine E-Mail versandte und um Spenden oder Unterstützung bat, probierten sie verschiedene Versionen ihrer Überschriften, Formulierungen und Handlungsaufforderungen aus. Künftige Aussendungen passten sie dann an, je nachdem welche Option laut Datenbank am besten funktioniert hatte.

Ende 2013 saß ich zusammen mit Jim Messina in Oslo in einem Taxi. Er war unter Präsident Barack Obama von 2009 bis 2011 der persönliche Berater des Chief of Staff im Weißen Haus gewesen, der seinerseits der oberste Berater des Präsidenten ist. Bei der Wiederwahl 2012 hatte er die Wahlkampagne geleitet. Ich fragte ihn nach seinen Erfahrungen.

Messina erläuterte, in der Planungsphase der Kampagne habe er viele charismatische Führungspersönlichkeiten getroffen, um herauszufinden, worin die Formel für den Wahlsieg liegen könne. Eric Schmidt, der CEO von Google, warnte ihn, keinesfalls jemanden aus der Politik anzuheuern; lieber solle man etwas völlig Neues probieren. Anna Wintour, Herausgeberin von *Vogue*, riet dazu, das Logo zu ändern; dann müssten alle Anhänger neue T-Shirts kaufen. Steven Spielberg meinte, der erste Wahlsieg sei vergleichbar gewesen mit den Rolling Stones in den 1960er-Jahren, beim zweiten Mal würde alles anders sein. Jetzt waren die Rocker älter und berühmter und die Konzertkarten teurer. Es würde nicht so leicht sein, die Leute aufzurütteln. Für Spielberg hieß das, die Kampagne musste möglichst sexy sein.

Steve Jobs hielt sein iPhone hoch und sagte: „Wenn alles, was du veranstaltest, in 16 Monaten nicht hier drauf ist, hast du verloren." Er erklärte, 2008 habe alles Relevante auf der Internetseite der Partei gestanden, aber dieses Mal würde es darum gehen, was sich an anderen Orten im Netz und auf den Smartphones abspielte.

Interessanterweise entwickelte auch Obamas Wahlteam eine Facebook-App, genau wie Cambridge Analytica, mit deren Hilfe sie an Daten gelangen wollten. Die App erlaubte den Nutzern, Geld zu spenden, nachzulesen, wie man seine Wahlberechtigung nachweisen konnte, und Häuser in der Nachbarschaft zu finden, in denen man auf Stimmenfang gehen konnte. Die App bat um die Genehmigung, die Fotos der Nutzer zu scannen, außerdem um ihre Listen mit Freunden und ihre Newsfeeds. Der entscheidende Unterschied war, dass die Leute, die sich eintrugen, wussten, dass sie ihre Daten im Rahmen einer politischen Kampagne weitergaben (auch wenn ihre Freunde das nicht wussten). Wer die Cambridge-Analytica-nahe App benutzte, hatte keine Ahnung, dass die eigenen Daten für politische Zwecke eingesetzt werden würden. Bei jener App hatte man lediglich darauf hingewiesen, dass es sich um einen Psychotest handele, der von Forscher der Cambridge University ausgewertet werden würde.

Entscheidend für Obamas Kampagne 2012 war jedoch nicht Facebook. Ausschlaggebend waren die Set-Top-Boxes, die es seit Neuestem gab. Dadurch konnte sein Wahlkampfteam Korrelationen zwischen Wahlverhalten und Lieblingssendungen im Fernsehen herstellen. Messina schätzte, durch den Zugang zu diesen Daten hätten sie mehr als 40 Millionen Dollar gespart und außerdem neue Muster entdeckt, die ihnen ermöglichten, ein bestimmtes Wählersegment anzupeilen, ohne teure Werbeplätze zur Hauptfernsehzeit kaufen zu müssen. Die Daten zeigten ihnen genau, in welche Fernsehsendungen sie sich am besten einkaufen sollten, weil sie so Korrelationen zum Wahlverhalten der Zuschauerschaft herstellen konnten.

Ich fragte Messina, was er glaube, inwieweit der Krieg mit den Mitteln der Technik bei der nächsten Wahl noch zunehmen würde. Er sagte, er würde einen Punkt erreichen, an dem man seine Botschaften und seine Wahlwerbung gezielt auf ganz bestimmte Wähler richten könne, und damit wäre, in gewissem Sinne, das Ende der Demokratie erreicht. Als wir darüber sprachen, war mir noch überhaupt nicht klar, dass bereits Kräfte mobilisiert wurden, die seine Äußerung erschreckend prophetisch erscheinen lassen würden.

2014 hatte Facebook begriffen, dass sich ein Problem anbahnte, und die Regeln für den Zugang Dritter zu den Nutzerdaten wurden angepasst. Diese Veränderung bedeutete, dass Entwickler die Daten der Freunde von Nutzern künftig nicht mehr verwenden konnten, ohne ihre ausdrückliche Zustimmung einzuholen. Cambridge Analytica war jedoch noch immer im Besitz der Daten vom vergangenen Jahr. Und Ende 2015 berichtete der *Guardian*, die Firma sei engagiert worden, um Ted Cruz bei der Bewerbung um die Präsidentschaftskandidatur gegenüber seinem Rivalen Donald Trump zu helfen. Man beabsichtige, psychologische Daten und Profile in ähnlicher Weise zu nutzen wie Kosinski und sein Team. Als Reaktion auf die Story wollte Facebook Kogans App verbieten lassen und Cambridge Analytica dazu bewegen, die gewonnenen Daten zu löschen.

Anfang 2016, unmittelbar vor der Präsidentschaftswahl, begann Trumps Wahlkampfteam massiv in Anzeigen auf Facebook zu investieren, unterstützt von Cambridge Analytica. Mitte März 2018 enthüllte Whistleblower Christopher Wylie, der bei der Firma gearbeitet hatte, gegenüber dem *Guardian* und der *New York Times*, man habe Kogans Originaldaten benutzt, um Wählerprofile einzelner Menschen zu entwickeln und ihnen politische Botschaften zuzustellen.

Facebook-CEO Mark Zuckerberg reagierte nur langsam auf den wachsenden öffentlichen Protest. Als er sich schließlich äußerte, sprach er von einer „Angelegenheit", einem „Fehler" und einem „Vertrauensbruch", aber nicht von einer Verletzung der Datensicherheit. Zwei Wochen später veröffentlichte Facebook ganzseitige Anzeigen in Großbritannien und den USA und entschuldigte sich erneut für den „Vertrauensbruch". Man gestand ein, die Firma hätte mehr tun können, um die Daten von Millionen Nutzern zu schützen.

Mittlerweile wurden die Datenregulierer unruhig. Die Federal Trade Commission erklärte, es würde eine Untersuchung geben, ob der Umgang mit den Facebook-Daten ein Anerkenntnisurteil aus dem Jahr 2011 verletzt habe, das auf eine zwei Jahre währende Untersuchung der Datenschutzgepflogenheiten von Facebook seitens der Behörde zurückging.

Hatte Facebook gleich zwei Fehler gemacht, indem sie bereits im Vorfeld die falsche Politik im Umgang mit ihren Nutzerdaten verfolgten und sie dann auch noch allzu offen mit ihren Partnern teilten? Hätten sie die Reaktion der US-Senatoren voraussehen müssen, die schließlich eine Anhörung im Kongress anberaumten und mehr Geld für Lobby-Gruppen ausgaben? Hätte eine umfassendere Nutzervereinbarung Facebook vor Haftungsansprüchen geschützt? Oder war das alles einfach nur Pech? War es zum damaligen Zeitpunkt vernünftig, Kogan Daten für seine Untersuchung zur Verfügung zu stellen?

Wie hätten Sie als algorithmischer Führer anstelle von Facebook entschieden, vor und während der Krise? Eine Möglichkeit, die Entscheidungen von Facebook aus ethischer Sicht zu beurteilen, besteht darin, im Vergleich die Situation bei Apple zu beleuchten.

In den letzten zehn Jahren wurde Apple immer wieder vorgeworfen, sich völlig anders zu verhalten als „Schwesterfirmen" wie Facebook oder Google. Bei Apple gibt es ein geschlossenes Ökosystem mit strengen Kontrollen: Sie können nur von Apple autorisierte Software auf ein iPhone laden. Die Firma gehörte auch zu den ersten, die ihre Geräte vollständig verschlüsselte, unter anderem durch die Anwendung von Ende-zu-Ende-Verschlüsselung für iMessage und FaceTime bei der Kommunikation zwischen Nutzern. Als das FBI ein Passwort verlangte, um ein Handy zu entsperren, lehnte Apple ab und zog vor Gericht, um seinen Standpunkt bestätigen zu lassen. Apple leistete Pionierarbeit, um das Werbetracking durch Cookies auf iOS-Geräten zu blockieren. Als Apple Pay auf den Markt kam, blieb die Privatsphäre der Kunden gewahrt; man verwendete nicht sämtliche Daten für eigene Analysen.

Ein wesentlicher Unterschied zwischen Facebook und Apple sind die Endnutzervereinbarungen. Bei Facebook handelt es sich um ein kompliziertes juristisches Dokument, das sich ständig verändert und schwer zu verstehen ist. Die Endnutzervereinbarung von Apple ist einfacher; aus meiner Sicht spricht das für einen stärker kundenzentrierten Ansatz.

Während Facebook mit seinem Verhalten dem Buchstaben des Gesetzes entsprochen haben mag und sich im Rahmen des Branchenüblichen bewegte, lag ihnen damals sicher nicht in erster Linie das Interesse ihrer Kunden am Herzen. Das war es, was Zuckerberg letztlich meinte, als er sagte, Facebook habe das Vertrauen seiner Nutzer gebrochen. Dafür mag es einen einfachen Grund geben. Apple verkauft Produkte an Verbraucher. Bei Facebook ist der Verbraucher das Produkt. Facebook verkauft Verbraucher an Werbetreibende.

Noch ist es ein wenig früh für die große ethische KI-Debatte, die vermutlich das nächste Jahrzehnt bestimmen wird, aber ein Prinzip zeichnet sich bereits ab: Es ist unmöglich, Diener zweier Herren zu sein. Am Ende hält man sich mit seiner Firma an Recht und Gesetz, oder man stärkt den Nutzer. Die Entscheidung mag auf den ersten Blick leicht erscheinen, aber in der Praxis ist die Sache komplizierter.

Wenn man im besten Interesse der eigenen Kunden handelt, geht das über die reine Befolgung gesetzlicher Vorschriften hinaus; auf kurze Sicht ist das zweifellos teurer. Der Lohn dafür ist die Loyalität der Kunden.

Vermeiden Sie die Verbreitung von Vorurteilen durch Automatisierung

Wenn es um ethische Fragen geht, müssen algorithmische Führer darauf achten, dass es in den Systemen, die sie entwickeln und verwalten, möglichst keine Voreingenommenheiten gibt.

Die Vorstellung, dass Maschinen irgendwie unparteiischer sind als Menschen und weniger zu Vorurteilen neigen, ist unrealistisch. Es ist nicht nur problemlos möglich, einen Algorithmus zu schaffen, der die Vorurteile seiner Programmierer widerspiegelt, sondern man kann ein solches Vorurteil durch Automatisierung obendrein unbeabsichtigt vergrößern.

Maschinen können genauso voreingenommen sein wie Menschen, auch wenn unsere Vorurteile von anderer Natur sind. Menschliche Vorurteile entstehen meist aus heuristischen Gründen: Wir nehmen mentale Abkürzungen, um Defizite im Denken auszugleichen. Beispielsweise ziehen wir voreilige Schlüsse, wenn wir vor einer Entscheidung stehen (Verfügbarkeitsheuristik), oder wir legen übergroßes Gewicht auf unsere persönlichen Erfahrungen (Ankerheuristik), oder wir wählen Belege so aus, dass sie zu einer vorgefassten Überzeugung passen (Bestätigungsfehler).

Maschinelle Vorurteile entstehen demgegenüber aufgrund der Entwicklung, der Daten oder der Automatisierung. Ist der beliebteste Song auf einer Internetseite derjenige, den die meisten Personen liken, oder ist es derjenige, der als erster auf Platz 1 steht? Die Gestaltung eines Algorithmus kann zu Bestätigungsfehlern führen. Der Algorithmus, nach dem eine Maschine lernt, kann bisher unbemerkte Muster in Daten entdecken, aber wenn die Daten selbst fehlerhaft sind, oder wenn wichtige Attribute fehlen, dann ist die Prognose, die aufgrund dieser Daten erstellt wird, ebenfalls fehlerhaft oder einseitig.

Caroline Sinders ist Daten-Ethnographin. Ihre Aufgabenstellung ist noch relativ neu und auf eine Welt ausgerichtet, in die die Kultur der

Datensätze so wichtig sein wird wie die Gestaltung von Schnittstellen. Sinders hat als Fotografin und als Informatikerin gearbeitet. Von der Fotografie hat sie nicht nur gelernt, Menschen genau zu beobachten, sondern auch Gedanken über den gezielten Umgang mit Bildern nachzudenken, etwa über die Frage, wohin man sie stellt und wie man sie präsentiert.

Als ich mit ihr darüber sprach, was nötig ist, um algorithmische Vorurteile zu erkennen und zu vermeiden, erklärte Sinders, ganz wichtig sei es, den Inhalt der eigenen Datensätze zu kennen. Je mehr Entscheidungen wir den Datensystemen überlassen, desto besser sollten wir die Bestandteile dieser Datensätze verstehen, und das betrifft nicht nur die Programmierer, sondern auch die leitenden Wirtschaftsführer in der jeweiligen Organisation.

Wirtschaftsführer müssen wissen, wie sie die richtigen Fragen im Hinblick auf ihre Daten stellen. Wie alt sind die Daten? Wie groß ist der Datensatz? Wer hat ihn zusammengestellt und wie breit gefächert oder repräsentativ ist er? Wurden die Daten für einen begrenzten, speziellen Zweck gesammelt oder für einen allgemeinen? Lernende Maschinen sind großartig darin, statistische Muster zu entdecken, aber es kann auch passieren, dass sie verschiedene, wenngleich potenziell relevante Sonderfälle unberücksichtigt lassen, weil sie auf der Suche nach dem Allgemeinen sind.

Am Anfang ihrer beruflichen Laufbahn hat Sinders mit Clay Shirky zusammengearbeitet, der darüber theoretisiert, wie Menschen sich im Internet organisieren. Das hat ihr Interesse geweckt, Programme für Digital Communities und maschinelle Sprachverarbeitung zu entwickeln. Dadurch ist sie bei IBM Watson gelandet, wo ihr sehr schnell klar wurde, dass bei allem vorhandenen Ingenieurswissen überraschenderweise das Bewusstsein für die kulturellen Fragen fehlt, die mit den Daten einhergehen.

Nach Sinders Ansicht müssen Organisationen, wenn sie ein brauchbares algorithmisches System schaffen wollen, unbedingt darauf achten, dass sie die richtigen Fragen stellen. Entwickler müssen Strategen sein, die sich wirklich Gedanken über die Menschen machen, Ingenieure müssen ethische Entscheidungen verstehen und Wirtschaftsführer müssen alle möglichen Szenarien diskutieren, in welcher Hinsicht etwas schief laufen könnte.

Damit all das stattfindet, ist es wichtig sicherzustellen, dass es in Ihrer eigenen Organisation genug Vielfalt gibt, dass verschiedene Ansichten und Perspektiven in den Prozess Eingang finden.

„Ich glaube, wenn in einem System unbeabsichtigt Voreingenommenheiten entstehen, liegt das vor allen Dingen daran, dass es zu wenig Diversität gibt und keiner die Fehler, die gemacht wurden, bemerkt oder die richtigen Fragen stellt", erläuterte Sinders bei unserem Treffen.

Diversität ist nicht nur eine Frage von Rasse oder Kultur, sie hat auch mit dem Geschlecht zu tun. Im technischen Bereich dominieren immer noch Männer. LivePerson hat kürzlich eine Umfrage unter US-Verbrauchern durchgeführt und gefragt, ob die Teilnehmer an der Umfrage eine weibliche Führungsperson im technischen Bereich nennen könnten. Nur 8,3 Prozent der Befragten sagten ja – und ein Viertel von ihnen nannte „Siri" oder „Alexa" als Beispiel.

Immer häufiger erleben wir, dass Algorithmen Schwierigkeiten haben, mit der Vielfalt unserer Welt zurechtzukommen. So haben beispielsweise die Algorithmen von Google Photos schwarze Männer als Gorillas identifiziert. Die Foto-Filter-App FaceApp hat eine Funktion veröffentlicht, die ihre Nutzer „heißer" aussehen lassen soll: Sie hellte den Hautton auf und machte die Augen runder. Tay, der Chatbot von Microsoft, war ein Experiment, um Kunden der Jahrgänge 1980 bis 2000 zu gewinnen. Durch Interaktion auf sozialen Plattformen wie Twitter sollte er lernen, ihre Sprache zu sprechen. Es dauerte lediglich 24 Stunden, und die 18- bis 20-Jährigen hatten dem Chatbot eine so gewalttätige und rassistische Sprache beigebracht, dass man ihn offline stellen musste, um „Anpassungen" vorzunehmen.

Manchmal können algorithmische Systeme dazu beitragen, nicht nur Stereotype, sondern auch ökonomische und soziale Grenzziehungen tiefer zu verankern. ProPublica fand 2016 heraus, dass die Software, mit deren Hilfe Algorithmen voraussagen, wer voraussichtlich wieder straffällig wird, massiv gegen schwarze Beschuldigte eingenommen war. Kate Crawford, leitende Wissenschaftlerin bei Microsoft Research, fand das wenig überraschend. Ihrer Ansicht nach spiegeln Datensätze nicht nur die Kultur, sondern auch die Hierarchien jener Welt wider, in der sie erstellt wurden. Algorithmen können bestehende Vorurteile verstärken. Für Crawford lauten die ultimativen Fragen im Hinblick auf Fairness beim maschinellen Lernen: *Wer profitiert von dem System, das wir entwickeln?* und *Wer hat möglicherweise darunter zu leiden?*

Manchmal gibt es keine guten Antworten auf derartige Fragen. Wer ein effektiver algorithmischer Führer sein will, muss wissen, wann Plattformen, auf denen Maschinen lernen, nicht mehr in der Lage sind, sozial akzeptable Ergebnisse zu liefern. An diesem Punkt sind von Menschen entwickelte automatische Modelle dann vielleicht die einzig mögliche Lösung.

Tobias Baer, Partner von McKinsey & Company im Büro in Taipei, und Vishnu Kamalnath, Spezialist im nordamerikanischen Knowledge

Center in Massachusetts, glauben, dass es Situationen gibt, in denen man Vorurteile am besten dadurch vermeidet, dass man keine Algorithmen für maschinelles Lernen verwendet. In einem solchen Fall gilt es abzuwägen: Algorithmen sind schnell und bequem, während von Hand entwickelte Modelle wie Entscheidungsbäume, logistische Regression und selbst ein Mensch, der eine Entscheidung fällt, eine flexiblere und transparentere Lösung darstellen.

Algorithmische Führer sollten sich nicht nur möglicher Voreingenommenheiten bewusst sein, sondern auch sicherstellen, dass ihr Team vielfältig genug aufgestellt ist, damit sie tief genug in die möglichen Auswirkungen der Systeme, die sie entwickeln, hineinblicken und Ihnen helfen können, gegebenenfalls eine Alternative zu entwickeln.

Die Abwägung der Erklärbarkeit

Eine unserer größten Sorgen im Umgang mit KI ist nicht, dass sie sich gegen uns wenden könnte, sondern dass wir möglicherweise nicht verstehen, wie sie funktioniert.

Algorithmen, die maschinelles Lernen ermöglichen, werden mitunter als Black Box bezeichnet, weil sie einem geschlossenen System ähneln, das einen Input nimmt und einen Output erzeugt, ohne uns das Warum zu erklären.

Zu wissen „warum" etwas geschieht, ist in vielen Branchen wichtig, besonders in solchen mit treuhänderischen Verpflichtungen, etwa bei Verbraucherkrediten, oder im Gesundheits- und Bildungswesen, wo es um Menschenleben gehen kann, oder bei militärischen oder Regierungsanwendungen, wo man sich für seine Entscheidungen rechtfertigen muss.

Bedauerlicherweise ist die Erklärbarkeit problematisch, wenn es um Plattformen im Deep-Learning-Bereich geht. Wenn es problemlos möglich wäre, den Zusammenhang von Input und Output nachvollziehbar darzustellen, würde man im betreffenden Fall vermutlich überhaupt keine lernenden Maschinen benötigen. Die Verwendung neuronaler Netzwerke und anpassungsfähiger Algorithmen bedeutet, dass in vielen Fällen die KI von der KI programmiert wird. Die resultierenden Verbindungen sind höchst aussagekräftig, erweisen sich aber als problematisch, wenn es um die Erklärbarkeit geht.

Anders als bei der Verwendung eines Systems, das von Hand kodiert wurde, können Sie bei einem neuronalen Netzwerk nicht einfach hineingucken und nachschauen, wie es funktioniert. Nicht einmal die Leute, die komplexe KI-Systeme entwickeln, können vollständig erklären, wie oder warum sie zu einem bestimmten Schluss gelangen. Genau wie ein menschliches Gehirn besteht ein neuronales Netzwerk aus Tausenden nachgebildeter Neuronen, die in untereinander verbundenen Schichten angelegt sind. Sie alle erhalten Ein- und Ausgabesignale, die dann an die nächste Schicht weitergegeben werden, und so weiter, bis das endgültige Ergebnis erreicht ist.

Deep Patient beispielsweise, ist eine Deep-Learning-Plattform im Mount Sinai Hospital in New York. Sie erhielt ihre „Ausbildung" mithilfe elektronischer Patientenakten von 700 000 Menschen und hat sich als sehr geschickt darin erwiesen, Krankheiten zu prognostizieren und verborgene Muster in den Krankenhausdaten aufzuspüren, die einen frühen Hinweis darauf ermöglichten, wenn ein Patient Gefahr lief, gleich mehrfach zu erkranken, darunter an Leberkrebs, und das ohne menschliche Hilfe.

Dann zeigte sich zur allgemeinen Verwunderung sogar, dass Deep Patient die Fähigkeit besaß, den Ausbruch bestimmter psychiatrischer Störungen wie Schizophrenie vorauszusagen – ein Phänomen, das selbst Ärzte nur schwer prognostizieren können. Für die Mediziner besteht in einem solchen Kontext die Herausforderung darin, einerseits die Effizienz und den Wert des Systems zu erkennen, aber andererseits genau zu wissen, wie weit man ihm vertrauen kann – angesichts des Umstands, dass seine Funktionsweise nicht hundertprozentig durchschaubar ist.

Manche Organisationen und Industriezweige investieren in die Möglichkeit, Maschinenlernsysteme zu überwachen und zu erklären. Die Defense Advanced Research Projects Agency (DARPA) finanziert aktuell ein Programm namens Explainable KI, dessen allgemeines Ziel darin besteht, das tiefe Lernen, das dem Betrieb von Drohnen und der Informationsbeschaffung zugrunde liegt, zu interpretieren. Capital One, eine Bankholdinggesellschaft, hat ebenfalls ein Forschungsteam aufgestellt, das nach Möglichkeiten sucht, Deep Learning besser zu erklären, weil diese Art Firmen laut US-Vorschriften Entscheidungen begründen müssen, beispielsweise warum sie einem potenziellen Kunden eine Kreditkarte verweigert haben.

Die algorithmische Regulierung wird in den nächsten Jahren zunehmen, wenn die Öffentlichkeit sich mehr Gedanken über die Auswirkungen von KI auf ihr Leben macht. Beispielsweise verlangt die EU nach der Datenschutz-Grundverordnung, die 2018 verabschiedet wurde, dass Firmen in der Lage sind, Entscheidungen, die von einem Algorithmus getroffen wurden, zu erklären.

Algorithmen müssen reguliert werden, weil es um Verantwortung geht. KI erklärbar zu machen bedeutet nicht nur, Wirtschaftsführern zu versichern, dass sie algorithmischen Entscheidungen vertrauen können.

Vielmehr dreht es sich darum, dass es möglich sein muss, die Entscheidungen einer KI anzufechten. Die Frage der algorithmischen Transparenz berührt nicht nur das maschinelle Lernen, sondern alle Algorithmen, deren innere Funktionsweise nicht offensichtlich ist.

Algorithmen, die nicht vorurteilsfrei arbeiten oder deren Funktionsweise unklar ist, sind bereits gerichtlich angefochten worden. So hat beispielsweise der Lehrerverband von Houston 2014 ein Verfahren gegen die örtliche Schulbehörde angestrengt und behauptet, die Art und Weise wie der Distrikt einen geheimen Algorithmus nutze, um über die Bewertung von Lehrern, ihre Entlassung und die Vergabe von Boni zu entscheiden, sei unfair. Das System wurde von einer Privatfirma entwickelt, die ihre Algorithmen als Firmengeheimnis behandelte und den Lehrern darüber keine Auskunft gab. Ohne zu wissen, wonach sie beurteilt würden, sagten die Lehrer, hätten sie keine Möglichkeit, eine Kündigung oder Bewertung anzufechten. Das Bezirksgericht stellte fest, die unerklärbare Software verletzte das Recht der Lehrer auf ein ordentliches Gerichtsverfahren nach dem 14. Amendment. 2016 wurde das Verfahren abgeschlossen. Seither wird der Algorithmus nicht mehr verwendet. In den nächsten Jahren wird die Zahl vergleichbarer Verfahren vermutlich zunehmen.

KI-Systeme sind so erfolgreich, weil sie Lösungen anbieten, die einem Menschen nicht direkt einleuchten. Daher mag es gute Gründe geben, sie als Hilfsmittel zu benutzen, selbst solange sie nicht letztlich erklärbar sind. Die Herausforderung für den Leader besteht darin, die Probleme in der eigenen Organisation zu identifizieren, die sich für die Anwendung einer algorithmischen Lösung eignen – in der Regel bedeutet das, KI-basierte Lösungen für Probleme zu suchen, die weder kontrovers noch politisch oder sozial sensibel sind.

Nehmen wir beispielsweise die Rechenzentren. Sie werden immer größer und leistungsfähiger und haben dabei mit der enormen Hitze zu kämpfen, die ihre Server erzeugen. Wegen dieser Temperaturprobleme haben einige Firmen bereits extreme Maßnahmen ergriffen. So hat beispielsweise Microsoft unterseeische Rechenzentren im Meer vor der schottischen Küste eingerichtet und Facebook baut eine Betriebszentrale im entlegenen Nordschweden. Wie bereits erwähnt, war es mithilfe von DeepMind möglich – durch die KI-gesteuerte Kontrolle der Klimaanlage in den Rechenzentren von Google – ein Gleichgewicht herzustellen zwischen der potenziell unerklärlichen Handlungsweise, die Algorithmen empfehlen, und einem Satz Sicherheitsprotokollen, die von Menschen entwickelt wurden.

Selbst wenn wir es in einer idealen Welt bevorzugen würden, die Empfehlungen und Voraussagen der KI-Systeme vollständig zu verstehen, sieht die Realität vorerst so aus, dass algorithmische Führer stattdessen akzeptable Kompromisse finden müssen, mit entsprechenden Sicherheitsvorkehrungen, um wettbewerbsfähig zu bleiben. Anstatt sich darum zu bemühen, eine KI vollständig zu verstehen, kann es sinnvoller sein, darüber nachzudenken, wofür genau die Algorithmen optimiert sind.

Wählen Sie das richtige Ziel

Ich will Ihnen die Wahrheit sagen: Ich vertraue den Navigationssystemen im Auto nicht hundertprozentig.

Ich werde einfach den Verdacht nicht los, dass Apps wie Waze oder Google Maps mir nicht diejenigen Routen zu meinem Ziel zeigen, die für mich persönlich die schnellste ist, sondern eine andere, nicht ganz so optimale Route, die im Interesse aller so gelegt wird, dass möglichst keine Staus entstehen. Natürlich verstehe ich, dass es Sinn macht, ein Netzwerk als Gesamtheit zu organisieren und zu verwalten. Die Alternative wäre Anarchie. Aber im Stillen träume ich von meiner eigenen, gegnerischen Auto-KI, die mich schneller ans Ziel bringt als alle anderen.

Man erfährt viel über eine KI, wenn man weiß, auf welches Ziel hin sie optimiert ist. Wenn Sie sich auf die Frage der Optimierung konzentrieren, müssen Sie die Systeme nicht durch die Forderung nach vollständiger Erklärbarkeit verkrüppeln. Der Technologie-Theoretiker David Weinberger beispielsweise meint, wenn wir Deep-Learning-Plattform so weit herunterschrauben, dass wir sie tatsächlich verstehen, würden wir unsere Motivation untergraben, überhaupt Algorithmen zu verwenden: ihre Komplexität und ihre Abstufungsmöglichkeiten. Weinberger glaubt, wir sollten uns lieber überlegen, eine möglichst geeignete Aufgabe für den Algorithmus zu suchen, und uns keine Gedanken darüber machen, wie der Algorithmus zu einer spezifischen Schlussfolgerung gelangt.

Optimierung ist ein wichtiges Stichwort. Das klassische Gedankenexperiment des schwedischen Philosophen Nick Bostrom heißt „der Büroklammer-Maximierer". Es beschreibt, wie eine KI am Ende die Welt zerstören könnte. In einem Aufsatz von 2003 schreibt Bostrom unter dem Titel „Ethical Issues in Advanced Artificial Intelligence", dass „eine Möglichkeit, wie das geschehen kann, darin besteht, dass ein wohlmeinendes Team von Programmierern einen großen Fehler bei der Festlegung der Zielsetzung macht. Das könnte, um zum früheren Beispiel zurückzukehren, zu einer Superintelligenz führen, deren vorrangiges Ziel darin besteht, Büroklammern zu produzieren, und die deshalb erst die gesamte Erde und dann immer größere Teile des Weltraums in Fabriken zur Herstellung von Büroklammern verwandelt."

Die KI in Bostroms Aufsatz ist nicht prinzipiell böse. Sie hat einfach, so die Idee, eine falsche Zielvorgabe bekommen, und keinerlei Einschränkungen. Die falschen Zielsetzungen oder Bestwerte können ungewollt großen Schaden anrichten. Beispielsweise wurde eine KI, die in Boston Stundenpläne erstellte, wieder ausgemustert, weil arbeitende Eltern und andere sich beschwert hatten, sie würde ihre Arbeitszeiten nicht berücksichtigen und scheine auf Effizienz zulasten von Bildung ausgerichtet zu sein. Aber war das die Schuld des Programms? Schließlich war es so kodiert worden, dass es nach Möglichkeiten suchte, Kosten zu sparen.

Manche Optimierungsdebatten lassen sich als Trolley-Probleme beschreiben. Dabei handelt es sich um ein 50 Jahre altes philosophisches Gedankenexperiment. Damals diskutierten die Leute noch darüber, ob der Fahrer eine Bahn, die außer Kontrolle geraten war, gegen eine Wand fahren solle, um keine Fußgänger umzufahren, auch wenn er dadurch vielleicht die Menschen in der Straßenbahn töten würde. Mit den selbstfahrenden Autos der Zukunft müssen wir einmal mehr die ethische Überlegung anstellen, ob es einem Fahrzeug erlaubt sein soll, das Leben eines Menschen zu töten, wenn es dadurch mehreren anderen Menschen das Leben retten kann. Trolley-Probleme sind ethische Paradoxien, haben jedoch nichts mit den praktischen Rahmenbedingungen zu tun, unter denen wir Algorithmen oder algorithmische Gesellschaften entwickeln.

Algorithmen sind nicht perfekt – genauso wenig wie andere Systeme. KI ist ein Werkzeug, das unsere Prioritäten widerspiegelt, egal ob es sich um eine Wirtschafts- oder eine Regierungsorganisation handelt. Es mag kaltherzig erscheinen, menschliche Todesfälle in Fahrzeugen oder am Arbeitsplatz unter statistischen Gesichtspunkten zu diskutieren, aber wenn wir entscheiden, ein algorithmisches System solle so entwickelt werden, dass es die Zahl tödlicher Unfälle insgesamt minimiert, müssen wir auch den möglicherweise entstehenden Schaden im Kontext des Systems diskutieren.

Die Frage ist nicht, wie viele Menschen von den Robotern einer automatisch gesteuerten Fabrik oder von einer Flotte automatischer Lieferwagen im Straßenverkehr verletzt werden, sondern ob nicht viel schlimmerer Schaden entstanden wäre, wenn es in der Fabrik keine Roboter gegeben hätte oder am Steuer der Lieferwagen übermüdete Fahrer gesessen hätten. Durch die Nacht unterwegs, um ihr Ziel möglichst rechtzeitig zu erreichen.

Wirtschaftsführer müssen sich gegenüber Aktionären, Kunden und Regulierungsbehörden für ihre Optimierungen verantworten. Es wird

Gerichtsverfahren geben, bei denen Sie die menschlichen Entscheidungen hinter der Entwicklung Ihrer KI-Systeme offenlegen müssen: Welche ethischen und sozialen Überlegungen Sie angestellt haben und wie gut Sie die Ergebnisse Ihrer Systeme im Hinblick auf Vorurteile oder Diskriminierung überprüft haben. Dokumentieren Sie Ihre Entscheidungen sorgfältig und stellen Sie sicher, dass Sie die algorithmischen Prozesse, die das Herzstück Ihrer Firma bilden, verstehen – oder ihnen zumindest vertrauen.

Einfach zu argumentieren, Ihre KI-Plattform sei eine Black Box, die niemand wirklich verstehe, wird im 21. Jahrhundert vor Gericht vermutlich nicht Bestand haben. Das hört sich ähnlich überzeugend an wie: *Der Algorithmus hat mir das gesagt.*

Konzentrieren Sie sich auf den Wald, nicht auf die Bäume

Als algorithmischer Führer können Sie die richtigen Fragen stellen und die richtigen ethischen Entscheidungen treffen, aber immer noch vor einem weiteren algorithmischen Risiko stehen: Abstraktion.

Abstraktion ist integraler Bestandteil der Funktionsweise algorithmischer Systeme. Sie müssen nicht alle Teile des berechnenden Systems im Einzelnen verstehen, wenn Sie dem Ergebnis der einzelnen Schichten vertrauen können. So können Programmierer abstrakter arbeiten, ohne dass sie den Maschinencode am unteren Ende des Stapels modifizieren müssen.

Wenn Organisationen algorithmischer werden, besteht ein gewisses Risiko, dass ihre Führer die Fähigkeit verlieren, das Ende-zu-Ende-System zu verstehen. Aber geht es bei der Automatisierung nicht genau darum, werden Sie fragen? Soll die kognitive Last der Wirtschaftsführer nicht gerade verringert werden, indem man ihnen mechanische Aufgaben und Entscheidungen abnimmt, damit sie sich auf dringende und komplexe Fragen konzentrieren können?

Zum Teil ja. Aber es ist niemals eine gute Idee, nur die Bäume zu sehen und zu vergessen, wie der Wald aussieht. Selbst wenn Sie Ihre Prozesse automatisieren, dürfen Sie nicht völlig vergessen, wie die Puzzleteile eigentlich zusammengehören. Stellen Sie sich eine Handelsgesellschaft vor, die alle ihre Transaktionen mithilfe von Algorithmen abwickelt. Das eigentliche Risiko besteht darin, dass mit der Zeit die einzigen Menschen, die den Gesamtzusammenhang verstehen, eine Handvoll Programmierer sind, die vielleicht die Firma verlassen oder an zunehmend zerstückelten und abstrakten Teilen der Plattform arbeiten.

Gut möglich, dass die nächste Führungsgeneration ganz entspannt neben algorithmischen und automatischen Systemen herarbeitet, aber auch sie müssen von der älteren Generation betreut werden, die sich an das Gesamtbild erinnert: die versteckte Logik der Geschäftstätigkeit und zugrundeliegende Komplexität im Herzen jeder großen Organisation.

Algorithmische Führer brauchen die Fähigkeit, die Entwicklung und die Daten der KI-Systeme mit allen Vorannahmen zu hinterfragen, und sie sollten Hintergrundwissen und Fachkenntnisse in die Zukunftsdiskussion einbringen – als überzeugende Beispiele für die wichtigste Frage, die algorithmische Führer überhaupt stellen müssen: *Warum?*

ZUSAMMENFASSUNG

1 Je weiter die Algorithmen Verbreitung finden und je mehr sie das Leben der Menschen beeinflussen, desto eher müssen algorithmische Führer bereit sein, die Frage nach dem Warum zu stellen. Lediglich dem Buchstaben des Gesetzes zu folgen ist kein adäquater moralischer Kompass in einem Zeitalter, in dem die Gesetze nicht mehr mit den Entwicklungen Schritt halten. Wenn Sie das Vertrauen Ihrer Kunden nicht verletzen wollen, müssen Sie einen Weg finden, in ihrem Interesse zu handeln.

2 Algorithmen sind nicht unparteiisch. Sie spiegeln unsere Ansichten und Vorurteile wider. Am besten vermeiden Sie die Automatisierung von Diskriminierung, indem Sie ein möglichst buntes Team zusammenstellen. Umgeben Sie sich mit Menschen, die Ihnen helfen können, den kulturellen Kontext Ihrer Systeme und Daten zu verstehen.

3 Während wir uns noch Gedanken darüber machen, dass wir nicht vollständig durchblicken, wie Maschinen Entscheidungen treffen, müssen algorithmische Führer bereits einsatzfähige Kompromisse finden, um sicherzustellen, dass sie von den lernenden Maschinen profitieren, selbst wenn die Empfehlungen eines solchen Systems nicht hundertprozentig nachvollziehbar sind.

4 KI-Plattformen so weit zu verdummen, dass wir sie tatsächlich verstehen können, dürfte ihre Effektivität aushöhlen. Häufig ist es wichtiger zu wissen, warum ein bestimmtes Optimum oder Ziel gewählt wurde, als in der Lage zu sein, die Argumentation hinter einer algorithmischen Entscheidung zu verstehen.

5 Je mehr die Organisationen wie algorithmische Maschinen werden, desto mehr riskieren wir, das Verständnis für ihre Ende-zu-Ende-Systeme zu verlieren. Behalten Sie die komplexen Zusammenhänge Ihrer Geschäftstätigkeit im Blick – und die Magie, die im Detailwissen über das Funktionieren der Dinge liegt.

FRAGE

Wenn eine KI einen tödlichen Fehler verursacht, wer ist letztendlich schuld: der Programmierer, der den Algorithmus entwickelt hat, der Datenwissenschaftler, der die Trainingsdaten ausgewählt hat, der Sicherheitsingenieur, der nicht rechtzeitig eingeschritten ist – oder sind Sie es, der Führer, der sein Okay zur Zielsetzung für die Optimierung gegeben hat?

9

IM ZWEIFEL FRAGEN SIE EINEN MENSCHEN

„Weder philosophisch, noch Intellektuell – in keiner Hinsicht – ist die menschliche Gesellschaft auf den Aufstieg der künstlichen Intelligenz vorbereitet.“

HENRY KISSINGER

Humanisieren, nicht standardisieren

Fast jede Firma behauptet, ihre Mission bestehe darin, dem Kunden zu dienen. Aber was bedeutet „Dienstleistung" wirklich, wenn sie mit Algorithmen und Daten einhergeht? Bedeutet „Service" in diesem Zusammenhang, das Angebot zu standardisieren und zu vereinfachen oder das vermehrte Wissen über die eigenen Kunden zu nutzen, um ein komplexeres, maßgeschneidertes Angebot zu unterbreiten?

Wenn Sie an der belebten Ecke von Kearny und Sutter im Finanzdistrikt von San Francisco die Geschäftsräume von Forward betreten, wäre niemand verwundert, wenn Sie denken, Sie seien versehentlich in einen Apple Store geraten. Oder zumindest in eine Kurklinik, die von Apple entwickelt wurde. Und genau das ist der Punkt. Als er gebeten wurde, sein Gesundheits-Startup zu beschreiben, sagte Gründer Adrian Aoun, es solle sich anfühlen wie eine Arztpraxis, die im Betrieb ständig lernt und das, was aus den Patientendaten gelernt wurde, anwendet.

Wer bei Forward einen Termin hat, wird einem Ganzkörperscan unterzogen, der verschiedene körperliche Merkmale überprüft und die diagnostischen Daten über körperliche Aktivität und Herzfunktion vom Wearable des Besuchers herunterlädt. Diese persönlichen Daten werden dann in einen Algorithmus eingegeben, der entwickelt wurde, um potenzielle Symptome zu identifizieren und das Gesundheitsteam auf latente Probleme aufmerksam zu machen, denen nachgegangen werden sollte.

Wenn Sie dann das Behandlungszimmer betreten, sind die Daten aus dem Scan und von Ihrem Wearable fertig aufbereitet und stehen zur Interpretation durch Sie und den Arzt auf einem großen Touchscreen zur Verfügung. Die Forward-Erfahrung ist Meilen von schreienden Kindern, speckigen Zeitschriften, klebrigen Bonbons und gruseligen Skeletten in staubigen Ecken entfernt, an die ich mich aus meiner Kindheit erinnere. Forward ermöglicht einen Blick in die Zukunft, wo Daten und Algorithmen mit einer menschlichen, persönlichen Dienstleistung kombiniert werden.

Menschen sind komplizierte und facettenreiche Wesen. Dennoch werden wir als Kunden, Klienten, Nutzer oder Patienten von Firmen und Plattformen häufig wie ein eindimensionaler Geschäftsabschluss behandelt, der sich am besten durch eine Nummer darstellen lässt. Der alte Witz über Banken (der immer noch nicht wirklich witzig ist) besagt, sie wüssten, wie viele Konten sie haben, aber nicht wie viele Kunden.

Um zu verstehen, warum Technik so ausgesprochen entmenschlichend wirken kann, muss man in die frühen Tage der Massenproduktion zurückgehen, als Geschäftsabläufe und Herstellungsprozesse nach und nach industrialisiert wurden.

Standardisierung und Vereinfachung waren wichtige Antriebskräfte des Unternehmensdesigns im 20. Jahrhundert. Henry Ford war bereit, Ihnen sein Model T in jeder gewünschten Farbe zu verkaufen – solange sie schwarz war. Analoge Führer und Firmen wurden gefeiert – nicht für die vielfältigen Kundenerfahrungen, die sie ermöglichten, sondern für ihre Fähigkeit, Kosten und Komplexität zu reduzieren und Tabellen zu erstellen, die kopiert, konzessioniert und weltweit verwendet werden konnten. Der Umfang des Angebots war tatsächlich eine Frage der Abwägung. Entweder bediente man wenige Kunden und bot ihnen viele Wahlmöglichkeiten, oder man bediente viele, die dann entsprechend weniger Alternativen hatten.

Als das Internet und der Online-Handel auf die Bildfläche traten, veränderte sich das plötzlich. Die Abwägung verschwand. Man konnte eine ambitionierte, persönlich zugeschnittene Erfahrung anbieten – und das im großen Maßstab – ohne dass die Kosten durch die Decke gingen. Jetzt standen die Wirtschaftsführer vor einem neuen Problem: Wie versteht man die Komplexität menschlichen Verhaltens in all seiner Vielfältigkeit und entwickelt daraus individuelle Erfahrungen, die Menschen ansprechen?

Mit anderen Worten: Wie entwickelt man seine Produkte und Dienstleistungen mit echten Menschen im Hinterkopf?

Angela Ahrendts kam 2014 als leitende Vizepräsidentin für den Einzel- und Online-Handel zu Apple. Sie hatte den Einsatz von Daten und Plattformen beim Luxus-Einzelhändler Burberry vorangetrieben; der Verkauf von Verbrauchertechnik war für sie Neuland. Als sie dazustieß, waren die Apple Stores bereits die Nummer eins in den USA, was den Verkauf pro Quadratfuß anging (4551 Dollar). Die Nummer zwei war Tiffany & Co. mit 3132 US-Dollar.

Der Umsatz pro Quadratfuß in den Apple Stores stieg weiterhin (und überschritt 2018 die 5000-Dollar-Marke), aber Ahrendts konzentrierte sich weniger darauf, die Effektivität des Verkaufs zu steigern, als darauf, den Einzelhandel der Firma neu zu gestalten, mit dem Schwerpunkt auf menschlichem Kontakt und sozialer Interaktion.

Ende 2017 verkündete Ahrendts eine große Veränderung vom traditionellen Apple Store zu einem neuen „Town Square"-Format. Es sollte keine Gänge mit Produkten mehr geben, sondern „Alleen" (Avenuen). Aus Schulungsräumen wurden „Foren" für Gespräche, und die größten Läden sollten „Plazas" für Konzerte und Events haben. Früher musste man in einer Schlange an der Genius Bar auf einen freien Techniker warten – jetzt gab es einen baumbestandenen „Genius Grove", wo man sich dabei gemütlich unterhalten konnte. Teilweise löste Ahrendts Vokabular aus der Stadtplanung kontroverse Reaktionen aus. Die Menschen hatten etwas gegen „Marktplätze", weil diese Bezeichnung unbeabsichtigt betonte, wie der öffentliche Raum zunehmend von Privatinteressen vereinnahmt wurde.

Dennoch stimmt die von Apple eingeschlagene Richtung mit einem allgemeinen Trend im Einzelhandel überein, auch wenn sie provokativ sein mag: Es geht um die Rückkehr zur Humanisierung der Einkaufserfahrung. Dazu gehört der selektive Einsatz von Automatisierung, verbunden mit dem strategischen Einsatz menschlicher Verkaufsassistenten, um eine Umgebung zu schaffen, in die man eintauchen kann und die auf einzelne Kunden mittels ihre Daten reagiert.

Die Einzelhändler des digitalen Zeitalters brauchen keine Läden mehr, aber die Online-Händler bauen trotzdem welche. Der moderne algorithmische Laden dient nicht allein dazu, Dinge zu verkaufen; er ist außerdem eine Plattform zur Pflege der Kundenbeziehung.

Die Outdoor-Bekleidungsmarke Patagonia beispielsweise bietet kostenlose Yoga-Kurse an, veranstaltet Diskussionen über Umweltschutz und hat sogar Nähkurse im Angebot. Im Concept Store von Amazon in Seattle gibt es keine Kasse; stattdessen werden die Produkte, die Sie aus den Regalen nehmen, mithilfe von Computerkameras identifiziert, und die Rechnungsstellung erfolgt automatisch. Es gibt auch keine menschlichen Berater, die den Kunden weiterhelfen. Nordstrom erprobt in Los Angeles einen Concept Store, in dem es gar keine Waren zu kaufen gibt; stattdessen werden die Dienstleistungen von Stylisten und Schneidern angeboten.

Nordstrom ist seit Langem Vorreiter in der Verwendung von Technologie und Daten, um die Einzelhandelserfahrung zu humanisieren. Anfang 2011 haben sie damit begonnen, mobile POS-Terminals zur bargeldlosen Bezahlung bereitzuhalten. Ursprünglich wollte man damit die Schlangen an der Kasse und damit die Wartezeit der Kunden verkürzen. Gänzlich unbeabsichtigt entdeckte man dann jedoch, dass die Zahl der abgebrochenen Transaktionen sank und der Durchschnittspreis und die Anzahl der verkauften Artikel stiegen, wenn man mit der Wartezeit an der Kasse auch die Zeit verkürzte, in der die Kunden Gelegenheit hatten, über ihre Einkäufe nachzudenken. Das ist schließlich der Punkt beim Impulskauf: Man muss die Gelegenheit bekommen, wirklich impulsiv einzukaufen, sonst wird man es nicht tun.

Wenn es darum geht, komplexe oder lebensverändernde Produkte wie Versicherungen oder Rentenlösungen zu verkaufen, ist es aus einem anderen Grund wichtig, „einen Menschen zu fragen": Wir wollen uns rückversichern. Algorithmen können dazu dienen, ein Produkt mit größerer Effizienz und Übersichtlichkeit anzubieten und zu liefern, aber die zugrundeliegenden Gefühle, die Menschen angesichts solcher Produkte empfinden, sind alles andere als einfach. Wir stellen menschliche Fragen wie: *Was passiert mit meiner Familie, wenn mir etwas zustößt?* Oder: *Wenn jemand bei mir einbricht und meine Sachen stiehlt, was passiert dann?* Derartige Fragen, die häufig in Angst oder Sorge gründen, erfordern entweder menschliche Beratung oder zumindest eine sehr differenzierte digitale Persönlichkeit, die sich auf die Bedürfnisse und den Kontext eines Kunden einstellen kann.

Die technische Entwicklung im Allgemeinen hat im algorithmischen Zeitalter die Automatisierung von Unternehmensprozessen und die Standardisierung von Produkten und Dienstleistungen befördert, dennoch sind Leader aufgerufen, das Gegenteil zu tun: eine reiche, personalisierte und letztlich *menschliche* Umgebung zu schaffen, in die ihre Kunden eintauchen können.

Werfen Sie einen Blick aus dem Fenster

Es reicht nicht, wenn wir komplexes menschliches Verhalten verstehen. Wir müssen den Maschinen helfen, das auch zu tun.

Komplexes menschliches Verhalten ist für algorithmische Systeme eine Herausforderung. Wenn es darum geht, das Verhalten von Menschen zu prognostizieren, sind algorithmische Systeme nur so gut wie ihre Fähigkeit, in der Welt, die sie umgibt, einen Sinn zu erkennen. Insbesondere in einer neuen oder mehrdeutigen Situation können lernende Algorithmen die Muster in den Daten „übergeneralisieren", ein Verhalten, das dem menschlichen Aberglauben entspricht.

Statistische Modelle können genauso abergläubisch werden wie wir. Wenn wiederholt eine schwarze Katze Ihren Weg kreuzt und kurz darauf etwas Schlimmes passiert, beginnen Sie möglicherweise, an einen Zusammenhang der beiden Ereignisse zu glauben. Lernende Algorithmen können den gleichen Fehler machen. Übergeneralisierung findet in einem unnötig komplizierten System statt. Wenn ein Modell zu viele Variablen hat, aber nur auf sehr wenigen Beobachtungen beruht, kann der Algorithmus anfangen, Muster zu sehen, die nicht real sind.

Die Komplexität und Vielschichtigkeit des menschlichen Lebens ist für Computer schwierig einzuschätzen, wenn sie nicht durch menschliche Hilfe einen gewissen Kontext erhalten. Deshalb bleibt der menschliche Blickwinkel immer wichtig, selbst bei Anwendungen mit einer langen Geschichte der automatischen Entscheidungsfindung.

Seit die Gebrüder Wright unmittelbar vor ihrem ersten Flug im Jahr 1903 auf den windigen Dünen von Kitty Hawk in North Carolina standen, ist der Vorgang des Fliegens immer stärker automatisiert worden.

Sie können das selbst sehen, wenn Sie ein Bild aus dem Cockpit einer modernen Boeing 787 Dreamliner mit ihren vereinfachten Bildschirmen und Kontrollinstrumenten mit dem Cockpit einer frühen 747 vergleichen, in der es über 1000 Instrumente und Schalter gab. Doch selbst beim Fliegen ist die Beziehung zwischen Menschen und automatischen Systemen kompliziert. In der Luftfahrtindustrie wird gern gewitzelt, dass die ideale Besatzung eines Flugzeugs aus einem Piloten und einem Hund bestehe. Der Pilot füttert den Hund und der Hund ist dazu da, den Piloten zu beißen, sollte er versuchen, die Bedienelemente anzufassen. Dabei werden Ihnen die Piloten erzählen, dass sie bei aller Automatisierung in modernen Flugzeugen gelegentlich gern einen Blick aus dem Fenster werfen, um eine schwierige Landebahn ins Visier zu nehmen, nach anderen Flugzeugen zu schauen oder zu überprüfen, ob ihre Instrumente die richtigen Informationen anzeigen.

Dabei gibt es einen guten Grund, warum man mitunter möchte, dass der Pilot dem Hund einen Kauknochen gibt und unter bestimmten Umständen selbst die Kontrolle übernimmt. Computern fehlt der gesunde Menschenverstand. Wir können Algorithmen aus dem Bereich des maschinellen Lernens beibringen, Muster und Signale zu erkennen, aber bis jetzt war es nicht möglich, sie aus einem Kontext eine Schlussfolgerung ziehen zu lassen.

Der berühmte Algorithmus, den Andrew Ng und sein Team bei Google trainiert haben und der eine Katze erkennen konnte, nachdem er alle möglichen YouTube-Videos gesehen hatte, mag vielleicht in der Lage gewesen sein, den visuellen Aspekt von „Katze" auszumachen, aber er wusste nichts über den Kontext „Katze" – beispielsweise dass Katzen sich gern mit Hunden streiten und Vögel jagen oder dass sie eine eher nonchalante Beziehung zu ihren Haltern haben. Man kann natürlich sagen, was das angeht, verstehen nicht einmal Menschen die Katzen. Aber wir wissen doch deutlich mehr über unsere Haustiere als die Maschinen.

Kontext ist eine komplexe Angelegenheit. Manche Forscher glauben, wenn Algorithmen verstehen sollen, was sie tun, können wir ihnen das nur über symbolische KI beibringen. Eine symbolische KI nimmt menschenlesbare Beobachtungen über die Welt und konstruiert daraus ein hochgradig sachkundiges System, das dem Computer erlaubt, Entscheidungen zu fällen. Wenn Sie beispielsweise wollen, dass der Algorithmus, der Katzen erkennt, mehr über die Betreuung von Haustieren erfährt, können Sie entsprechende Informationen einprogrammieren, etwa über das Verhältnis von Katzen zu Vögeln und Hunden – und, wenn Sie mutig sind, zu ihren Haltern.

Symbolische KI war bis zum ImageNet-Wettbewerb 2012 der vorherrschende Ansatz in der Entwicklung intelligenter Systeme. John Haugeland gab symbolischer KI in seinem Buch von 1985 *Künstliche Intelligenz – Programmierte Vernunft?* den Namen GOFAI (Good Old-Fashioned Artificial Intelligence). Symbolische KI unterschiedet sich deutlich vom adaptiven Maschinenlernen. Sie arbeitet mit Logik, Regeln und strukturiertem Input durch Menschen.

Die KI der Zukunft wird vermutlich eine Mischung aus beiden Verfahren sein. Und Menschen werden in jedem Fall weiterhin eine Schlüsselrolle spielen. Ob es ein Domain-Spezialist ist, der mit einem maschinellen Lernprogramm arbeitet, um einen Algorithmus zu korrigieren, der falsche Voraussagen trifft, oder ein symbolischer Logiker, der einen Satz Regeln entwickelt, die ähnlich funktionieren wie der gesunde Menschenverstand – Menschen sind unverzichtbar, wenn es darum geht, einer KI Kontextwissen zu vermitteln.

Ein klassisches Beispiel ist der Umgang mit Inhalten. Inhalte ohne Kontext können sehr schnell zu Klickfang, Fake News oder in anderer Hinsicht anstößigem Material werden.

Zwischen Oktober und Dezember 2017 hat YouTube acht Millionen Videos aus dem Internet entfernt. Diese Videos, die terroristische Inhalte, Hassreden oder anderes übles Material enthielten, stellten für Google, die Mutterfirma von YouTube, ein massives Problem dar. Einmal abgesehen von allgemeinen ethischen und politischen Fragen begannen die Anzeigenkunden sich Sorgen zu machen, dass ihre Marken möglicherweise in anstößigen Zusammenhängen auftauchen könnten. Obwohl Google im Wesentlichen Algorithmen und maschinelles Lernen einsetzt, um Inhalte zu entfernen, heuerte die CEO von YouTube, Susan Wojcicki, Ende 2017 eine Menge Menschen an, um Inhalte zu überprüfen, darunter Vollzeit-Spezialisten, die sich mit gewalttätigem Extremismus, Terrorismusbekämpfung und Menschenrechten auskannten.

Ein Grund für die Strategie von Google ist, dass Menschen gute Partner sind, wenn es darum geht, maschinell lernende Algorithmen zu trainieren. In einem Blog über die Moderationsstrategie von Google erklärte Wojcicki, menschliche Prüfer spielten eine wesentlich Rolle dabei, Inhalte zu entfernen und lernende Maschinen zu trainieren, weil die menschliche Entscheidungsfähigkeit gefragt sei, wenn es darum gehe, im Kontext Entscheidungen über Inhalte zu fällen.

Zwischen Juni und Dezember 2017 wurden über zwei Millionen Videos bei YouTube von Hand durchgesehen. Diese manuellen Überprüfungen erlaubten der Firma nicht nur einzuschätzen, ob der jeweilige Inhalt tatsächlich gegen Firmenrichtlinien verstieß, sie erlaubten YouTube auch – und das war wichtiger – die Algorithmen zu trainieren, damit sie in Zukunft besser arbeiten würden.

Natürlich macht es keinen Sinn, eigens Menschen ins Haus zu holen, die Vorurteile und diskriminierende Inhalte entfernen, wenn es der eigenen Kultur an Vielfalt mangelt. Wojcicki ist seit Langem eine unverblümte Kritikerin der von Männern beherrschten Firmenkultur im technischen Bereich. Seit sie 2014 YouTube übernommen hat, ist die Zahl der weiblichen Beschäftigten dort von 24 Prozent auf 30 Prozent gestiegen. Im gleichen Zeitraum wuchs die Zahl der weiblichen Beschäftigten bei Google lediglich um ein Prozent, von 30 auf 31 Prozent.

Menschen sind nicht nur nützlich, wenn es darum geht, den Algorithmen beim Auffinden anstößiger Inhalte zu helfen. Sie können den Systemen auch helfen zu verstehen, was Menschen gern sehen. Eine besonders beliebte Aufgabe bei Netflix ist die des sogenannten Netflix-Taggers. In der Regel bedeutet das, bis zu 20 Stunden in der Woche Netflix zu gucken und Sendungen mit relevanten Metadaten zu markieren – häufig eine recht subjektive Angelegenheit. Es ist kein Problem, grundsätzliche Infos über einen Film oder eine Fernsehsendung online zu finden. Aber Netflix-Tagger nehmen sich die Zeit, Sendungen wirklich anzuschauen, damit sie abstrakte Dinge wie die Handlung im Einzelnen beschreiben können, vielleicht auch das Genre, den Charakter des Films, ob es Horror-Elemente gibt oder vielleicht eine starke weibliche Hauptfigur. Solche menschlichen Beobachtungen erlauben dem Netflix-Algorithmus dann, den Nutzern persönliche, individuell auf sie zugeschnittene Programmempfehlungen zu geben.

Bei der Musik-Suchmaschine Pandora hat man beim Music Genome Project etwas ganz Ähnliches gemacht. Zehn Jahre lang beschäftigte Pandora unter anderem ausgebildete Musikwissenschaftler, die Tausende Stunden Musik der verschiedensten Genres anhörten und sie nach einer Gesamtzahl von 450 musikalischen Attributen klassifizierten. So konnte die Firma ihren Nutzern am Ende automatisierte und personalisierte Hörerfahrungen anbieten, die enervierend gut waren.

Wenn wir immer mehr Entscheidungen, die das Leben der Menschen betreffen, den Algorithmen überlassen, wird es ähnlich wichtig sicherzustellen, dass wir die Komplexität des menschlichen Lebens möglichst exakt in diesen Systemen abbilden oder zumindest Menschen die Möglichkeit einräumen, Fehler zu finden und zu beheben.

Menschen haben die Angewohnheit, jenseits erwartbarer Normen zu denken und zu handeln. Das kann für die Erwartungen der Algorithmen eine Herausforderung sein. Wer schon einmal von seiner Bank verfolgt wurde, als er das Land verlassen hat, weil das Computersystem dachte, die Kreditkarte sei gestohlen worden, weiß, wie frustrierend es ist, in eine algorithmischen Schleife zu geraten.

Schon bald werden Algorithmen praktisch jeden Aspekt unseres Lebens bestimmen. Sie werden über unser Recht entscheiden, in ein Land einzureisen (die US-amerikanische Zollbehörde verlangt bereits jetzt, dass man auf Nachfrage seine Nutzernamen in den sozialen Medien offenlegt), Bahnfahrkarten zu kaufen (wie das im Rahmen des chinesischen Sozialkreditsystems der Fall ist) oder bei Amazon einzukaufen (Amazon kann Kunden hinauswerfen, die zu viele hochpreisige Produkte zurückgeben). Das menschliche Urteilsvermögen wird sehr wichtig, wenn es darum geht, derartige Entscheidungen rückgängig zu machen oder auch nur infrage zu stellen.

Je komplexer und unverständlicher die Systeme sind, desto schwieriger wird es für alle Menschen, ob als Kunden oder als Angestellte, eine algorithmische Entscheidung anzufechten. Das ist genau der Punkt, an dem Ihr Eingreifen höchst notwendig ist. Ihr weiteres Leben kann davon abhängen, dass eine Person in der Lage ist, aus dem Fenster zu schauen und zu verstehen, was eigentlich vor sich geht.

Finden Sie Lösungen für alle, nicht nur für wenige

Wenn ich sage, dass Menschen wichtig sind, meine ich nicht nur Ihre Kunden, sondern auch die Leute, die Ihre Kunden sein könnten – also Menschen, die bisher nicht zu Ihrer Zielgruppe gehörten, weil sie zu jung waren oder weil es zu teuer oder zu aufwendig war, ihnen ein Angebot zu machen. Das algorithmische Zeitalter bietet Ihnen die Möglichkeit, stärker in die Breite zu denken, was den Markt für Ihre Dienstleistungen angeht. Traditionellen Firmen mit fest gefügten Strukturen und Prozessen fehlt die Flexibilität, um fragmentierte Kundensegmente oder Segmente mit geringen Margen zu bedienen. Durch die Automatisierung ändert sich das dankenswerterweise.

Ob es sich um den Gesundheitsbereich, das Finanzwesen oder den öffentlichen Nahverkehr handelt – damit eine algorithmische Gesellschaft wirklich funktioniert, braucht es den großen Zusammenhang. Erst wenn Sie allen dienen, quer über demographische, ökonomische und kulturelle Grenzen hinweg, haben Sie den Schwung und die Daten, um in Ihrer Kategorie zu den Siegern zu gehören. Amazon ist ein mächtiger Einzelhändler geworden – nicht weil die Firma ausschließlich reiche Amerikaner beliefert hätte, sondern weil sie einen kostengünstigen, verlässlichen Lieferservice für alle US-amerikanischen Einwohner bietet – und für Menschen in vielen anderen Ländern der Welt. Lässt sich die gleiche Logik auf die Bereitstellung von Finanzberatung und Vermögensmanagement anwenden, eine Dienstleistung, die in der Regel von wohlhabenden Menschen in Anspruch genommen wird?

Ramya Josephs Vater hatte ihr schon früh beigebracht, dass es bei der Mathematik nicht um Formeln und Lehrsätze geht, sondern um die Lösung praktischer Probleme. Als Ingenieur versuchte er, ihr ein Interesse an Zahlen zu vermitteln. Gelegentlich machten seine leidenschaftlich vorgetragenen Ansichten ihr Leben etwas anstrengend. Als sie ihn bat, ihr einen teuren Taschenrechner zu kaufen, um die komplizierten Matheaufgaben an der Highschool zu lösen, lachte er und sagte: „Ich kaufe dir den Taschenrechner nicht. Du brauchst keinen Taschenrechner, um Integrale zu berechnen." Also lernte sie, ohne technische Hilfestellung auszukommen.

Als ich Pefin einen Besuch abstattete, der Firma, die Joseph in New York gegründet hat, war ich amüsiert, am Haupteingang einen großen Tisch zu sehen, auf dem hohe Stapel zerlesener Bücher lagen. Für ein Technologie-Startup waren das nachgerade ironische Anklänge an das analoge Zeitalter. Unter den verschiedenen Titeln befanden sich eine Biographie von Elon Musik und mehrere Bücher von Michael Lewis.

„Ah, ich sehe, Sie haben unsere Leihbücherei entdeckt", sagte sie mit einem Lächeln, als sie mich begrüßte. „Die sind nicht für mich. Ich lese auf dem Kindle."

Nach dem Ende ihrer Schulzeit hatte Joseph zwei Master-Abschlüsse an der Columbia University erworben, einen in künstlicher Intelligenz und den anderen in Finanzsteuerung. Mit 23 war sie an ihrem ersten Patent im Bereich der Software-Architektur beteiligt.

Mit ihrem Hintergrund aus dem Bereich der Informatik und der Finanzwissenschaft passte Joseph ideal an die neue, ganz auf Technologie ausgerichtete Wall Street. Schon bald fand sie sich im automatischen (oder algorithmischen) Börsenhandel, wieder. Etwa zu jener Zeit, Anfang der 1990er-Jahre, begannen elektronische Handelssysteme die Finanzwelt grundlegend zu verändern. Das algorithmische Trading entwickelte sich von 15 Prozent des Handelsvolumens zu 20 Prozent und dann zu über 90 Prozent. Schon bald managte Joseph milliardenschwere Portfolios an der Wall Street, erst für Morgan Stanley und später als Vizepräsidentin des Eigenhandels bei Goldman Sachs. Dann kam die Finanzkrise von 2008. Joseph verlor ihren Job nicht, aber ihr Vater hatte weniger Glück.

Josephs Vater stand im Alter von 60 Jahren plötzlich vor einem ungeplant frühen Ruhestand. Nachdem sie jahrelang Millionären geholfen hatte, ihr Geld anzulegen, wurde Joseph klar, dass ihr Vater wie viele andere, von der Finanzkrise betroffene Angehörige der Mittelklasse genauso die Hilfe einer Expertin benötigte.

Beide Eltern waren hochintelligente, gebildete Leute. Ihr Vater hatte einen zweifachen Master-Abschluss und ihre Mutter hatte promoviert. Wenn es um finanzielle Entscheidungen geht, kann jedoch allein die Unmenge der Faktoren, die sich auf die eigene Entscheidung auswirken, schwindelerregend wirken. Selbst für brillante Leute. Daher stellte Joseph ihren Eltern eine umfangreiche Excel-Tabelle zusammen. Sie brauchte dafür zwei Wochen. In der Tabelle ging es um alles – von medizinischer Versorgung über soziale Absicherung, die Rentenansprüche ihres Vaters und die Lebensmitteleinkäufe ihrer Mutter. Am Ende setzte sie sich mit ihrem Vater hin und erläuterte ihm alle Möglichkeiten, die sie im Modell dargestellt hatte. Seine Erleichterung war mit Händen zu greifen. Plötzlich sah er einen Weg vor sich, der aus der Krise zu einer Lösung führen konnte.

Josephs Vater hatte Schwierigkeiten, eine finanzielle Entscheidung zu treffen, weil die Institutionen des Finanzwesens in der Regel darauf eingestellt sind, die eigenen Produkte zu verkaufen, und nicht darauf, Probleme zu lösen. Man war sehr wohl bereit, ihm eine Rente oder eine Lebensversicherung zu verkaufen, aber man konnte ihm nicht die Frage beantworten, ob er sich jetzt schon aus dem Berufsleben zurückziehen konnte – zumindest nicht ohne dass er etwas bei den betreffenden Firmen kaufte. Wie viele andere Familien auch brauchten Josephs Eltern etwas, das zwischen einer einfachen Standardlösung und einer maßgeschneiderten Strategie lag, die nur die Reichen mithilfe ganzer Beraterteams bekommen.

Das stimmte Joseph nachdenklich. Wie könnte man Finanzberatung im großen Stil anbieten und zwar treuhänderisch, so dass sie zu nichts verpflichtete und dabei noch bezahlbar blieb? Sie brauchte sechs Monate, um das Problem in den Griff zu bekommen und herauszufinden, welche Technologien sie brauchte. Dann fühlte sie sich sicher genug, ihren Job aufzugeben und eine eigene Firma zu gründen. Das war der Beginn von Pefin, einer KI-basierten Finanzberatung.

Pefin ist ein vorwärtsgerichtetes neuronales Netzwerk. Es nimmt das Verhalten eines Klienten und seine Transaktionen als Input, schickt diese Informationen durch eine Reihe miteinander verbundener Knoten, die etwas von den Regeln und Beziehungen in der Finanzwelt verstehen, und erzeugt als Output einen Finanzplan. Jedes Mal, wenn sich die Daten des Klienten ändern, wenn er beispielsweise ein Kind bekommt oder ein Haus kauft, aktualisiert das Netzwerk automatisch die Projektionen und Pläne. Das System lernt aus dem tatsächlichen Verhalten des Klienten, weniger aus Ideen oder Vorhaben, und passt seine Empfehlungen entsprechend an.

Josephs Plattform funktioniert so, als hätte man einen hoch bezahlten Berater in der Hinterhand, nur dass die Einsichten von einem Algorithmus stammen und im großen Maßstab an Millionen Menschen personalisiert weitergeleitet werden.

Betrachten Sie die Welt als Entwickler

In einem selbstfahrenden Auto ist der gefährlichste Augenblick nicht der, wenn das Auto anfängt, selbst zu fahren, sondern jener kritische Moment, wenn die Kontrolle wieder an den Menschen übergeben werden muss. Dann, wenn die Kontrolle sich verlagert und der Fahrer nicht darauf vorbereitet ist, wenn er unvorhersehbar reagiert oder es ihm an Erfahrung mangelt, weil er sich allzu weitgehend auf die Automatik verlässt, kann es zu einem tödlichen Unfall kommen.

Wie erfolgreich die Übergabe vom automatischen System an die manuellen Kontrolle verläuft, ist weder von der Rechnerleistung noch von präzisen Sensoren abhängig, sondern vom Design, von der Gestaltung. Wenn ein algorithmischer Führer die Welt mit den Augen eines Designers sieht, kann er vorwegnehmen, wie Menschen in einer bestimmten Situation reagieren, und die wahren menschlichen Bedürfnisse verstehen, die bei jeder Plattform im Mittelpunkt stehen sollten.

Wenn eine KI möglichst nützlich sein soll, muss sie Probleme möglichst praxisnah lösen. Algorithmen wissen grundsätzlich nicht, welche Probleme überhaupt zu lösen sind – ohne Input von Leuten, die Erfahrung darin haben, menschliche Bedürfnisse zu identifizieren und angemessen aufzubereiten. Darum verlassen sich Firmen, die KI-Systeme für die Benutzung durch Kunden entwickeln, zunehmend auf eine neue Disziplin, das „menschenzentrierte maschinelle Lernen". Dabei verschmelzen die harte Arbeit herauszufinden, was Menschen brauchen (Ethnographie, Kontextsuchen, Interviews, Beobachtungen, Umfragen, Lesen von Supporttickets, Protokollanalyse), mit iterativen Verfahren beim Software-Engineering und der Gestaltung von Schnittstellen.

Die Idee dahinter: Wenn man wie ein Designer denkt, führt das zu einem nützlicheren und relevanteren Einsatz der Systeme. Die Entwickler konzentrieren sich auf die Menschen, die am Ende ihre Produkte nutzen sollen, auf ihr Verhalten und ihre Bedürfnisse. Das bedeutet, bei der Konstruktion von Schnittstellen, Interaktionsmodellen und letztlich den Algorithmen kommen menschliche Faktoren, Ergonomie und Kontextwissen zur Anwendung. In einem Blog erläutert das Design-Team von Google, menschenzentriertes Design sei eine Möglichkeit, maschinelles Lernen auf menschliche Bedürfnisse zu gründen, während die Probleme doch in der besonderen Weise gelöst werden, wie es eben nur Maschinen möglich ist.

Dies sind einige der Fragen, die Ingenieure bei Google stellen, wenn sie algorithmische Systeme entwickeln:

– Wie würde ein gedachter menschlicher „Experte" die Aufgabe heute ausführen?
– Wenn Ihr menschlicher Experte die Aufgabe ausführt, wie würden Sie reagieren, damit er es beim nächsten Mal besser macht?
– Wenn ein Mensch diese Aufgabe ausführen würde, welche Vorannahmen sollte er aus Sicht des Nutzers berücksichtigen?

Denken wie ein Designer ist komplexer, als einfach nur eine ästhetisch ansprechende Schnittstelle zu gestalten. Das Software-Engineering hat Prozesse für das Schreiben von Kode etabliert, aber im Hinblick auf den Workflow beim Entwickeln einer KI-Plattform mit den dazugehörigen Anwendungen stecken wir noch in den Kinderschuhen. Andrew Ng gibt dafür ein gutes Beispiel in seinem Onlinekurs über maschinelles Lernen, wenn er beschreibt, wie man einen KI-Chatbot konstruiert.

Stellen Sie sich vor, Sie sind der Produktmanager einer Technologiefirma und müssen einem Software-Ingenieur erklären, wie der neue Chatbot funktionieren soll. Wenn Sie das Problem so ähnlich angehen wie bei einer mobilen App oder einer Internetseite, zeichnen Sie vielleicht ein Drahtgittermodell (engl. Wireframe), um zu erläutern, welche Funktionen Sie brauchen. Bei einem KI-Chatbot wäre das lediglich eine Reihe von Sprechblasen. Ihr Wireframe würde nicht darstellen, wie kompliziert Interaktionen sein können oder wie Ihre KI in verschiedenen Situationen reagiert.

Als er bei Baidu vor diesem Problem stand, bat Ng seine Produktmanager und Ingenieure, sich zusammenzusetzen und 50 Dialoge aufzuschreiben, die ein Chatbot mit einem Nutzer führen könnte. Dieser Prozess, sich die menschliche Erfahrung vorzustellen, brachte das Gespräch zwischen Produktmanagern und Ingenieuren über den Umfang der erforderlichen Features in Gang. Die Manager konnten aufzählen, was die Nutzer gern hätten, und die Ingenieure konnten dazu Stellung nehmen, was möglich sein würde.

Um die Interaktion zwischen Produktteam und Ingenieuren weiter zu vertiefen, forderte Ng die Produktmanager außerdem auf, Datensätze von Dingen zu erstellen, die sie für wichtig hielten. Mithilfe von Daten können Produktentwickler gut mit Technikern kommunizieren. Beispielsweise kann ein Produktmanager beim Thema Spracherkennung mit 10 000 Audio-Dateien ankommen, darunter Aufnahmen von Straßenlärm, den Hintergrundgeräuschen in einem Café, Sprache mit Akzent oder weiteren Attributen, von denen er annimmt, sie würden das Funktionieren der Dienstleistung beeinträchtigen. Wie bei den Beispieldialogen für den neuen Chatbot kann das Arbeiten mit Beispieldaten die Brücke schlagen zwischen einem abstrakten menschlichen Wunsch oder Bedürfnis und konkreten Entscheidungen, die Auswirkungen auf die Gestaltung und die technische Entwicklung des Produkts haben.

Denken wie ein Designer heißt auch, Nutzerverhalten vorwegnehmen und darauf reagieren, wie es sich entwickelt. Eine besondere Herausforderung bei der Entwicklung anpassungsfähiger Systeme besteht darin, das mentale Modell des Nutzers zu berücksichtigen. Wenn Nutzer mit einem KI-System interagieren, beeinflussen sie damit den künftigen Output. Die entsprechenden Anpassungen wirken sich wiederum darauf aus, wie andere Nutzer mit dem System interagieren und so weiter. Es entsteht eine Feedback-Schleife. Manchmal werden solche Loops als „Verschwörungstheorien" wahrgenommen, weil die Nutzer ein nicht zutreffendes mentales Modell vom System entwickeln und dann versuchen, die Ergebnisse nach den Regeln zu manipulieren, die sie selbst erfunden haben. Sie wollen dann nicht wirklich Ihr System hacken, aber sie handeln aufgrund einer falschen Prämisse, was die Funktionsweise angeht, weil Sie die Interaktion nicht klar genug gestaltet haben.

Die Vermeidung von Verschwörungstheorien ist ein wichtiger Aspekt bei der erfolgreichen Entwicklung von Algorithmen. Wenn Sie auf Netflix gehen, werden Sie feststellen, dass Ihre Empfehlungen mit einer Erklärung versehen sind. Die Schnittstelle erläutert Ihnen, dass sie empfiehlt, mehr Historienfilme zu sehen, weil Sie kürzlich *The Crown* geguckt haben. Sie erhalten diesen Hinweis, damit Sie nicht fälschlicherweise denken, Netflix würde glauben, Sie mögen diese Serien, weil Sie einen geläufigen englischen Nachnamen haben oder weil Sie sich nach einem Ferienhaus in den Cotswolds umsehen oder weil Sie Eintrittskarten für einen Mittelaltermarkt gekauft haben.

Ganz entscheidend bei einem algorithmischen System ist, dass Sie den Nutzern klare mentale Modelle vermitteln, damit sie sich so verhalten, wie es für sie selbst und für die Plattform gut ist. Für künftige Entwickler wird so deutlich, dass es wichtig ist, über die Ästhetik hinaus zu denken.

Sie müssen sich darauf einstellen, die Interaktionsmodelle und Erfahrungen, wie Menschen mit KI-Produkten umgehen, zu gestalten.

Verbessern Sie Beziehungen, anstatt sie zu ersetzen

Professor Geoffrey Hinton, dessen Team 2012 den ImageNet-Wettbewerb gewonnen hat (siehe Kapitel 2), löste Irritationen im Gesundheitswesen aus, als er anmerkte, Radiologen seien „wie ein Koyote, der von der Klippe stürzt, aber noch nicht nach unten geschaut hat." Nach Hintons Ansicht sollten wir aufhören, Radiologen auszubilden, weil Algorithmen zur Bilderkennung ihren Job bald deutlich besser machen werden als jeder Mensch. Das Problem bei Hintons Prophezeiung ist, dass sie nicht berücksichtigt, was Radiologen eigentlich machen. Tatsächlich ist es so: Wenn Algorithmen überschaubare und sich wiederholende Aufgaben übernehmen, die sonst von Profis im Gesundheitswesen ausgeführt werden, dann stellt das die Profis frei, ihre Zeit mit wertvolleren Dingen zu verbringen.

Dr. Hugh Harvey ist ein Medizinprofi der nächsten Generation, vertraut mit modernster Gesundheitsversorgung, aber auch mit maschinellem Lernen und Algorithmen. Er hat als Radiologe gearbeitet und als Chef der Abteilung für Zulassungen bei Babylon Health. Zurzeit ist er klinischer Direktor eines neuen KI-Startups namens Kheiron Medical, das Ärzte mit Deep Learning dabei unterstützt, Brustkrebs früher zu erkennen. Harvey glaubt nicht, dass KI die Radiologen ersetzen wird. Vielmehr wird sie ihre Fähigkeiten erweitern und ihnen erlauben, sich auf die wichtige zwischenmenschliche Ebene zu konzentrieren.

Als ich ihn fragte, worin der Job eines Radiologen im 21. Jahrhundert bestehen solle, antwortete Harvey: „Ich glaube, Radiologen werden von kruden „Klumpologen", also von den Leuten, die immer nur Knoten angucken und vermessen, zu Datenjonglierern. Sie werden sich den Output verschiedener Algorithmen gleichzeitig ansehen und die Resultate kombinieren, um daraus ihre Schlüsse zu ziehen und auf dieser Datengrundlage eine Diagnose zu stellen."

Harvey glaubt, KI wird die Radiologie verändern, nicht die Radiologen ersetzen. Algorithmische Systeme werden den Radiologen erlauben, die Resultate der Maschinen zu überprüfen und zu bewerten, so dass sie nicht mehr sämtliche Ergebnisse von Hand durchsehen müssen. Harvey erklärte, er habe einen großen Teil seines Berufslebens damit verschwendet, Lymphknoten auf CTs zu vermessen oder Wirbel zu zählen, um das Metastasenlevel zu bestimmen. Er würde seine Zeit lieber damit verbringen zu überprüfen, dass ein System die richtigen Lymphknoten vermessen und alle erforderlichen Wirbel identifiziert hat, und dann seine Unterschrift darunter setzen.

Wenn die Rolle der Radiologen durch maschinelles Lernen aufgewertet wird, glaubt Harvey, werden sie zu einer Art Datenspezialisten, deren primäre Funktion darin besteht, sowohl mit Klinikärzten als auch mit Patienten zu kommunizieren und zu kollaborieren. Um vermitteln zu können, was die Daten besagen, muss man einerseits mit komplizierten technischen Hilfsmitteln umgehen können und andererseits die Fähigkeit besitzen, komplexe Ergebnisse so darzustellen, dass man sich dabei auf die wichtigsten Themen und Einsichten konzentriert.

Eine ganz ähnliche Transformation wird sich möglicherweise bei Aufgaben im Bereich Verkauf und Kundenbetreuung vollziehen. Algorithmen verfügen über das Potenzial, fast jeden Aspekt des Verkaufens zu automatisieren, von der Identifizierung möglicher Kunden bis zur Unterbreitung eines Angebots, der Festsetzung von Raten, dem Abschluss von Verträgen und dem Versand von Erinnerungsschreiben. Das bedeutet jedoch nicht, dass die menschliche Seite des Verkaufens vollständig ersetzt werden kann. Eher ist es so wie in der Radiologie: Die Automatisierung schafft die Möglichkeit, mehr in Beziehungen und Kommunikation zu investieren.

Selbst in der Finanz- und Rohstoffbranche, wo der automatisierte Handel längst Alltag ist, haben die Algorithmen die Menschen nicht vollständig ersetzt. Vielleicht kann man Algorithmen benutzen, um das Risiko zu bestimmen und den Preis festzulegen, aber die Beziehung zur Gegenpartei, zu einem Zwischenhändler oder einem Lieferanten bleibt immer noch bestehen.

Verkaufen ist eine ausgesprochen „menschliche" Aktivität und lässt sich nur schwer automatisieren. Das liegt daran, dass wir nicht nur Produkte verkaufen, sondern auch uns selbst. Das Aushandeln einer komplizierten Beziehung zwischen zwei Organisationen besteht nicht nur in der Abstimmung technischer Details, sondern auch darin, eine gemeinsame Vision zu kommunizieren und die anderen zu überzeugen, dass es sich lohnt, in das Projekt einzusteigen. Maschinen sind vielleicht in der Lage, die optimale Struktur einer vertraglichen Vereinbarung festzulegen, aber wenn Sie wollen, dass Ihre Investoren, Ihre Partner und Kunden wirklich an ein Projekt glauben, brauchen Sie mehr.

Fragen Sie einen Menschen.

ZUSAMMENFASSUNG

1 Die technische Entwicklung ermöglicht Firmen, ihre Angebote zu standardisieren und zu vereinfachen. Doch wer im algorithmischen Zeitalter besonders erfolgreich sein möchte, sollte sich dem komplexen menschlichen Verhalten zuwenden und in Übereinstimmung damit personalisierte Erfahrungen gestalten, in die man eintauchen kann.

2 Algorithmischen Systemen fehlt der gesunde Menschenverstand. Wir brauchen Input, der auf menschlichem Urteilsvermögen beruht, um gefährliche Fehler, Vorurteile oder inakzeptable Entscheidungen zu vermeiden. In der Zukunft kann es für unsere Sicherheit und unser Überleben entscheidend sein, dass wir einen Menschen finden, der in der Lage ist, die Entscheidung eines Algorithmus außer Kraft zu setzen.

3 KI sollte kein Produkt für eine privilegierte Minderheit sein, sondern eine Plattform für alle. Die Geschichte von Ramya Joseph und ihrer Firma Pefin zeigt, wie man mittels KI maßgeschneiderte Finanzberatung für jedermann anbieten kann. Eigenkapital ist dabei nicht das einzige Thema. Wenn man bedenkt, wie wichtig bei datenbasierten Systemen die Frage des Maßstabs ist, müssen algorithmische Führer neu über sämtliche Kundensegmente nachdenken, denen sie profitabel dienen können.

4 Um menschlichen Bedürfnissen gerecht zu werden, müssen wir menschenzentriertes Design für maschinelles Lernen entwickeln. Nützliche KI muss die Probleme der Menschen praxisnah und einfühlsam lösen.

5 Vielleicht ist es möglich, die Arbeit zu automatisieren – die zentrale Bedeutung menschlicher Beziehungen lässt sich durch KI nicht außer Kraft setzen. Indem sie uns von den immergleichen Aufgaben befreit, schafft KI die Möglichkeit, unser Augenmerk künftig auf diejenigen menschlichen Interaktionen zu richten, die wirklich wichtig sind.

FRAGE

Wie lassen sich die Menschen am besten einsetzen, um die Erfahrung Ihrer Kunden insgesamt zu verbessern, wenn Sie die Lieferung Ihres Produkts oder Ihrer Dienstleistung bereits zu großen Teilen automatisieren können?

10

ARBEITEN SIE ZIELORIENTIERT, NICHT PROFITORIENTIERT

„*Die Arbeit gibt einem Sinn und Zweck; ohne sie ist das Leben leer.*"

Stephen Hawking

Stellen Sie eine Verbindung zwischen Mensch und Arbeit her

Wir arbeiten aus vielerlei Gründen. Zu den üblichen gehören, dass wir unsere Rechnungen bezahlen und etwas zu essen auf dem Tisch haben müssen – oder dass wir gern einen bestimmten Lebensstil pflegen möchten. Aber wenn man einen Schritt zurücktritt und die menschliche Zivilisation als Ganzes betrachtet, wird einem klar, dass es unendlich viele Möglichkeiten gibt, wie wir unsere Bedürfnisse befriedigen können, ohne dass wir, wie in manchen Fällen, 80 Stunden in der Woche arbeiten.

Viele meiner Freunde und Kollegen sind der Ansicht, dass alle Menschen ein Grundeinkommen erhalten sollten. Das würde unsere Wirtschaft radikal verändern. So könnten wir aufkeimenden Problemen von Ungleichheit und Arbeitslosigkeit im algorithmischen Zeitalter begegnen. Oder auch nicht. Ich persönlich bin nicht davon überzeugt, dass ein Grundeinkommen hilft. Wie Luke Martinelli, wissenschaftlicher Mitarbeiter am Institute for Policy Research der University of Bath, geschrieben hat: „Ein bezahlbares Grundeinkommen ist nicht wirklich adäquat und ein adäquates Grundeinkommen ist nicht bezahlbar." Wie auch immer – ein Grundeinkommen wird wenig dazu beitragen, eine der tiefer reichenden Auswirkungen der Automatisierung abzumildern: den Verlust des menschlichen Lebenszwecks.

Selbst wenn wir die Wirtschaft radikal umgestalten und technische Möglichkeiten einsetzen könnten, um unsere materiellen Bedürfnisse zu befriedigen, ist es immer noch möglich, dass Menschen sich entfremdet, deprimiert, gelangweilt oder innerlich unbeteiligt fühlen, wenn ihnen ihre übliche, vertraute Arbeit genommen wird. Vielleicht denken wir gern, dass wir arbeiten, um zu leben – und keinesfalls leben um zu arbeiten – aber je mehr wir von den biochemischen Vorgängen in unserem Körper und vom Belohnungssystem unseres Gehirns verstehen, desto deutlicher wird, dass wir arbeiten müssen, um unserem Leben einen Sinn zu geben.

Unsere Arbeit ist Teil unserer Identität. Bei der Arbeit kommen jene Fähigkeiten und Erfahrungen zur Anwendung, die wir im Lauf der Jahre erworben haben; dort sehen wir die Ergebnisse unserer Bemühungen. Man muss kein Olympionike im Skilaufen, kein CEO einer weltweit agierenden Firma und kein Rockstar sein, um der eigenen Arbeit große persönliche Bedeutung beizumessen. Man muss einfach nur eine sinnvolle Beziehung zur eigenen Arbeit herstellen können, um das Gefühl zu haben: Das ist mein Lebenszweck.

Wer für ein bedingungsloses Grundeinkommen plädiert, weist darauf hin, dass die Menschen dann – dank der massenweisen Automatisierung von Arbeit und dank der Roboter, die sich um unser materielles Wohlergehen kümmern – endlich frei sein werden, Sinn und Zweck des Lebens in anderen Tätigkeiten zu suchen. Etwas Ähnliches hat sich vor fast 3000 Jahren abgespielt. Wäre es zu jener gewaltigen Explosion von Kunst und Kultur in der klassischen Antike gekommen ohne die Zuwächse an Produktivität und Effizienz, die es in den damaligen Gesellschaften ebenfalls gab?

Thales von Milet, der „Vater der westlichen Philosophie" und einer der Sieben Weisen des alten Griechenland, stellte fest, er sei in der Lage, seine Zeit dem Nachdenken über den Zustand der Welt zu widmen, weil seine Gesellschaft die praktischen Künste gemeistert habe: Getreideanbau, Viehhaltung, den Bau befestigter Städte, die Seefahrt und die Landesverteidigung mithilfe einer gut ausgebildeten Armee. Die Zeit, die dank solcher Effizienz frei wurde, machte es ihm möglich, sich auf die Philosophie zu konzentrieren, anstatt sich um die praktischen Angelegenheiten des Lebens zu kümmern. Natürlich hatten diejenigen, die auf den Feldern arbeiteten, sich um die Tiere kümmerten, Mauern errichteten, Schiffe segelten und Feinde töteten vermutlich einen anderen Blickwinkel auf das Leben. Auch in der klassischen Antike gab es Automatisierung – damals in Form von Sklaven.

Ich glaube nicht, dass es in näherer Zukunft eine Welt des automatisierten Überflusses geben wird. Meiner Ansicht nach besteht das wahre Risiko des Lebens in einer algorithmischen Gesellschaft nicht darin, dass wir zu viel Zeit und nichts zu tun haben werden, sondern darin, dass sich der Charakter unserer Arbeit plötzlich so sehr atomisieren wird, dass wir den Sinnzusammenhang verlieren. Die Entfremdung der Arbeit, eine Vorstellung die schon Karl Marx mit seinem *Kommunistischen Manifest* breite Unterstützung sicherte (und den Revolutionen, die darauf folgten), war das unmittelbare Ergebnis der Fragmentierung von Arbeit infolge der Industriellen Revolution.

Plötzlich wurden geschickte Handwerker, die ihre Fähigkeiten jahrelang entwickelt hatten, um die Herstellung eines Objekts oder eines Kleidungsstücks zu perfektionieren, durch ein Fließband ersetzt, an dem Tausende vergleichsweise ungelernte Arbeiter standen, die organisiert wurden wie die Zahnräder einer Maschine. Sie erhielten winzige, hoch spezialisierte Aufgaben, beispielsweise eine bestimmte Komponente immer und immer wieder zusammenzusetzen, ohne dass sie überhaupt wussten, wozu das gut war.

Auch wenn die Angestellten vieler Organisationen heute keine Fabrikarbeiter, sondern Wissensarbeiter sind, besteht immer noch die Gefahr der Entfremdung. Der Wunsch, die Menschen wieder mit dem

Zweck ihrer Arbeit zu verbinden, war einer der Gründe, warum die niederländische Bank ING sich 2015 entschloss, firmenweit eine agile Transformation durchzuführen: Die Mitarbeiter sollten befähigt werden, schneller und flexibler mehr kundenrelevante Produkte zu produzieren. Angeregt durch algorithmische Firmen wie Google, Netflix und Spotify unternahm ING einen radikalen Schritt und bildete 350 Neun-Personen-Gruppen, die jeweils auf ein bestimmtes Kundenziel ausgerichtet waren. Diese Gruppen wurden dann 13 verschiedenen „Stämmen" (oder Gruppen mit übergeordneten Zielen) angegliedert, um dafür zu sorgen, dass die Firma ihre Ziele erreichte.

Um mehr über das Ergebnis der Transformation zu erfahren, sprach ich mit Peter Jacobs, dem CIO der ING Bank und einem der Architekten der Umgestaltung. Er erklärte mir, die Menschen in einer großen Firma könnten den Zweck ihrer Arbeit aus dem Blick verlieren, wenn komplexe Projekte in lauter kleine Teilaufgaben zerlegt würden und der ganze Prozess praktisch wie an einem virtuellen Fließband ablaufe. Einzelne Mitarbeiter fühlten sich dann nicht mehr für die Erreichung des Gesamtziels verantwortlich.

„Stellen Sie sich vor, Sie sind brillant, 25 Jahre alt und Marketingspezialist oder Ingenieur. Ihre Organisation sagt Ihnen: 'Sie sind ein großartiger Mitarbeiter. Wir möchten, dass Sie an dem wichtigsten Projekt arbeiten, das wir haben.' Und Sie gehen nach Hause und Ihre Partnerin fragt: 'Und wann siehst du, was du da tust?' Und Sie sagen: 'Oh, ich habe vergessen zu fragen.' Am nächsten Tag sind Sie wieder in der Firma, und Ihr Kollege sagt auf Ihre Nachfrage: 'Nun, das erste Mal kommen die Kunden in vier Jahren in den Genuss deiner Arbeit.' Damit haben Sie den Wunsch, auf das gesetzte Ziel hinzuarbeiten, praktisch getötet. Das haben Sie von Anfang an getan – durch die Art und Weise Ihres Vorgehens."

Für Jacobs gehört zur Wiederbelebung des Zielbewusstseins die Vorstellung eines gewissermaßen handwerklichen Könnens. Die Menschen müssen nicht nur verstehen, warum sie eine bestimmte Arbeit ausführen, sondern sie müssen auch von Anfang bis Ende dabei sein. Jacobs glaubt, es sei manchmal besser, den Leuten eine größere Rolle in einem kleineren Projekt zu geben, weil sie dann das Gefühl haben, das Ergebnis sei das ihre.

„Wenn Sie den Leuten das Gefühl geben wollen, dass sie etwas Besonderes sind", fuhr Jacobs in seinen Erläuterungen fort, „heißt das auch, dass Sie ihnen Dinge zumuten. Setzen Sie ihnen Ziele. Sagen Sie nicht: 'Sie sollen eine Brücke bauen!', sondern: 'Lassen Sie uns gemeinsam überlegen, wie wir hier über den Fluss kommen.'"

Es geht nicht nur darum, dass die Angehörigen Ihres Teams einen Grund für ihre Arbeit brauchen. Auch Sie brauchen die richtige Begründung für eine anstehende Transformation. In einer Organisation Veränderungen zu bewirken ist niemals einfach. Für die Betroffenen kann es sich einfach nur um Strategie XY handeln; die Veränderung kann sogar unerwartet und erschreckend sein. Wenn Sie wollen, dass die Leute den Weg mit Ihnen gemeinsam gehen, kann es helfen, ihnen einen Grund zu nennen, warum sich etwas ändern muss. Höhere Gewinne, niedrigere Kosten, größere Marktanteile oder sogar das Überleben der Firma sind dabei nicht so motivierend, wie Sie vielleicht denken – das sind nicht die Gründe, warum die Leute zur Arbeit gehen.

Der Hauptantrieb für Ihre digitale Transformation sollte ein übergeordnetes Ziel sein, nicht der Profit. Das heißt aber nicht, dass Sie zur wohltätigen Organisation werden müssen. Sie sollten sich mit Ihrer Firma nicht unbedingt die Rettung der Welt zum Ziel setzen. Ehrlich gesagt finde ich die Vorstellung, dass jede Firma einen beeindruckenden, ideellen Zweck verfolgen muss, lächerlich.

Nicht jede Firma muss dem Hunger auf der Welt ein Ende setzen, den Planeten retten oder das Universum in einen Ort der Seligkeit verwandeln. Manchmal reicht es völlig aus, einfach nur hochwertiges Toilettenpapier, verlässliche Gummidichtungen oder anständigen Kaffee herzustellen.

Um eine Verbindung zwischen den Menschen und ihrer Arbeit zu schaffen, müssen Sie den Charakter Ihrer Arbeit nicht schönfärben. Es ist in Ordnung, etwas ganz Banales und Profitables zu tun. Wenn Sie das mithilfe moderner Technik effektiv erledigen, während Sie Ihren Leuten eine menschlich ansprechende und respektvolle Arbeitsumgebung bieten, einen Ort, an dem ihr Beitrag anerkannt und geschätzt wird, dann haben Sie genug für die Welt getan – und für Ihre Mitarbeiter.

Vorsicht vor der algorithmischen Ungleichheitsfalle

„In der Zukunft arbeiten Sie entweder für den Algorithmus, oder, wenn Sie Glück haben, am Algorithmus", erklärte Sean Gourley grimmig, als wir in Tokio eine Tasse grünen Tee zusammen tranken.

Gourley und ich sollten beide bei einer Veranstaltung Vorträge halten, und ich hatte ihn gerade für meinen Podcast interviewt. Gourleys Leben war faszinierend. Ursprünglich stammt er aus Neuseeland. Promoviert hat er in Physik an der Oxford University und dabei als Teil seiner Forschungen über komplexe Systeme die „Mathematik des Krieges" untersucht. Bei seiner Beratertätigkeit für das Pentagon und die UNO ging es um die Vorhersage von Konflikten. Seine Spezialität war das Aufspüren von Rebellennetzwerken. Außerdem hat er zwei KI-Firmen gegründet, eine die sich auf die Visualisierung von Daten konzentriert und eine in Sachen maschinelle Intelligenz.

Gourley war fasziniert von der Aussicht, dass Menschen und Maschinen bald effektiv zusammenarbeiten könnten, aber er hatte auch Bedenken angesichts einer Zukunft, in der sich Klassengrenzen auftun könnten – zwischen den Massen, die gewissermaßen für einen Algorithmus arbeiten würden (man denke an die Fahrer von Uber), und einer privilegierten Klasse von Fachkräften, die über die erforderlichen Voraussetzungen verfügen würden, um algorithmische Systeme zu entwickeln und zu trainieren, und einer winzigen, fast aristokratischen Schicht von Ultrareichen, denen die algorithmischen Plattformen wirklich gehören würden.

Erste Hinweise auf die Entstehung einer schlecht bezahlten, algorithmischen Arbeiterschaft weltweit gibt es bereits. In Lateinamerika zählt Rappi zu den Startups, die am schnellsten wachsen: eine Mischung aus Uber Eats, Instacart und TaskRabbit. Kunden in Städten wir Bogotá und Mexico City zahlen rund einen Dollar pro Auftrag oder eine Flatrate von sieben Dollar im Monat. Dafür erhalten sie Zugriff auf ein gewaltiges Heer von Kurieren, die Essen, Lebensmittel, eigentlich alles, was gerade benötigt wird, auf Anfrage liefern. Amazon hat sein eigenes informelles Netzwerk von Zustellern namens Amazon Flex. Sie stehen in der nahen Zukunft für alle Aufgaben bereit, die nicht effektiv von Drohnen übernommen werden können – sei es, dass sie Ihnen auf der Straße ein Paket überreichen oder es hinten in Ihr Auto laden, sei es, dass sie die Tür zu Ihrem Haus aufschließen und Ihre Lebensmittel im Gefrierschrank verstauen. Amazon schätzt, dass für Amazon Flex in den nächsten Jahren rund eine Million Menschen weltweit arbeiten werden.

Was passiert, wenn immer mehr Menschen einer kurzlebigen Arbeitnehmerschaft angehören, die von Algorithmen dirigiert wird? Solche Kuriernomaden haben vielleicht die allerneuesten Handys mit holografischem Display, Kopfhörer mit Knochenleitung und Smartglasses mit geringer Latenzzeit, aber sie gehören dennoch einer neuen, algorithmischen Unterschicht an. Natürlich ist es eine gute Nachricht, dass es dann immer noch Arbeit für Menschen gibt. Aber wenn die Arbeitsbedingungen in diesem Sektor für ein würdevolles Leben im 21. Jahrhundert nicht ausreichen, dann werden die sozialen und politischen Konsequenzen für alle Beteiligten verheerend sein.

In seinem Vortrag *Wirtschaftliche Möglichkeiten für unsere Enkelkinder* von 1930 hat John Maynards Keynes vorausgesagt, dass ungefähr 2030 sämtliche Produktionsprobleme gelöst sein würden; es werde genug von allem für alle geben. Der Nachteil sei nur, dass die Maschinen zu „technisch bedingter Arbeitslosigkeit" führen würden. Was Keynes nicht wirklich vorausgesehen hat, ist, dass die Arbeitslosigkeit so groß sein könnte, verbunden mit einem entsprechend hohen Maß an Ungleichheit.

Selbst innerhalb einzelner Organisationsstrukturen macht sich die wachsende Ungleichheit bemerkbar; die Kluft zwischen Top-Führungskräften auf der einen und Zeitarbeitskräften am äußeren Firmenrand auf der anderen Seite wächst. In der Zukunft wird es in datenbasierten Firmen wie Amazon oder Walmart eine kleine Gruppe hoch bezahlter Angestellter geben, die von ausgeklügelten automatischen Systemen unterstützt wird, und eine große Gruppe schlecht bezahlter freier Mitarbeiter.

Dabei wäre es gefährlich, ein Problem lösen zu wollen, das sich noch nicht vollständig manifestiert hat. Schon jetzt greifen Regierungen und Regulierer, unterstützt von populistischen Plattformen, die globalen digitalen Giganten an. Sie versuchen, Steuerschlupflöcher zu schließen, und arbeiten an der Regulierung der Arbeitsbedingungen ihrer freien Mitarbeiter; sie wollen das Sammeln von Daten einschränken und sogar ihre Roboter besteuern. Manche dieser Ideen haben durchaus etwas für sich. Andere sind verfrüht oder, schlimmer noch, einfach nur politisches Theater.

Die langfristige Lösung für die algorithmische Ungleichheit liegt nicht in Besteuerung und Regulierung, sondern sehr viel eher in unserem Vermögen, für das 21. Jahrhundert ein angemessenes Bildungssystem bereitzustellen. Wir werden das ernten, was wir aussäen. Vielleicht wird es eine Weile dauern, bis sie sich zeigt, aber es wird eine deutliche Kluft zwischen jenen Ländern geben, die in die künftigen Fähigkeiten ihrer Arbeitnehmerschaft investieren, und denjenigen, die lediglich an kurzfristiger politischer Vorteilsnahme interessiert sind. Messbar wird das vermutlich am Auftreten von algorithmischer Ungleichheit, also am Verhältnis von Einwohnern, die *für* die Algorithmen arbeiten, zu jenen, die *an* den Algorithmen arbeiten – und damit für den Betrieb der Plattformen und Dienstleistungen ihres Landes zuständig sind.

Setzen Sie algorithmisches Management mit Bedacht ein

Algorithmen ermöglichen Ihnen vielleicht, mehr Menschen im großen Stil zu managen, aber das macht Sie nicht unbedingt zu einem besseren Manager. Im Namen von Effizienz, Fortschritt und möglichem Wachstum (sowie allen anderen Göttern der Transformation) lassen Sie sich vielleicht dazu hinreißen, immer mehr Interaktionen mit Ihrem Team per Algorithmus zu managen.

Mein Rat an dieser Stelle: *Tun Sie das nicht.*

Natürlich können Sie mit einem Algorithmus Ihre Dienstpläne so einrichten, dass sie gerade noch den gesetzlichen Vorschriften genügen, Sie können Ihren Leuten automatisch eine E-Mail schicken, wenn sie fünf Minuten zu spät kommen, und Sie können sie dazu bewegen, in der Zeit, die sie normalerweise mit ihrer Familie verbringen, lieber zu arbeiten, indem Sie entsprechende Anreize bieten. Sie können Ihre Lagerarbeiter mithilfe von Sensoren überwachen und sie automatisch benachrichtigen, wenn sie länger als der Durchschnitt benötigen, um ein Regal zu befüllen. Oder Sie können die Farbtemperatur der Beleuchtung in Ihrem Büro so anpassen, dass das zirkadische System Ihrer Mitarbeiter denkt, am späten Nachmittag sei immer noch früher Morgen. All das ist möglich und in manchen Firmen sogar angesagt. Letztlich kann ein solches Verhalten aber ins Auge gehen.

An diesem Punkt haben wir schon einmal gestanden. Vor ungefähr hundert Jahren erlebte die Welt die „Revolution der wissenschaftlichen Betriebsführung" oder des Taylorismus. Der US-amerikanische Industrieingenieur Frederick Winslow Taylor hatte jede Menge Ideen, wie eine Firma Maschinen und Arbeitskräfte zusammenbringen könnte, um maximale Effektivität zu erreichen. All das hat er in seinem Buch von 1911 mit dem Titel *Die Grundsätze wissenschaftlicher Betriebsführung* aufgeschrieben.

Viele Prinzipien des Taylorismus werden heute wieder belebt, angereichert mit einem Schuss Digitalisierung oder KI. Schauen Sie sich einmal diese Liste von Vorschlägen an: empirische Daten sammeln; Prozessanalyse; Effizienz; Vermeidung von Abfall; Standardisierung der besten Vorgehensweise; Geringschätzung der Tradition; Massenproduktion und Skalierung; sowie Wissenstransfer innerhalb der Arbeitnehmerschaft, zwischen Arbeitskräften und Hilfsmitteln, Prozessen und Dokumentation. Das mag sich vielleicht anhören wie der Plan für eine digitale Transformation im 21. Jahrhundert, aber alle diese Ideen hatte Taylor bereits vor Jahrzehnten. Und sie haben zu keinem glücklichen Ende geführt, nämlich zur Entfremdung der Mitarbeiter, zu Arbeitskämpfen und sinkender Produktivität.

Bedauerlicherweise ist es mehr als wahrscheinlich, dass wir die Wiederkehr vieler dieser Ideen im algorithmischen Zeitalter erleben werden. Amazon beispielsweise hat zwei Patente für Armbänder erneuert, mit denen man die Bewegungen von Lagerarbeitern verfolgen und sie durch Vibration auffordern kann, effizienter zu arbeiten. IBM bemüht sich ebenfalls um die Patentierung eines Systems, das die Belegschaft mithilfe von Sensoren überwacht, ihre Pupillenerweiterung und den Gesichts-

ausdruck kontrolliert und dann, unterstützt von Daten über die Schlaf-
qualität der Mitarbeiter und ihre Konferenztermine, Drohnen losschickt,
die ein koffeinhaltiges Getränk liefern, damit die Arbeit nicht für eine
Kaffeepause unterbrochen werden muss.

Wenn man sich zu sehr auf die algorithmische Betriebsführung verlässt, kann das, wie beim Taylorismus, dazu führen, dass die Menschen
sich am Arbeitsplatz nicht mehr wohlfühlen. Soziale Unruhen könnten
die Folge sein. Arbeitskämpfe würden zunehmen und die Regulierer würden über ein Eingreifen nachdenken. In den nächsten Jahren werden sich
die Führungskräfte in Ihrer Firma auch mit solchen Themen auseinander-
setzen müssen. Mit großer Sicherheit wird es eine Debatte darüber geben,
ob es besser ist, die Handlungsfähigkeit der Menschen einzuschränken
und das Erteilen von Arbeitsanweisungen vollständig einer KI zu übertragen, oder ob es schlauer ist, weit verstreute, autonome Teams zu haben.

Aus rein wirtschaftlicher Sicht ist die traurige Wahrheit, dass beide
Vorgehensweisen richtig sein können, je nach Branche und Befähigung
der Mitarbeiter. Die Frage, wo das richtige Gleichgewicht liegt, ist ein
typisches subtiles Dilemma, das zu lösen Sie als algorithmischer Führer
angetreten sind. Setzen Sie Algorithmen mit Bedacht ein. Vielleicht werden auch Sie eines Tages für einen Algorithmus arbeiten.

Errichten Sie Plattformen, die Sie selbst nutzen würden

In der Zukunft werden wir nicht mehr für Firmen arbeiten, wir werden
für Plattformen arbeiten. Der Unterschied ist keine Frage der Semantik
und er wird sich nicht nur auf die unteren Ränge beschränken. Die Menschen werden nach größerer Flexibilität am Arbeitsplatz verlangen und
die Firmen werden flexibler sein müssen, wenn sie die richtigen Talente
gewinnen wollen, um Aufgaben zu lösen, und das praktisch auf allen
Ebenen. Wir werden anfangen müssen, uns mehr wie freie Mitarbeiter
zu benehmen, weniger wie Vollzeitangestellte.

Viele Unternehmen werden bereits zu Talentplattformen. Eine Firma
wie Uber stellt keine Leute ein, sie liefert eine Plattform, auf der Menschen als Fahrer einen Mehrwert erwirtschaften können. Selbst AT&T
mit ihrer Ausbildungsplattform bereitet sich auf eine Welt vor, in der es
keine Karriereleiter mehr gibt, sondern eine Art Karriere-Gitterwerk,
in dem geschätzte Mitarbeiter ihre Fähigkeiten auf nichtlineare Weise
zum Einsatz bringen können, an den verschiedensten Arbeitsplätzen,
zur Bewältigung ganz unterschiedlicher Herausforderungen, im Lauf
ihrer Beschäftigung. Bei Satalia versuchen David Hulme und sein Team,

durch maschinelles Lernen den Menschen mit den richtigen Fähigkeiten genau diejenigen Probleme und Entscheidungen zuzuweisen, die sie lösen bzw. fällen können.

Immer öfter werden wir es erleben, dass Begabungen per Algorithmus zugewiesen werden, nicht nur bei den Fahrern von Uber und bei Zustellern, sondern auch bei Fachkräften und Experten. Publicis, eine multinationale Marketingfirma, hat bereits damit begonnen, ihre 80 000 Angestellten mithilfe von Algorithmen zu organisieren und ihnen Aufgaben zuzuweisen, darunter Kundenberater, Programmierer, Grafikdesigner und Texter. Wenn es ein neues Projekt oder eine entsprechende Kundenanfrage gibt, empfiehlt der Algorithmus die richtige Kombination unterschiedlicher Begabungen für das bestmögliche Ergebnis.

Natürlich ist die Gestaltung einer Talentplattform offen für Manipulation und Missbrauch. Manche Einzelhändler wurden wegen der unberechenbaren und unfairen Arbeitspläne kritisiert, die ihre Softwaresysteme erstellen. Die automatische Erstellung von Arbeitsplänen kann ein sehr nützliches Werkzeug sein, wenn man kosteneffizient arbeiten möchte: Man kann Mitarbeiter nach Hause schicken, wenn nicht viel los ist, oder sie spontan anfordern, wenn das Wetter umschlägt oder eine Werbeaktion stattfindet. Ein Arbeitsplan kann auch mit der Maßgabe aufgestellt werden, dass eine Firma sich bestimmten Verpflichtungen entziehen möchte. So erhielten beispielsweise im August 2013, weniger als zwei Wochen nachdem die Modekette Forever 21 auf Kronos, eine Plattform zur Optimierung der Belegschaft, umgestellt hatte, Hunderte Vollzeitbeschäftigte die Nachricht, sie dürften künftig nur noch halbtags arbeiten und Zuschüsse zur Krankenkasse würden auch nicht mehr gezahlt.

Die fairste Möglichkeit, eine Talentplattform zu entwickeln, die Ihre gesamte Firmenhierarchie umfasst, von den Nachwuchskräften bis zu den Spitzenmanagern, besteht darin, sich zu überlegen, dass alle, von ganz unten bis ganz oben, nach den gleichen Prinzipien reagiert werden sollen. Der *Veil of Ignorance* war ein Gedankenexperiment, das 1971 von dem US-amerikanischen Philosophen John Rawls vorgeschlagen wurde. Er vertrat die Theorie, Menschen könnten politische oder soziale Entscheidungen mit weitreichenden Auswirkungen am besten treffen, indem sie sich vorstellten, wie es wäre, am nächsten Morgen aufzuwachen und zu den unmittelbar Betroffenen zu gehören – ohne dass man vorher zu dem Thema gefragt wurde. Algorithmische Führer sollten die gleiche Vorgehensweise wählen, wenn sie Systeme einrichten, die ihre eigenen Teams und Angestellten verwalten.

KI und Algorithmen bieten eine Menge Möglichkeiten, flexiblere Arbeitsweisen zu entwickeln, die beruflich mehr Erfüllung bringen.

Stellen Sie einfach nur sicher, dass Sie selbst bereit wären, die gleiche Talentplattform zu nutzen, von der Sie erwarten, dass andere sie verwenden.

Transformieren Sie die Arbeit, indem Sie sich selbst transformieren

Der Weg zum algorithmischen Führer ist vor allen Dingen ein Weg der Verantwortlichkeit.

Transformation lässt sich nicht erkaufen. Es ist leicht, einfach so zu tun, als würde man eine digitale Transformation durchlaufen: Heuern Sie teure Berater an, die Ihren Vorständen eine schicke Strategie präsentieren, bieten Sie Ihren Mitarbeitern kostenlose Programmierkurse an, legen Sie sich die allerneuesten Tools, Apps und Programme zu und kaufen Sie ein paar vielversprechende KI-Startups ein, die Sie in Ihre Firma integrieren. Am Ende wird es doch von der Firmenkultur abhängen, die Sie durch Ihr Verhalten schaffen, und davon, wie Sie die Menschen in Ihrem Umfeld beteiligen, ob Ihre Firma zu einer erfolgreichen Organisation des 21. Jahrhunderts wird.

Arbeit transformieren heißt: die Art und Weise verändern, *wie* Sie arbeiten. Das bedeutet, Sie müssen Ihre ganz persönliche Vorstellung davon finden, warum Sie das tun wollen. Wenn die Motivation für einen radikalen Neubeginn in Ihrer Firma lediglich höhere Gewinne oder ein größerer Marktanteil sind, mag es vielleicht nach außen so aussehen, als würden Sie die Veränderung unterstützen, im Geheimen werden Sie und Ihr Umfeld jedoch genau das Gegenteil erreichen. Bevor Sie Ihre Organisation völlig umgestalten können, müssen Sie in sich hineinschauen, um den Grund zu finden, warum sich die Dinge ändern sollten.

Mir gefällt die Vorstellung des algorithmischen Führers deswegen so gut, weil sie den Menschen eine Tabula rasa bietet, eine nackte Leinwand, um noch einmal völlig neu über das nachzudenken, was sie tun. Egal ob Sie gerade am Anfang Ihrer beruflichen Laufbahn stehen oder bereits ein Branchenveteran sind, ob Sie als Geschäftsführer eines multinationalen Unternehmens oder als kleiner Freiberufler Ihren Lebensunterhalt verdienen, wir alle stehen am Wendepunkt und es ist von entscheidender Wichtigkeit, dass wir unsere Zielsetzungen und Möglichkeiten neu durchdenken und bewerten.

In den nächsten Jahren werden Jobs und Berufswege die Norm sein, die vor zehn Jahren noch unvorstellbar schienen. Refik Anadol, ein Freund von mir, ist heute ein begnadeter, weltweit bekannter Medienkünstler – ein Job, den es wirklich noch nicht lange gibt. Anadol stammt ursprünglich aus der Türkei und hat verschiedenste Medien- und Design-fächer studiert, aber es war eine frühe Aufnahme von *Blade Runner* auf einer alten VHS-Kassette, die ihn auf den Gedanken brachte, ob sich mit Algorithmen und Daten nicht die Art und Weise verändern lässt, wie wir Kunst produzieren.

Vor einigen Jahren hat Anadol mit Frank Gehry und dem Los Angeles Philharmonic Orchestra zusammengearbeitet, um in der Hollywood Bowl, wo das Orchester zu Hause ist, mittels Projection Mapping Entwürfe auf die Wände zu projizieren, die in Echtzeit auf die musikalische Darbietung und die Bewegungen des Dirigenten reagieren. Später, als Artist in Residence bei Google, hat er mit den dortigen Teams für maschinelles Lernen zusammengearbeitet, um ein türkisches Archiv von mehr als 1,7 Millionen Dokumenten aus osmanischer Zeit in eine KI-Installation namens *Archive Dreaming* zu verwandeln. Die kreisförmige Installation mit einem Durchmesser von sechs Metern sucht mit algorithmischer Hilfe einzelne Stücke aus der Sammlung, organisiert sie und präsentiert sie. Über ein Interface kann man auch eine Auswahl treffen und betrachten, aber wenn die Installation nichts zu tun hat, „träumt" sie überraschende Korrelation unter den enthaltenen Dokumenten herbei.

„Ich finde das ausgesprochen anregend", sagte Anadol, als wir miteinander darüber sprachen. „Wenn man an die Zukunft der Architektur denkt, Fassaden und Räume, kann die Außenhaut eines Gebäudes durch maschinelle Intelligenz eine Art Wissen erwerben. Gebäude erinnern sich dann an die Institutionen in ihrem Innern und fantasieren eine Zukunft herbei, die noch nicht existiert."

Algorithmisch führen bedeutet mehr als einfach nur digitalisieren, was schon da ist. Es bedeutet, sich ganz und gar für neue Ideen zu öffnen, die vor einem Zeitalter der künstlichen Intelligenz niemals Realität geworden wären.

Vor kurzer Zeit hatte ich die Gelegenheit, einige der Ideen in diesem Buch den 200 Spitzenführungskräften der Deutschen Telekom vorzustellen, dem größten Anbieter von Telekommunikationsdienstleistungen in Europa, auf ihrem T3-Managementgipfel in der malerischen Stadt Alpbach, hoch in den österreichischen Alpen. Als ich damit fertig war, trat Tim Höttges, CEO der Firma, im Flur auf mich zu und teilte eine interessante Beobachtung mit mir.

„Ich kenne viele der algorithmischen Führer, die Sie erwähnt haben", sagte er lächelnd. „Wissen Sie, die waren nicht immer so. Viele von ihnen haben ganz schön analog angefangen. Der Unterschied ist, dass sie eine bewusste Entscheidung getroffen und sich auf Veränderung eingelassen haben. Sie haben sich mit den richtigen Leuten umgeben und gehen die Dinge jetzt anders an."

Algorithmen sind bloß ein Werkzeug. Sie sind keine Roboterherrscher, die es auf Ihren Job abgesehen haben, es sei denn, Sie entscheiden sich, sie genau dazu zu machen. Für den Moment jedenfalls sitzen wir Menschen am Steuer und treffen die Entscheidungen, was als Nächstes passiert. Einige dieser Entscheidungen werden Sie treffen; andere werden für Sie getroffen werden. Manche davon werden schon bald Auswirkungen auf Ihre berufliche Zukunft haben; bei anderen wird es Jahre dauern, ehe sie sich manifestieren. Sie können nicht alle diese Faktoren kontrollieren, aber Sie können *heute damit anfangen*, indem Sie die Art und Weise verändern, wie Sie Probleme angehen und Entscheidungen treffen.

Sie sind nicht allein. Sie sind Teil eines großen Netzwerks von Führungskräften, die danach streben zu wachsen und sich neu zu erfinden. Die Komplexität des algorithmischen Zeitalters ist nicht geeignet für einfache Lösungen oder einsame Helden. Nur wenn wir zusammenarbeiten, verbunden durch neue Arten des Denkens, mit smarten Maschinen, die uns leiten, und mit einem neuen Gefühl für unseren Wert, nur dann können wir sie wirklich umgestalten – unsere Organisationen, unsere Branchen und die ganze Welt.

ZUSAMMENFASSUNG

1 Arbeit ist mehr als die Befriedigung materieller Bedürfnisse. Arbeit hat etwas mit Identität und Lebenszweck zu tun. Wenn wir am Arbeitsplatz mehr Algorithmen einsetzen, besteht die Gefahr, dass die Menschen die Verbindung zu ihren Werten und dem Sinn ihrer Arbeit verlieren.

2 In Zukunft werden wir entweder am Algorithmus oder für den Algorithmus arbeiten. Um die algorithmische Ungleichheitsfalle zu vermeiden, brauchen wir mehr als neue Formen der Besteuerung und Regulierung. Wir brauchen nachhaltige Investitionen in Bildung und Ausbildung, seitens der Firmen und seitens der Länder.

3 Durch algorithmisches Management können die Sünden des Taylorismus wiederbelebt werden. Wenn wir nicht sorgsam damit umgehen, kann es weltweit zu sozialen Unruhen und Arbeitskämpfen führen.

4 In der Zukunft werden wir alle für Talentplattformen arbeiten, ob als freie Mitarbeiter oder als flexible Angestellte in globalen Organisationen. Wirtschaftsführer unterliegen der Verpflichtung, Plattformen zu entwickeln, die sie selbst gern nutzen würden.

5 Die Reise der Transformation beginnt und endet bei Ihnen. Die meisten von uns beginnen als analoge Führer. Wir müssen bewusst Hartnäckigkeit, Geduld und den Willen investieren, das zu erfüllen, was die Zukunft von uns verlangt: *algorithmische Führer werden*.

FRAGE

Wenn Sie nicht länger arbeiten müssten, um Ihren Lebensunterhalt zu verdienen, was würden Sie ohne Bezahlung tun?

Epilog

Die größte Gefahr, wenn man ein Buch über die Zukunft schreibt, ist nicht, dass man falsch liegt, sondern dass es zu lange dauert, bis man Recht hat. Um das zu vermeiden, habe ich mich auf Prinzipien konzentriert, nicht auf konkrete Vorhersagen. Nichts an der Zukunft ist unabänderlich. Ob wir in einer Welt leben, die von ermächtigten menschlichen Führern bestimmt wird oder von algorithmischen Tyrannen, hängt zum großen Teil von Ihnen ab und davon, was Sie als Nächstes tun.

In diesem Buch habe ich Sie immer wieder gebeten, sich Gedanken zu machen, inwiefern algorithmische Führer anders denken und handeln als ihre analogen Vorgänger.

Zusammenfassend würde ich sagen, algorithmische Führer

- konzentrieren sich auf ihre zukünftigen Kunden, nicht auf die vorhandenen
- streben mit ihrem Betriebsmodell nach einer Vervielfachung, nicht nach einer prozentualen Steigerung
- analysieren Probleme auf der Basis von Prinzipien, nicht nach Analogien
- versuchen, mit der Zeit weniger falsch zu liegen, anstatt immer Recht zu haben
- humanisieren und gestalten komplexer, anstatt zu standardisieren und zu vereinfachen
- streben danach, ihre Nutzer zu beteiligen, und geben sich nicht mit der Einhaltung der Spielregeln zufrieden
- fragen sich, ob sie richtig handeln, und nicht nach den richtigen Resultaten
- führen auf der Basis von Prinzipien, nicht Prozessen
- glauben, dass sie automatisieren und aufwerten sollten, nicht automatisieren und dezimieren
- transformieren ihre Firma mit einem Ziel und nicht nur dem Profit im Blick

Diese Punkte sind keine fertige Checkliste, wie man zum erfolgreichen Führer wird. Sie sind der Ausgangspunkt für Ihre Reise. Genau wie die Komplexität eines Unternehmens sich der vollständigen Automatisierung widersetzt, entzieht die menschliche Führungsverantwortung sich einer einfachen Definition. Obwohl die algorithmische Welt uns ständig vor neue Herausforderungen stellt, wie wir Probleme lösen, Entscheidungen fällen und Chancen nutzen, müssen wir alle erst den Weg zur Transformation finden.

Ich hoffe, die Geschichten in diesem Buch vermitteln Ihnen einen Eindruck davon, wie eine kleine, aber wachsende Gruppe von Wirtschaftsführern sich und die Menschen in Ihrer Umgebung verändert. Sie sind nicht die Anführer, mit denen wir aufgewachsen sind, vielleicht nicht einmal diejenigen, auf die wir gehofft haben, aber sie sind diejenigen, die wir brauchen, diejenigen die uns ins Zeitalter der smarten Maschinen führen werden.

Danksagung

Ein Buch über die Zukunft ist nur so gut wie die Menschen in der Gegenwart, die es ermöglich. Ich danke Jesse Finkelstein und ihrem wundervollen Team bei Page Two, die mir geholfen haben, dieser Idee Leben einzuhauchen, insbesondere meiner geduldigen und verständnisvollen Lektorin Amanda Lewis und meiner Korrektorin Lesley Cameron. Ein ganz besonderes Dankeschön außerdem an meine Agentin und Mentorin Karen Harris und ihre fantastischen Leute bei CMI Speaker Management, die mich auf dieser Reise der Transformation und der großen Ideen von Anfang an begleitet haben. Und vor allen Dingen möchte ich meiner wunderschönen Frau Burcu danken, die sich nicht nur mein verrücktes Gerede angehört, sondern mir auch geholfen hat, meine Gedanken auszuformulieren. Sie ist meine Muse, für immer.

Literaturverzeichnis und -hinweise

Einleitung: Willkommen im algorithmischen Zeitalter

Andreessen, Marc. „This Is Probably a Good Time to Say that I Don't Believe Robots Will Eat All the Jobs." Marc Andreessen Blog. 13. Juni 2014. blog. pmarca.com/2014/06/13/this-is-probably-a-good-time-to-say-that-i-dontbe-lieve-robots-will-eat-all-the-jobs

Arthur, W. Brian. „Where Is Technology Taking the Economy?" *McKinsey Quarterly*. McKinsey & Company. Oktober 2017. mckinsey.com/business-functions/mckinsey-analytics/our-insights/where-is-technologytaking-the-economy

Bessen, James E. „Automation and Jobs: When Technology Boosts Employment." Boston University School of Law, Law and Economics Research Paper Nr. 17-09. 23. März 2018. ssrn.com/abstract=2935003

———. "The Automation Paradox." *Atlantic*. 19. Januar 2016. theatlantic.com/business/archive/2016/01/automation-paradox/424437

———. "How Computer Automation Affects Occupations: Technology, Jobs, and Skills." Boston University School of Law, Law and Economics Research Paper Nr. 15-49. 3. Oktober 2016. ssrn.com/abstract=2690435

Byrnes, Nanette. „As Goldman Embraces Automation, Even the Masters of the Universe Are Threatened." *MIT Technology Review*. 7. Februar 2017. technologyreview.com/s/603431/as-goldman-embraces-automation-event-he-masters-of-the-universe-are-threatened

Chui, Michael, James Manyika, and Mehdi Miremadi. „What AI Can and Can't Do (Yet) for Your Business." *McKinsey Quarterly*. McKinsey & Company. Januar 2018. mckinsey.com/business-functions/mckinsey-analytics/our-in-sights/what-ai-can-and-cant-do-yet-for-your-business

Detrixhe, John. „Lesson from the Cupcake ATM: Better to Be a Baker Than a Seller." Quartz. 4. Juli 2017. qz.com/1014632/lesson-from-the-cupcakeatm-better-to-be-a-baker-than-a-seller

Gershgorn, Dave. „The Data That Transformed AI Research – and Possibly the World." Quartz. 26. Juli 2017. qz.com/1034972/the-data-that-changedthe-di-rection-of-ai-research-and-possibly-the-world

———. „DeepMind Has a Bigger Plan for Its Newest Go-Playing AI." Quartz. 18. Oktober 2017. qz.com/1105509/deepminds-new-alphago-zero-artificia-lintelligence-is-ready-for-more-than-board-games

Lee, Kai-Fu. „Tech Companies Should Stop Pretending AI Won't Destroy Jobs." *MIT Technology Review*. 21, Februar 2018. technologyreview.com/s/610298/tech-companies-should-stop-pretending-ai-wont-destroy-jobs

Lynch, Clifford. „Stewardship in the Age of Algorithms." *First Monday* 22 (12). 4. Dezember 2017. http://firstmonday.org/ojs/index.php/fm/article/view/8097/6583

Ray, Shaan. „The Emergence of Artificial Intelligence." Towards Data Science. 5. Februar 2018. towardsdatascience.com/the-emergence-of-artificialintelli-gence-3cde7378768e

Robb, John. „How Algorithms and Authoritarianism Created a Corporate Nightmare at United." Newco Shift. 17. April 2017. shift.newco.co/2017/04/17/How-Algorithms-and-Authoritarianism-Created-a-Corporate-Nightmareat-United

van Rijmenam, Mark. „Algorithms Are Changing Business: Here's How to Leverage Them." *Conversation*. 20. März 2016. theconversation.com/algorithms-are-changing-business-heres-how-to-leverage-them-56281

1: Denken Sie zurück aus der Zukunft

Bogost, Ian. „Apple's Airpods Are an Omen." *Atlantic*. 12. Juni 2018. theatlantic.com/technology/archive/2018/06/apples-airpods-are-an-omen/554537

Chandrashekar, Ashok, Fernando Amat, Justin Basilico und Tony Jebara. „Artwork Personalization at Netflix." The Netflix Tech Blog. 7. Dezember 2017. medium.com/netflix-techblog/artwork-personalization-c589f074ad76

Horwitz, Josh. „The Billion-Dollar, Alibaba-Backed AI Company That's Quietly Watching People in China." Quartz. 15. April 2018. qz.com/1248493/sensetime-the-billion-dollar-alibaba-backed-ai-company-thats-quietlywatching-everyone-in-china

Knight, Will. „China's AI Awakening." *MIT Technology Review*. 10. Oktober 2017. technologyreview.com/s/609038/chinas-ai-awakening

———. „Google and Others Are Building AI Systems That Doubt Themselves." *MIT Technology Review*. 9. Januar 2018. technologyreview.com/s/609762/google-and-others-are-building-ai-systems-that-doubt-themselves

Madrigal, Alexis C. „Future Historians Probably Won't Understand Our Internet, and That's Okay." *Atlantic*. 6. Dezember 2017. theatlantic.com/technology/archive/2017/12/it-might-be-impossible-for-future-historians-to-understandour-internet/547463

Nunes, Bernardo und Diogo Gonçalves. „Three Ways the Internet of Things Is Shaping Consumer Behavior." Behavioral Economics. 28. Februar 2017. behavioraleconomics.com/three-ways-the-internet-of-things-is-shapingconsumer-behavior

Samuel, Alexandra. „Opinion: Forget 'Digital Natives.' Here's How Kids Are Really Using the Internet." TED. 4. Mai 2017. ideas.ted.com/opinion-forgetdigital-natives-heres-how-kids-are-really-using-the-internet

Yang, Yuan und Yingzhi Yang. „Smile to Enter: China Embraces Facial-Recognition Technology." *Financial Times*. 7. Juni 2017. ft.com/content/ae2ec0ac-4744-11e7-8519-9f94ee97d996

2: Streben Sie nach Verzehnfachung, nicht nach 10 Prozent

Brynes, Nanette. „As Goldman Embraces Automation, Even the Masters of the Universe Are Threatened." *MIT Technology Review*. 7. Februar 2017. technologyreview.com/s/603431/as-goldman-embraces-automation-event-he-masters-of-the-universe-are-threatened

Cournoyer, J. S. „Toward an AI-First World." Real. 14. Dezember 2017. medium. com/believing/toward-an-ai-first-world-9103374c94bc

Evans, Benedict. „The Amazon Machine." Benedict Evans. 12. Dezember 2017. ben-evans.com/benedictevans/2017/12/12/the-amazon-machine

Gefferie, Dwayne. „Become Data-Driven or Perish: Why Your Company Needs a Data Strategy and Not Just More Data People." Towards Data Science. 6. Februar 2018. towardsdatascience.com/become-data-driven-or-perishwhy-your-company-needs-a-data-strategy-and-not-just-more-data-peopleaa5d435c2f9

Langley, Monica. „Ballmer on Ballmer: His Exit from Microsoft." *Wall Street Journal*. 17. November 2013. wsj.com/articles/ballmer-on-ballmer-his-exit-from-microsoft-1384547387

Marr, Bernard. „Really Big Data at Walmart: Real-Time Insights from Their 40+ Petabyte Data Cloud." *Forbes*. 23. Januar 2017. forbes.com/sites/bernardmarr/2017/01/23/really-big-data-at-walmart-real-time-insights-fromtheir-40-petabyte-data-cloud/'2586a566c105

Nakashima, Ryan. „Why AI Visionary Andrew Ng Teaches Humans to Teach Computers." AP News. 21. August 2017. apnews.com/83b60f5e55f04e-8184608b0eb1bf7d0a

Rodgers, Todd und Haven Life. „How AI Will Power the Future of Life Insurance." Venture Beat. 30. März 2017. venturebeat.com/2017/03/30/how-ai-will-power-the-future-of-life-insurance

Zeng, Ming. „Alibaba and the Future of Business." *Harvard Business Review*. Oktober 2018. hbr.org/2018/09/alibaba-and-the-future-of-business

3: Denken Sie berechnend

Agrawal, Ajay, Joshua Gans und Avi Goldfarb. „How AI Will Change the Way We Make Decisions." *Harvard Business Review*. 26. Juli 2017. hbr. org/2017/07/how-ai-will-change-the-way-we-make-decisions

Bonnington, Christina. „It Was a Big Year for A.I." Slate. 28. Dezember 2017. slate.com/blogs/future_tense/2017/12/28/year_in_artificial_intelligence_most_impressive_ai_and_machine_learning.html

Broadbent, Andrew. „It's Not Too Late to Save Your Job from Automation." The Next Web. August 2018. thenextweb.com/contributors/2018/08/11/how-to-save-your-job-from-automation

Chen, Angela. „How AI Is Helping Us Discover Materials Faster Than Ever." The Verge. 25. April 2018. theverge.com/2018/4/25/17275270/artificialintelligence-materials-science-computation

Chen, Sophia. „New Kepler Exoplanet Discovery Fueled by AI." *Wired*. 14. Dezember 2017. wired.com/story/new-kepler-exoplanet-90i-discoveryfueled-by-ai

Chui, Michael, Katy George und Mehdi Miremadi. „A CEO Action Plan for Workplace Automation." *McKinsey Quarterly*. McKinsey & Company. Juli 2017. mckinsey.com/featured-insights/digital-disruption/a-ceo-action-plan-for-workplace-automation

Collins, Jason. „Don't Touch the Computer." *Behavioral Scientist*. 13. Juli 2017. behavioralscientist.org/dont-touch-computer

———. „What to Do When Algorithms Rule." *Behavioral Scientist*. 6. Februar 2018. behavioralscientist.org/what-to-do-when-algorithms-rule

Dietvorst, Berkeley, Joseph P. Simmons und Cade Massey. „Overcoming Algorithm Aversion: People Will Use Imperfect Algorithms If They Can (Even Slightly) Modify Them." 5. April 2016. ssrn.com/abstract=2616787

Gershgorn, Dave. „By Sparring with AlphaGo, Researchers Are Learning How an Algorithm Thinks." Quartz. 16. Februar 2017. qz.com/897498/by-sparringwith-alphago-researchers-are-learning-how-an-algorithm-thinks

Kalelioğlu, Filiz, Yasemin Gülbahar und Volkan Kukul. „A Framework for Computational Thinking Based on a Systematic Research Review." *Baltic Journal of Modern Computing* 4 (3), 583–596. 20. April 2016. bjmc.lu.lv/fileadmin/user_upload/lu_portal/projekti/bjmc/Contents/4_3_15_Kalelioglu.pdf

Karvounis, Niko. „Three Questions to Ask Your Advanced-Analytics Team." *Harvard Business Review*. 21. September 2012. hbr.org/2012/09/threequestions-to-ask-your-ad

Li, Michael, Madina Kassengaliyeva und Raymond Perkins. „Better Questions to Ask Your Data Scientists." *Harvard Business Review*. 25. November 2016. hbr.org/2016/11/better-questions-to-ask-your-data-scientists

McGee, Suzanne. „Rise of the Billionaire Robots: How Algorithms Have Redefined Hedge Funds." *Guardian*. 15. Mai 2016. theguardian.com/business/us-money-blog/2016/may/15/hedge-fund-managers-algorithmsrobots-investment-tips

Miller, Claire Cain und Jess Bidgood. „How to Prepare Preschoolers for an Automated Economy." *New York Times*. 31. Juli 2017. nytimes.com/2017/07/31/upshot/how-to-prepare-preschoolers-for-an-automatedeconomy.html

Rice, Xan. „So Much for 'The Table Never Lies': Data Unravels Football's Biggest Lie of All." *New Statesman*. 19. Februar 2017. newstatesman.com/

politics/sport/2017/02/so-much-table-never-lies-data-unravels-footballs-big-gest-lie-all

Rifkin, Glenn. „Seymour Papert, 88, Dies; Saw Education's Future in Computers." *New York Times*. 1. August 2016. nytimes.com/2016/08/02/technology/seymour-papert-88-dies-saw-educations-future-in-computers.html

Satariano, Adam und Nishant Kumar. „The Massive Hedge Fund Betting on AI." *Bloomberg*. 26. September 2017. bloomberg.com/news/features/2017-09-27/the-massive-hedge-fund-betting-on-ai

Stokes, Jon. „How Intel Missed the iPhone Revolution." Techcrunch. 17. Mai 2016. techcrunch.com/2016/05/17/how-intel-missed-the-iphone-revolution

Zeng, Ming. „Alibaba and the Future of Business." *Harvard Business Review*. Oktober 2018. hbr.org/2018/09/alibaba-and-the-future-of-business

4: Begrüßen Sie Unwägbarkeiten

Blenko, Marcia W., Michael Mankins und Paul Rogers. „The Decision-Driven Organization." *Harvard Business Review*. Juni 2010. hbr.org/2010/06/the-decision-driven-organization

Dörner, Karel und Jürgen Meffert. „Nine Questions to Help You Get Your Digital Transformation Right." *McKinsey Quarterly*. McKinsey & Company. Oktober 2015. mckinsey.com/business-functions/organization/our-insights/nine-questions-to-help-you-get-your-digital-transformation-right

Epstein, Adam. „'The Algorithm's Argument Is Gonna Win': Cary Fukunaga Explains How Data Call the Shots at Netflix." Quartz. 28. August 2018. qz.com/quartzy/1372129/maniac-director-cary-fukunaga-explains-how-data-call-the-shots-at-netflix

Fox, Justin. „From 'Economic Man' to Behavioral Economics." *Harvard Business Review*. Mai 2015. hbr.org/2015/05/from-economic-man-to-behavioraleconomics

Gullickson, Brad. „In the Future, All Your Favorite Movies Will Be Greenlit by Artificial Intelligence." Film School Rejects. 5. Juli 2018. filmschoolrejects.com/in-the-future-all-your-favorite-movies-will-be-greenlit-by-artificialintelligence

Jayadevan, P.K. „How the 'Amazon of Japan' Plans to Drink from Its Data Firehose." Factor Daily. 18. September 2017. factordaily.com/rakuten-data-strategy

Kolbert, Elizabeth. „Why Facts Don't Change Our Minds." *New Yorker*. 27. Februar 2017. newyorker.com/magazine/2017/02/27/why-facts-dont-change-our-minds

Li, Michael, Madina Kassengaliyeva und Raymond Perkins. „Better Questions to Ask Your Data Scientists." *Harvard Business Review*. 25. November 2016. hbr.org/2016/11/better-questions-to-ask-your-data-scientists

Pettingill, Lindsay M. „4 Principles for Making Experimentation Count." Airbnb Engineering & Data Science Blog. 21. März 2017. medium.com/airbnbengineering/4-principles-for-making-experimentation-count-7a5f1a5268a

Rana, Zat. „Jeff Bezos: How to Make Smart Decisions." Personal Growth. 21. September 2017. medium.com/personal-growth/what-you-can-learn-from-jeff-bezos-and-amazon-about-achieving-your-goals-30701ef1f3c

Schrage, Michael. „4 Models for Using AI to Make Decisions." *Harvard Business Review*. 27. Januar 2017. hbr.org/2017/01/4-models-for-using-ai-to-makede-cisions

Tampio, Nicholas. „Look up from Your Screen." Aeon. 2. August 2018. aeon. co/essays/children-learn-best-when-engaged-in-the-living-world-not-on-screens

Thau, Barbara. „J.C. Penney and Macy's Replace Human Merchants with Data Algorithms." Forbes. 6. November 2017. forbes.com/sites/barbarat-hau/2017/11/06/j-c-penney-and-macys-replace-human-merchants-with-da-taalgorithms/#62338b986c17

5: Machen Sie Ihre Firmenkultur zum Betriebssystem

Alsever, Jennifer. „Is Software Better at Managing People Than You Are?" *Fortune*. 21. März 2016. fortune.com/2016/03/21/software-algorithms-hiring

Bliss, Laura. „How WeWork Has Perfectly Captured the Millennial Id." *Atlantic*. März 2018. theatlantic.com/magazine/archive/2018/03/wework-the-per-fectmanifestation-of-the-millennial-id/550922

Kessler, Sarah. „IBM, Remote-Work Pioneer, Is Calling Thousands of Employees Back to the Office." Quartz. 21. März 2017. qz.com/924167/ibm-re-motework-pioneer-is-calling-thousands-of-employees-back-to-the-office

Kostov, Nick und David Gauthier-Villars. „Advertising's 'Mad Men' Bristle at the Digital Revolution." *Wall Street Journal*. 19. Januar 2018. wsj.com/artic-les/data-revolution-upends-madison-avenue-1516383643

Nadella, Satya. „Microsoft's Next Act." *McKinsey Quarterly*. McKinsey & Company. April 2018. mckinsey.com/industries/high-tech/our-insights/mi-crosofts-next-act

Schneider, Michael. „Google Spent 2 Years Studying 180 Teams. The Most Successful Ones Shared These 5 Traits." Inc. inc.com/michael-schneider/google-thought-they-knew-how-to-create-the-perfect.html

Strauss, Valerie. „The Surprising Thing Google Learned about Its Employees – and What It Means for Today's Students." *Washington Post*. 20. Dezember 2017. washingtonpost.com/news/answer-sheet/wp/2017/12/20/thesurpri-sing-thing-google-learned-about-its-employees-and-what-it-means-fort-odays-students

6: Arbeiten Sie nicht, gestalten Sie Arbeit

Bessen, James. „How Computer Automation Affects Occupations: Technology, Jobs, and Skills." Vox. 22. September 2016. voxeu.org/article/how-computer-automation-affects-occupations

Cohen, Steven, A. Granade und W. Matthew. „Models Will Run the World." *Wall Street Journal*. 19. August 2018. wsj.com/articles/models-will-runthe-world-1534716720

Cresci, Elena. „Chatbot that Overturned 160,000 Parking Fines Now Helping Refugees Claim Asylum." *Guardian*. 6. März 2017. theguardian.com/technology/2017/mar/06/chatbot-donotpay-refugees-claim-asylum-legal-aid

Davenport, Tom. „The Rise of Cognitive Work (Re)Design: Applying Cognitive Tools to Knowledge-Based Work." Deloitte. 31. Juli 2017. www2.deloitte.com/insights/us/en/deloitte-review/issue-21/applying-cognitive-tools-toknowledge-work.html

Dormehl, Luke. „Meet the British Whiz Kid Who Fights for Justice with a Robo-Lawyer Sidekick." Digital Trends. 25. März 2018. digitaltrends.com/cool-tech/robot-lawyer-free-acess-justice

Kamer, Jurriaan. „How to Build Your Own Spotify Model." The Ready. 9. Februar 2018. medium.com/the-ready/how-to-build-your-own-spotify-modeldce98025d32f

Knight, Will. „The Machines Are Getting Ready to Play Doctor." *MIT Technology Review*. 7. Juli 2017. technologyreview.com/s/608234/the-machines-aregetting-ready-to-play-doctor

Wang, Dan. „How Technology Grows (A Restatement of Definite Optimism)." Dan Wang. 24. Juli 2018. danwang.co/how-technology-grows

7: Automatisieren und Aufwerten

Autor, David H. „Skills, Education, and the Rise of Earnings Inequality among the Other 99 Percent." *Science* 344 (6186), 843–851. 23. Mai 2014. science.sciencemag.org/content/344/6186/843

Baraniuk, Chris. „How Algorithms Run Amazon's Warehouses." BBC. 18. August 2015. bbc.com/future/story/20150818-how-algorithms-run-amazonswarehouses

Bessen, James. „How Computer Automation Affects Occupations: Technology, Jobs, and Skills." Vox. 22. September 2016. voxeu.org/article/how-computer-automation-affects-occupations

Byrnes, Nanette. „As Goldman Embraces Automation, Even the Masters of the Universe Are Threatened." *MIT Technology Review*. 7. Februar 2017. technologyreview.com/s/603431/as-goldman-embraces-automation-event-he-masters-of-the-universe-are-threatened

Dewhurst, Martin und Paul Willmott. „Manager and Machine: The New Leadership Equation." *McKinsey Quarterly*. McKinsey & Company. September 2014. mckinsey.com/featured-insights/leadership/manager-and-machine

Dixon, Lauren. „7 Steps to Rethink Jobs in the Age of Automation." Talent Economy. 22. Februar 2017. clomedia.com/2017/02/22/7-steps-rethinkjobs-age-automation

Donovan, John und Cathy Benko. "AT&T's Talent Overhaul." *Harvard Business Review*. October 2016. hbr.org/2016/10/atts-talent-overhaul

Goodman, Peter S. „The Robots Are Coming, and Sweden Is Fine." *New York Times*. 27. Dezember 2017. nytimes.com/2017/12/27/business/the-robots-arecoming-and-sweden-is-fine.html

Khalid, Asma. „From Post-it Notes to Algorithms: How Automation Is Changing Legal Work." *All Things Considered*. National Public Radio. 7. November 2017. npr.org/sections/alltechconsidered/2017/11/07/561631927/from-post-itnotes-to-algorithms-how-automation-is-changing-legal-work

Kolbjørnsrud, Vegard, Richard Amico und Robert J. Thomas. „How Artificial Intelligence Will Redefine Management." *Harvard Business Review*. 2. November 2016. hbr.org/2016/11/how-artificial-intelligence-willredefine-management

Kumar, Ritwik, Vinith Misra, Jen Walraven, Lavanya Sharan, Bahareh Azarnoush, Boris Chen und Nirmal Govind. „Data Science and the Art of Producing Entertainment at Netflix." The Netflix Tech Blog. 26. März 2018. medium.com/netflix-techblog/studio-production-data-science-646ee2cc21a1

Larson, Christina. „Closing the Factory Doors." *Foreign Policy*. 16. Juli 2018. foreignpolicy.com/2018/07/16/closing-the-factory-doors-manufacturingeconomy-automation-jobs-developing

Lee, Thomas. „New Technology Means New Opportunities – and Anxiety for Today's Workers." *San Francisco Chronicle*. 17. Oktober 2017. sfchronicle.com/business/article/New-technology-means-new-opportunities-and-12282975.php

Manyika, James und Michael Spence. „The False Choice between Automation and Jobs." *Harvard Business Review*. 5. Februar 2018. hbr.org/2018/02/the-false-choice-between-automation-and-jobs

Martinho-Truswell, Antone. „To Automate Is Human." Aeon. 13. Februar 2018. aeon.co/essays/the-offloading-ape-the-human-is-the-beast-that-automates

Metz, Cade. „I Took the AI Class Facebookers Are Literally Sprinting to Get Into." *Wired*. 27. März 2017. wired.com/2017/03/took-ai-class-facebookers-literally-sprinting-get

Mims, Christopher. „Automation Can Actually Create More Jobs." *Wall Street Journal*. 11. Dezember 2016. wsj.com/articles/automation-can-actuallycreate-more-jobs-1481480200

Miranda, Carolina A. „The Unbearable Awkwardness of Automation." *Atlantic*. 13. Juni 2018. theatlantic.com/technology/archive/2018/06/the-unbearable-awkwardness-of-automation/562670

Pichai, Sundar. „Digital Technology Must Empower Workers, Not Alienate Them." Recode. 18. Januar 2018. recode.net/2018/1/18/16906970/sundar-pichaigoogle-alphabet-skills-employment-jobs-education-code-coding-workers

Pistrui, Joseph. „The Future of Human Work Is Imagination, Creativity, and Strategy." *Harvard Business Review*. 18. Januar 2018. hbr.org/2018/01/the-future-of-human-work-is-imagination-creativity-and-strategy

Pitney, Nico. „Inside the Mind That Built Google Brain: On Life, Creativity, and Failure." *Huffington Post*. 6. Dezember 2017 (aktualisiert). huffingtonpost.com/2015/05/13/andrew-ng_n_7267682.html

Pressman, Aaron. „Can AT&T Retrain 100,000 People?" *Fortune*. 15. März 2017. fortune.com/att-hr-retrain-employees-jobs-best-companies

Remus, Dana und Frank S. Levy. „Can Robots Be Lawyers? Computers, Lawyers, and the Practice of Law." 27. November 2016. papers.ssrn.com/sol3/papers.cfm?abstract_id=2701092

Shestakofsky, Ben. „High-Tech Hand Work: When Humans Replace Computers, What Does It Mean for Jobs and for Technological Change?" The Castac Blog. 7. Juli 2015. blog.castac.org/2015/07/high-tech-handwork

Smith, Noah. „As Long as There Are Humans, There Will Be Jobs." *Bloomberg*. 23. März 2018. bloomberg.com/view/articles/2018-03-23/robots-won-ttake-all-jobs-because-humans-demand-new-things

Woyke, Elizabeth. „AI Can Now Tell Your Boss What Skills You Lack – and How You Can Get Them." *MIT Technology Review*. 7. August 2018. technologyreview.com/s/611790/coursera-ai-skills

8: Wenn die Antwort X ist, fragen Sie Y

Angwin, Julia, Jeff Larson, Surya Mattu und Lauren Kirchner. „Machine Bias." ProPublica. 23. Mai 2016. propublica.org/article/machine-bias-riskassessments-in-criminal-sentencing

Baer, Tobias und Vishnu Kamalnath. „Controlling Machine-Learning Algorithms and Their Biases." *McKinsey Quarterly*. McKinsey & Company. November 2017. mckinsey.com/business-functions/risk/our-insights/controlling-machine-learning-algorithms-and-their-biases

Barnes, Eric. „'Deep Patient' May Point the Way to Better Care." Auntminnie. 11. Mai 2017. auntminnie.com/index.aspx?sec=ser&sub=def&pag=dis&ItemID=117351

Barocas, Solon, Sophie Hood und Malte Ziewitz. „Governing Algorithms: A Provocation Piece." Governing Algorithms. 29. März 2013. governingalgorithms.org/resources/provocation-piece

Booth, Adrian, Niko Mohr und Peter Peters. „The Digital Utility: New Opportunities and Challenges." *McKinsey Quarterly*. McKinsey & Company. Mai 2016. mckinsey.com/industries/electric-power-and-natural-gas/our-insights/the-digital-utility-new-opportunities-and-challenges

Brauneis, Robert und Ellen P. Goodman. „Algorithmic Transparency for the Smart City." 2. August 2017. *Yale Journal of Law & Technology* 103 (2018); GWU Law School Public Law Research Paper. ssrn.com/abstract=3012499

De Langhe, Bart, Stefano Puntoni und Richard Larrick. „Linear Thinking in a Nonlinear World." *Harvard Business Review*. Juni 2018. hbr.org/2017/05/linear-thinking-in-a-nonlinear-world

Denyer, Simon. „In China, Facial Recognition Is Sharp End of a Drive for Total Surveillance." *Chicago Tribune*. 7. Januar 2018. chicagotribune.com/news/nationworld/ct-china-facial-recognition-surveillance-20180107-story.html

Dilger, Daniel Eran. „Editorial: More Companies Need to Temper Their Artificial Intelligence with Authentic Ethics." Apple Insider. 25. Mai 2018. appleinsider.com/articles/18/05/25/editorial-more-companies-need-to-temper-their-artificial-intelligence-with-authentic-ethics

Dykes, Brent. „Crawl with Analytics before Running with Artificial Intelligence." *Forbes*. 11. Januar 2017. forbes.com/sites/brentdykes/2017/01/11/crawl-with-analytics-before-running-with-artificial-intelligence/#2cbf86dc299c

Knight, Will. „The Dark Secret at the Heart of AI." *MIT Technology Review*. 11. April 2017. technologyreview.com/s/604087/the-dark-secret-at-the-heart-of-ai

———. „The Financial World Wants to Open AI's Black Boxes." *MIT Technology Review*. 13. April 2017. technologyreview.com/s/604122/the-financial-world-wants-to-open-ais-black-boxes

———. „The U.S. Military Wants Its Autonomous Machines to Explain Themselves." *MIT Technology Review*. 14. März 2017. technologyreview.com/s/603795/the-us-military-wants-its-autonomous-machines-to-explaint-hemselves

Kosinski, Michal, David Stillwell und Thore Graepel. „Private Traits and Attributes Are Predictable from Digital Records of Human Behavior." PNAS. 9. April 2013. pnas.org/content/110/15/5802

Kuchler, Hannah. „Facebook Official's Memo Urged Staff to Collect Less Data." *Financial Times*. 24. Juli 2018. ft.com/content/9850b9ba-8f92-11e8-b639-7680cedcc421

Peters, Adele. „This Tool Lets You See—and Correct—the Bias in an Algorithm." *Fast Company*. 12. Juni 2018. fastcompany.com/40583554/this-tool-lets-you-see-and-correct-the-bias-in-an-algorithm

Pinchai, Sundar. „AI at Google: Our Principles." The Keyword Blog. 7. Juni 2018. blog.google/technology/ai/ai-principles

Prudente, Tim. „Baltimore Mayor to Bring in Crime Fighting Strategist with High-Tech Policing Model." *Baltimore Sun*. 31. Januar 2018. baltimoresun.com/news/maryland/crime/bs-md-ci-sean-malinowski-20180123-story.html

Rosane, Olivia. „Beyond Machine Sight: What We Miss When We Privilege the Eye in Digital Discourse." *Real Life*. 14. Dezember 2017. reallifemag.com/beyond-machine-sight

Ruddick, Graham. „Facebook Forces Admiral to Pull Plan to Price Car Insurance Based on Posts." *Guardian*. 2. November 2016. theguardian.com/money/2016/nov/02/facebook-admiral-car-insurance-privacy-data

Thornhill, John. „Only Human Intelligence Can Solve the AI Challenge." *Financial Times*. 17. April 2017. ft.com/content/ad1b7e86-2349-11e7-a34a-538b4cb30025

Voosen, Paul. „How AI Detectives Are Cracking Open the Black Box of DeepLearning." *Science*. 6. Juli 2017. sciencemag.org/news/2017/07/how-aidetectives-are-cracking-open-black-box-deep-learning

Weinberger, David. „Optimization over Explanation." Berkman Klein Center. 28. Januar 2018. medium.com/berkman-klein-center/optimizationover-explanation-41ecb135763d

9: Im Zweifel fragen Sie einen Menschen

Bergstein, Brian. „The Great AI Paradox." *MIT Technology Review*. 15. Dezember 2017. technologyreview.com/s/609318/the-great-ai-paradox

Courage, Catherine. „A Year of Learning and Leading UX at Google." Google Design. 11. Januar 2017. medium.com/google-design/a-year-of-learning-and-leading-ux-at-google-c81577b3cb56

Dotson, Kyt. „AI-Augmented Crowdsourcing Company Crowdflower Raises \$20M for Enterprise Push." Silicon Angle. 15. Juni 2017. siliconangle.com/2017/06/12/ai-augmented-crowdsourced-labor-company-crowdflower-raises-20m-funding

Girling, Rob. „AI and the Future of Design: What Will the Designer of 2025 Look Like?" O'Reilly. 4. Januar 2017. oreilly.com/ideas/ai-and-the-future-ofdesign-what-will-the-designer-of-2025-look-like

Golden, Paul. „Asset Managers Turn to Machine Leading." Global Investor. 9. Juni 2017. globalinvestorgroup.com/articles/3687955/asset-managers-turnto-machine-leading

Guszcza, Jim. „Smarter Together: Why Artificial Intelligence Needs Human-Centered Design." Deloitte Insights. *Deloitte Review* 22. 22. Januar 2018. www2.deloitte.com/insights/us/en/deloitte-review/issue-22/artificial-intelligence-human-centric-design.html

Harvey, Hugh. „Why AI Will Not Replace Radiologists." Towards Data Science. 24. Januar 2018. towardsdatascience.com/why-ai-will-not-replaceradiologists-c7736f2c7d80

Ito, Joi. „AI Engineers Must Open Their Designs to Democratic Control." ACLU. 2. April 2018. aclu.org/issues/privacy-technology/surveillance-technologies/ai-engineers-must-open-their-designs-democratic?redirect=issues/privacytechnology/consumer-privacy/ai-engineers-must-open-their-designsdemocratic-control

Jana, Reena. "Exploring and Visualizing an Open Global Dataset." Google AI Blog. August 25, 2017. ai.googleblog.com/2017/08/exploring-and-visualizing-openglobal.html

Kumar, Nishant. „How AI Will Invade Every Corner of Wall Street." *Bloomberg*. 4. Dezember 2017. bloomberg.com/news/features/2017-12-05/how-aiwillinvade-every-corner-of-wall-street

Lovejoy, Josh und Jess Holbrook. „Human-Centered Machine Learning." Google Design. 9. Juli 2017. medium.com/google-design/human-centered-machinelearning-a770d10562cd

Sinders, Caroline. „The Most Crucial Design Job of the Future." *Fast Company*. 24. Juli 2017. fastcompany.com/90134155/the-most-crucial-design-jobof-the-future

Takahashi, Lico. „AI and Human-Centered Design: What's the Future?" UX Collective. 28. Oktober 2017. uxdesign.cc/ai-and-human-centered-designgnwhats-the-future-5c88f523c07a

Wojcicki, Susan. „Expanding Our Work against Abuse of Our Platform." YouTube Official Blog. 4. Dezember 2017. youtube.googleblog.com/2017/12/expanding-our-work-against-abuse-of-our.html

10: Arbeiten Sie zielorientiert, nicht profitorientiert

Goldhill, Olivia. „Time Is a Human Invention That Controls How We Work." Quartz. 28. Januar 2018. qz.com/1188370/time-is-a-human-invention-that-controls-how-we-work

Goler, Lori, Janelle Gale, Brynn Harrington und Adam Grant. "Why People Really Quit Their Jobs." *Harvard Business Review*. 11. Januar 2018. hbr.org/2018/01/why-people-really-quit-their-jobs

Harter, Jim. „Dismal Employee Engagement Is a Sign of Global Mismanagement." Gallup Blog. 20. Dezember 2017. news.gallup.com/opinion/gallup/224012/dismal-employee-engagement-sign-global-mismanagement.aspx

Hodgson, Camilla. „IBM looks for caffeine buzz with coffee delivery drones." *Financial Times*. 22. August 2018. ft.com/content/51a801b2-a464-11e8-8ecf-a7ae1beff35b

Manyika, James und Matthew Taylor. „How Do We Create Meaningful Work in an Age of Automation?" McKinsey Quarterly. McKinsey & Company. Februar 2018. mckinsey.com/featured-insights/future-of-work/how-do-we-createmeaningful-work-in-an-age-of-automation

Merrick, Amy. „Walmart's Future Workforce: Robots and Freelancers." *Atlantic*. 4. April 2018. theatlantic.com/business/archive/2018/04/walmarts-future-workforce-robots-and-freelancers/557063

Newport, Cal. „Beyond Black Box Management." Cal Newport Blog. 21. April 2018. calnewport.com/blog/2018/04/21/beyond-black-box-management

O'Connor, Sarah. „When Your Boss Is an Algorithm." *Financial Times*. 7. September 2016. ft.com/content/88fdc58e-754f-11e6-b60a-de4532d5ea35

Rothschild, Viola. „China's Gig Economy Is Driving Close to the Edge." Foreign Policy. 7. September 2018. foreignpolicy.com/2018/09/07/chinas-gigeconomy-is-driving-close-to-the-edge

Sapone, Marcela. „Job Titles Make Everyone Worse at Their Jobs." Quartz. 1. Februar 2018. qz.com/work/1195640/job-titles-are-making-everyoneworse-at-their-jobs

Solon, Olivia. „The Rise of 'Pseudo-AI': How Tech Firms Quietly Use Humans to Do Bots' Work." *Guardian*. 6. Juli 2018. theguardian.com/technology/2018/jul/06/artificial-intelligence-ai-humans-bots-tech-companies

Weber, Lauren. „Some of the World's Largest Employers No Longer Sell Things, They Rent Workers." *Wall Street Journal*. 28. Dezember 2017. wsj.com/articles/some-of-the-worlds-largest-employers-no-longer-sell-things-they-rent-workers-1514479580

Wolcott, Robert C. „How Automation Will Change Work, Purpose, and Meaning." *Harvard Business Review*. 11. Januar 2018. hbr.org/2018/01/howautomation-will-change-work-purpose-and-meaning

„*Algorithmisch führen* ist brillant und beängstigend. Das Ausmaß der Veränderungen durch KI in unserem Leben kann wirklich erschreckend sein. In diesem Buch zur richtigen Zeit liefert Mike Walsh (häufig der Intuition widersprechende) Ideen und faszinierende Einsichten in das, was die kommenden Jahrzehnte bringen werden. Lesen Sie es zweimal, zur Sicherheit auch dreimal. Dies ist ein unverzichtbares Buch.“

Efe Cakarel, Gründer & CEO von MUBI

„Wir stehen am Beginn des KI-Zeitalters. Mike Walsh hat ein prägnantes Handbuch für Wirtschaftsführer geschrieben, das ihnen hilft, die Geheimnisse des neuen algorithmischen Zeitalters und die Auswirkungen zu verstehen in einem bewegten und höchst vielfältigen globalen Kontext. Ohne Asien zu berücksichtigen, wird man die Zukunft der KI nicht verstehen. Wir müssen von Wirtschaftsführern wie Jack Ma oder Masayoshi Son genauso lernen wie von Jeff Bezos oder Reed Hastings. Egal ob Sie in San Francisco oder in Shanghai arbeiten – *Algorithmisch führen* ist das richtige Hilfsmittel, um Ihre Denk- und Arbeitsweise zu verändern. Genau das, was wir brauchen, um in einer unsicheren Zukunft zu den Gewinnern zu gehören.“

Porter Erisman, ehemaliger Vizepräsident von Alibaba und Autor von *Alibaba's World*

„Mike Walsh konnte schon immer spannende Geschichten über die Zukunft erzählen. Aber dieses Buch ist anders: Es schildert nicht nur seine Gedanken über die Zukunft, sondern bietet auch pragmatische und praktische Handlungsorientierung, um sich in dieser Zukunft zurechtzufinden. Die Geschichten werden dadurch natürlich nicht schlechter.“

Genevieve Bell, Direktorin des 3A Institute, Inhaberin des Florence-Violet-McKenzie-Lehrstuhls, Professorin an der Australian National University, Vizepräsidentin und Senior Fellow der Intel Corporation